JN005506

フーリエ音響学入門

キャテック株式会社		天津成美　【監修】
キャテック株式会社	博士(工学)	西留千晶
キャテック株式会社		中野武史
キャテック株式会社	工学博士	角田鎮男
キャテック株式会社	工学博士	岩原光男
北海道科学大学准教授	博士(工学)	長松昌男
キャテック株式会社 東京工業大学名誉教授	工学博士	長松昭男

【共著】

発売　コロナ社

ま え が き

　音響・振動に関する種々多様な分野におけるコンサルティング・ソフト作成・実験代行を業務の一部とする企業の１技術者である筆者は,常に深い専門性と広い総合性を同時に要求され,自身の能力不足を痛感しながら苦闘している．その中で筆者が感じる問題の一つは,客先様における音響分野の先端技術者と新入社員・若手社員・他分野技術者との間の技術力の差である．これを埋めるために用いるべき市販の論文・著書の多くは教育・研究者によって著されたものであり,いずれも学術としては見事に体系化され内容が高度に洗練されているが,ものづくりに直接携わる企業技術者から見れば,どこかしっくりとせず,痒いところに手が届かないもどかしさを感じることがある．

　そこで筆者は,関連する技術者・研究者のご協力を得て,特定企業の立場を完全に離れた公正無私な観点から,音響を学ぼうとする初心者・若手技術者を主対象とする入門書を自身で著すことを試みる．本書が上記問題の解決への一助となれば,幸いである．

　私達は,会話・情報交換・娯楽に日常使う音響の他,超音波・電流・電磁波・熱波・光波・X線など,あらゆる種類の波動を日々駆使して生きている．産学分野における波動の利用は,機械・電気・制御・医療・建築・土木などで必須であり急増しつつある．

　波動は時間と周波数の両領域で表現され,これら両者間の相互変換を担う学術は,上記すべての産業界で重要である．その代表例がフーリエ変換であり,大抵の人は変換の学術・技法への導入口として,フーリエ変換を最初に学ぶ．

　本書は,音響工学とフーリエ変換への入門書であり,以下の概要からなる．

第1章　初めての音響学

　音響学を初めて学ぶ読者のための章であり,音の定義・特徴・表現方法・種類・性質など,音が有する属性を様々な面から平易・丁寧に紹介している．

第2章　音の物理

　音響を物理学の立場から観る章である．2.1 節では,１自由度系の振動を運動・変形（力学の初点）とエネルギー・対称性（物理学の原点）の両面から説明する．2.2 節では,音を伝搬する振動と捉えてその正体を示す．2.3 節では,弦と棒の振動を解析して波動方程式を導き,解を与える．2.4 節では,音の伝搬媒体である気体の力学的性質を紹介し,それを伝わる音波のからくりと様相を明らかにする．

第3章　フーリエ解析の基礎

　まず,三角関数と複素指数関数で表現するフーリエ級数を紹介する．次にそれから導いた連続フーリエ変換の理論を説明し,その基本性質を述べる．続いてフーリエ解析を実用する際に

不可欠な離散フーリエ変換の理論を展開し，基本性質を述べる．その中で，高速フーリエ変換（FFT）の原理と利点を詳しく述べ，現在のフーリエ変換がすべて FFT を用いて実行される理由を述べる．さらに離散フーリエ変換を行う際に発生する種々の誤差の原因を明らかにし，その対処・軽減方法を説明する．

第4章　フーリエ変換の転延

　最初に，フーリエ変換の適用例の 1 つとして合成積（畳み込み積分）の理論を紹介し，入力波形と単位インパルス応答の合成積が入出力間の伝達関数に等しいことを説明する．また，2 関数間の関係（類似度）を知るための相関関数とスペクトル密度を紹介し，ある関数と調和関数の相関関数がその関数のフーリエ変換に等しいことを示し，コヒーレンスの概念を導き，誤差を含む入出力関数間の周波数応答関数の推定方法を紹介する．

　次に，元来周波数が時間に無関係に一定である波形に用いられるフーリエ変換を音声や自然界の環境音のように変動・変化する波形に転延・適用する手段として有効な，スペクトログラム・ケプストラム解析・ヒルベルト変換を解説し理論展開する．

第5章　ラプラス変換

　フーリエ変換と親戚関係にあり音響工学のみでなくシステム論・制御理論・電気工学など多分野で利用される変換手段であるラプラス変換の基礎を分かりやすく説明し，よく使う関数のラプラス変換の公式を紹介し，ラプラス変換の基本性質と応用例を述べる．

補章　　三角関数・複素指数関数・ベクトル・行列など，関連分野の理解に必要な初歩数学を極めて平易に解説する．数学の準備が乏しいと感じる方々も，この補章を読破すれば，フーリエ音響学への入口を容易に理解できる構成になっている．

　筆者の浅学のため，本書には多くの不足・不正確さ・誤記が存在することを恐れ，これらに関し読者の皆様からご指摘・ご指導・ご教示をいただくことを切に希望いたします．

　本書を執筆するにあたり，主に音響工学分野の学協界で活躍され，同時に長年にわたり数多くのご指導を賜っている法政大学教授御法川学博士（工学）に対し，心から敬意と感謝の意を表します．

2022 年 4 月　　　　天津　成美

目　　　　次

第1章　初めての音響学

第2章　音　の　物　理

第3章　フーリエ解析の基礎

第4章　フーリエ解析の転延

第5章　ラプラス変換

補章A　関　　　　　数

補章B　ベクトルと行列

補章C　音響学の萌芽と進展

第1章　初めての音響学

1．1　音とは

　人間は空気のない所では生きていけず，空気のある所には必ず音があるので，私達はいつも
どこにいても必ず音に囲まれている．鈴虫の競演・小鳥のさえずり・渓谷のせせらぎ・そよ風
を受ける木々のざわめきなど，大自然が織りなす音の競演を味わい楽しみながら，また発声・
楽器演奏・情報の記録再生変質転送・医療診断・建築設計などで音を利用し，同時に自動車・
航空機・工場等が発する騒音に苦しみながら，私達は日々暮らしている．

　無響室のように音がほとんど存在しない人工空間中に長時間滞在すると，人は不安になる．
画面がなく音だけのラジオ・電話でも自在に情報を交換できるが，音の出ないテレビを見ると
よく理解できないことがある．音は，私達とは切り離せない生活の一部である．

　音を科学として扱う学術分野を音響学と言う．学生に“音響学は？”と聞くと，大抵“難し
いから嫌い”という答えが返ってくる．こんなに身近な音の学問である音響学を難しく感じる
のは，“音が見えない”からである．そこで音響学の世界に入るための第1歩は，音に対する視
覚的イメージを持つことである．

　平らな水面に一滴のしずくをボチャンと落とすと，水面に落下点を中心とする波紋が生じ，
それが周辺に円となって広がっていく．これと同じ現象が，水面ではなく空気中で起こるのが
音である，と頭の中でイメージすれば，まずはよい．

　音響学の専門書を見ると，音は「空気の中を伝わる粗密波」，「気圧の連続的な微小変化」，
「空気の振動」などと書かれている．よく分からないこれらの定義と上記のイメージを結び付
けようとするのが，本節の最初の目的である．

　図 1.1a は，空気中の（正確には空気と言う粒子で均一に満たされた）空間である．その左端
に垂直に立てた板を左から横方向に叩くと，その瞬間に板の右表面に接する空気が右方向に押
され，押された部分の空気は突然密に（濃く＝空気粒子が詰まりぎゅっと押し合って圧力が高
く）なる．この密になった状態は空気中を右方向に伝わっていく．図 1.1b はその伝搬の様子を
示す．一方，板はこの衝撃によって振動し始めるから，板の振動開始から半周期後には，板は
初期とは逆方向の左に移動し，その右表面に接する空気を左方向に引き寄せる．引き寄せられ
た部分の空気は疎に（薄く＝空気粒子間の距離が増加し圧力が低く）なる．この疎になった状

(a) 空気で均一に満たされた空間（左端は板）

(b) 左端に衝撃を与えると粗密波が発生し右方に伝搬

図1.1　空気中の音波の発生と伝搬

態も先の伝搬と同じ速度で，空気中を右方向に伝わっていく．こうして板に隣接する空気は板
と同期する粗密振動を始め，その振動は空気中を右方向に伝わって行く．この空気の粗密振動
が周辺に広がるのが，音波の正体である．空気が密と疎を繰り返す現象は波動として右方向に
伝わっていくが，個々の空気粒子自体は右に移動して飛び去って行くのではなく，同じ場所で
左右に往復運動し，それに伴ってその場所の空気が疎と密の状態を繰り返す．

　ある時刻（瞬時）のこの様子を図 1.2 に示す．図 1.2 下段の正弦曲線（横軸は 1 次元空間上
の位置 x）は，上下方向に振動する空気粒子を示すのではなく，空気の水平方向の疎密の繰返
しを圧力（音圧）の変動として示している（上方が密，下方が疎）．

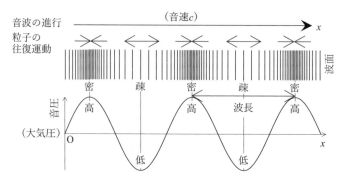

図1.2　調和音波（単一の周波数からなる空気の疎密波）

　先述の例で言うと，水面に生じる波は水の上下振動が水平方向に伝搬するので振動方向と伝
搬方向が直交しているのに対し，音波は空気など媒体の水平方向の往復運動（振動）が水平方
向に伝搬するので振動方向と伝搬方向が一致している，と言う点が異なる．前者を**横波**，後者
を**縦波**と言う．粗密波は縦波なのである．

　図 1.1 で左端に接する板を叩くと，実際には板に複数の振動数（板の固有振動数と呼ぶ）が
混じった振動を生じ，それに伴って隣接する空気も複数の振動数が混じった複雑な波動を生じ
るが，図 1.2 では板の振動が単一の振動数からなる調和振動であると仮定している．

1．2　音 の 特 徴

　音の特徴には，機械によって測定される物理的なものと人間の感覚によって知覚される心理的ものがあり，両者には様々な違いがみられる．通常音の特徴は，**音の大きさ・音の高さ・音色** と言う **音の3要素** で表現されると何気なく言われているが，これらは正確には物理的な特徴を表すものではなく，心理的な音の特性を表す専門用語として定義されている．心理的特性である音の大きさ・音の高さ・音色は，それぞれ，大まかには物理特性である音の強さ（音圧）・基本周波数・周波数特性と対応付けることができるが，これらの関係は必ずしも単純なものではない．

1．2．1　音の高さと音色

　図 1.2 下段の正弦曲線は単一の周波数（1 秒[s]間に疎・密を何回繰り返すかと言う反復の数であり，その単位は Hz（**ヘルツ**（Hz＝1/s）：電磁波が波動伝搬であることを発見した物理学者ヘルツの名前に由来 ← 補章 C 参照））を有する時間の関数であり，これを**調和関数**と言う．周波数は，大きい（速く繰り返す）ことを高い・小さい（ゆっくり繰り返す）ことを低い，と呼ぶことが多い．

　周波数が単一である調和関数からなる音を**純音**と言い，その波形は例えば図 1.2 下図のように単純で滑らかに変化している．純音は，聴覚検査や報知音などに使うために人工的に作られる音であり，自然界には存在しない．人の声・小鳥のさえずり・風の音・物が衝突する音など，私達の周囲に存在する音はすべて，多くの周波数成分が混ざり合って生じている音である．これらを**複合音**と言う．図 1.3 は，ある周波数の純音とその 2 倍の周波数の純音が混ざりあった最も単純な複合音の 1 例であるが，それでもその波形は複雑な形をしていることが見て取れる．自然界の音はすべて多数の周波数成分が複雑に混ざり合って構成されている．音がどのような周波数成分から構成されているかを明らかにする手段が，本書の題名であり第 3 章以下に詳しく説明する**フーリエ解析**である．

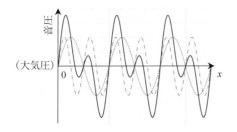

図1.3　複合音の波形例
純音（破線）と純音（一点鎖線）が
合わさると複合音（実線）になる．

　音の "高い・低い" を決める主役は，構成する多数の周波数成分のうち最も低い成分である．この周波数を**基本周波数**[Hz]，最も長い周期（基本周波数の逆数に等しい）の成分を**基本周期**[s]と呼ぶ．例えば，"ハ長調のラ" のピアノ音とギター音が同じ高さであることは，一聞して明

らかである．これは，両者の基本周波数が共に440Hzだからである．

　同時に，ピアノ音とギター音は目を閉じて聞いても区別できる．これは，両者の**音色**が異なるからである．音色は主に，基本周波数より高い高次周波数成分の数と混合の仕方，すなわちどのあたりの高さの周波数成分が優勢（多く・強く）に含まれているかによって決まる．例えば，自動車の急ブレーキ時の音には高い周波数成分が，ライオンの唸り声には低い周波数成分が大きく含まれる．

　しかし，音色の中身はそれだけの単純な特性ではない．日本工業規格（JIS）では，音色は次のように定義されている．「聴覚に関する音の属性の1つで，物理的に異なる2つの音が，例え同じ音の大きさおよび高さであっても異なった感じに聞こえるとき，その相違に対応する属性」．この定義は，上記のことを忠実に表現している．しかしこの定義では，音の大きさや高さが異なっても音色が同じ（例えば同一のバイオリンでは強音でも弱音でもまた低音でも高音でも音色は同じ）になるような場合を表現していないなど，制約が大きい．そこで新しく，次のような定義が提案されている．「音源が何であるかを認知するための手掛かりとなる特性であり，音を聞いた主体が音から受ける印象の諸側面の総称」．

　このように音色は，多くの物理的要因との関係を背景として，美しさ・迫力・明るさ・伸び・派手さ・温かさ・優しさなど，多くの知覚的な要因を持つ，複雑な特性である．

1．2．2　音の強さと大きさ

　音の強さは，音圧の強さ（音の波形振幅の大きさ）として定義される物理的に明解な量であり，その単位はPa（**パスカル**：空気の重さを測定し大気圧と言う概念を提示した16世紀の学者パスカルの名前に由来←補章C参照）である．「台風の中心気圧は960ヘクトパスカルです」のようなテレビ放送を聞いたことがあるが，1hPa（ヘクトパスカル）＝100Paであるから，大気圧は約10万Paの世界である．一方，人（正常な若者）が聞くことができる最小音圧変化は約20μPa（マイクロパスカル）であり，大気圧の1／50億程度である．また人が聞こえる最大音圧は20億μPa弱であり，最小可聴音圧の約1億倍にも達する．これらはとてつもなく広い範囲であり，μPaはそのままでは音圧の単位として使いにくい．そこで音圧の世界ではまず，音圧（yPa＝100万×yμPa）を人が聞こえる最小音圧（20μPa）で除した比率（100万×y／20）で考える．これで上記の範囲は1/20に縮小できるが，これでも差が大きすぎるという上記の難点はほとんど解決されない．さらに，「人間は音圧（物理量）が倍になってもそれを倍に感じるわけではない」と言う，もう1つの問題がある．

　対数（補章A2.2参照）を用いれば，これら2つの問題を同時に解決できる．対数では，例えば1万倍を4倍として表示するから，対数は差が大きい量同士を比較するのに都合が良い．また，音に限らず一般に人間が感じる刺激値の大きさは物理量の対数値に近いことが分かっている（これを，その発見者にちなんで**フェフナーの法則**と呼ぶ）．そこで，上記比率の対数（常用対数：底を10にとった対数）に，扱いやすく見やすいように20を乗じた次の値を，**音圧レ**

ベルとして定義する.

$$20\log_{10}(\frac{y}{20}) \qquad (\text{dB}) \qquad\qquad\qquad (1.1)$$

この音圧レベルの単位 dB（**デシベル**）のうち B（ベル）は，1876 年に電話の特許を取得したアメリカの発明家ベルの名前に由来する（←補章 C 参照）．また，d（デシ）は体積の単位 dL（デシリットル）の d と全く同じで 1／10 を意味し，B の単位は大きすぎるからその 1／10 を単位量 1dB として採用・表示している．これに関しては，気圧が 2 倍になれば音圧レベルは＋6dB 増加し（$20\log_{10}(2)\cong 20\times 0.3=6$），気圧が 10 倍になれば音圧レベルは＋20dB 増加する（$20\log_{10}(10)=20\times 1=20$），と覚えておくと便利である.

　なお**レベル**とは，ある量のパワー（エネルギーの瞬時値）P をその基準となるパワー P_0 で除した比の常用対数を取ったものの呼称である.

　図 1.4 は，典型的な生活音場における平均的な音の強さである．私達は日常，この程度の強さの音に囲まれて生活している.

音の強さ [Pa]	音圧レベル [dB]	自然音	暮らし音	音 楽
200	140	落雷（至近）		
	130		離陸時ジェット機	ドラム
20	120	落雷（近所）	飛行機	トランペット
	110			オーケストラ
2	100		カラオケ	
	90	犬の吠声（至近）		ステレオ(大)
0.2	80		地下鉄車内	弦楽器・管楽器
	70	セミの声（至近）		テレビ・ラジオ(大)
20m	60		目覚まし	テレビ・ラジオ(中)
	50	小鳥のさえずり	静かな事務所	
2m	40	小雨		
	30	木の葉のそよぎ	郊外住宅地深夜	
200μ	20	雪の降る音	無響室	
	10			
20μ	0	最小可聴値		

図1.4 典型的な生活音場における平均的な音の強さ

　次に**音の大きさ**について述べる．音の大きさは，物理的な指標である音の強さとは異なり，人が聞こえる音に対する心理的な指標である．日本語では“強さ”と“大きさ”を同じ意味で使う場合が多いので，言葉の混同を避けるために，音の大きさを**ラウドネス**と呼ぶ場合がある.

　図 1.5 は，このラウドネスの**等感曲線**（国際標準規格 ISO）であり，**等ラウドネス曲線**と呼ばれている．この図は，人間が周波数の異なる音を聞いて，“周波数は違うけれど大きさは同じ”と“感じる”音圧レベルを線でつないだものである．図 1.5 中の縦軸は音の強さ（音圧レベル [dB]，横軸は周波数[Hz]，図中の数値はラウドネス[dB]を表す．この図の曲線が等ラウドネス

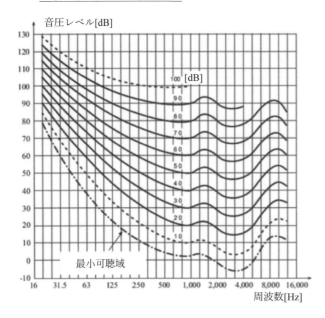

図1.5　等ラウドネスレベル曲線
（2003年ISO226）

曲線であり，これが ISO から正式に公表されている測定データである．これらはすべて1,000 Hz の音の高さを基準に（物理上の強さが人の感覚上の大きさに等しくなるように）測定・記述されている．例えば大きさが50 dB の曲線で考えると，1000 Hz では強さ50 dB，3000 Hz では強さ45 dB，8000 Hz では強さ55 dB，の音がすべて大きさ50 dB の音であることになる．

　等ラウドネスレベルの音（大きさ）を**ホン**と言う単位で呼ぶことがある．「この道路際では自動車騒音の大きさは××ホン」などと言う言葉を聞くことがある．これは，音の物理的な強さではなく，人が感じる大きさが××dB，と言う意味である．このホンと言う単位は，以前は騒音レベルを表すのによく使われていたが，近年は騒音レベルも dB に統一され，あまり使われなくなった．

　図 1.5 中の最下線は，人が聞こえる最小可聴域の線である．ただし，これは自由音場（音の反射・屈折・回折・干渉などを生じる境界の影響を無視できる場所：無響室など）内の連続純音について測定された値であり，聴覚検査で受話器を使い「ピッピッと言う音（これも純音）が聞こえたらボタンを押してください」と言われてボタンを押したときの音圧レベルと完全には一致しない．また自然界には純音が存在しないので，これは自然界における最小可聴域とは多少異なる．

1．3　音の表現

　本章の冒頭で述べたように，音は目に見えない．見えない音を表現・理解するには，その物理的な特性を文章で述べたり，数式に展開したり，図表で表示したりしなければならない．本項では，それらを理解するための初歩知識を分かり易く説明する．

１．３．１　波形による表現

　音を理解するために最も頻繁に使われるのは，音を目に見える波形として表現する図である．例えば図 1.2 下図は，単一の周波数からなる純音が波動（縦波＝粗密波）として空気中を伝搬している様子を，ある時刻（時間固定）の波形として図示したものである．

　図 1.2 の場合には横軸は位置 x であるが，音がある定位置で時間の経過と共にどのように変動するかを示す波形では，図 1.2 とは異なり横軸を時間 t にとる．音響関連の計測・試験・実験では，定位置で測定した音圧が時間と共に変動する様相を，横軸を時間 t [s] にとり表示する図を用いる場合が多い．

　図 1.2 下段の縦軸は大気圧（音がないと仮定するときの静圧）を 0 にとった音圧であるが，一般の図では縦軸の表示値は様々である．縦軸は，音圧を電気信号に変換する機器や装置の場合（例えばマイクやアンプ）には電圧，最小値−1〜最大値＋1 の範囲で表示されている場合には正規化された（ある瞬間の音圧を音圧波形の最大値で割った）音圧，である．また，離散化された音圧振幅の量子化（後述 3.3.1 項参照）値を整数で表示する場合もある（例えば 16 ビットの量子化では−32,768〜＋32,767 の範囲の整数を用いる）．

　波形から，音に関する様々な情報が読み取れる．純音なら振幅・位相・周期（またはその逆数である周波数）・あるいは音速（媒体（空気など）中を伝わる音の速さ）が分かっていれば周期×音速＝波長など，である．

　横軸を時間 t にとる場合，ある瞬間の音波の強さの値を**瞬時音圧**と言い，またある時間範囲内の平均的な音圧を**実効音圧**（音に限らず一般に波形の**実効値**とは，瞬時値の単なる時間平均値ではなく，瞬時値の自乗の時間平均の平方根値を言う：例えば，単一の周波数からなる調和波の実効値は，あらゆる波形の実効値のなかで最も大きく，最大振幅の $1/\sqrt{2} = 0.707$ 倍）である．実効値は，その波形が有するエネルギーの大きさと深く関連する．人は音の大きさを，瞬時の音圧ではなく音圧の実効値で判断することが多い．

１．３．２　周波数による表現

（１）　機器の周波数特性

　ヘッドホン・スピーカー・マイク・アンプ・オーディオ機器など・音を作成・出力・収録・変換・増幅・伝達するあらゆる種類の音響機器では，音は内部で共鳴・干渉・反射・吸収などを起こし，同じ音を入れても出る音の強さは機器毎に周波数成分が異なる．これを図示するのがその機器の**周波数特性**である．例えば図 1.6 は，ある補聴器に音圧レベル 90 dB の音を入力して測定した周波数特性を示す．周波数特性は音響機器を仕様決定・設計・製作・選択・購入する際に不可欠である．

（２）　パワースペクトルとサウンドスペクトラム

　音を構成する周波数成分を分析・表現する際には，通常横軸に周波数，縦軸に振幅あるいはパワーをとった図を用いる．その際，両軸とも線形目盛ではなく人間の感覚に近い対数目盛で

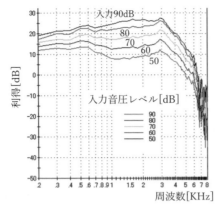

図1.6　補聴器の周波数特性の例

表示することが多い．縦軸にパワーをとった図をパワースペクトルと言う．

　図 1.7 は川の流れの音の時刻歴波形の例であり，図 1.8 は図 1.7 のうち 3 種類の 1.0〜1.5s 間隔の測定値の周波数分析で得られたパワースペクトルの例である．図 1.7 から川の流れの音が時間と共に変動する様子が，図 1.8 からその音に含まれるいろいろな周波数成分の強弱が分かる．

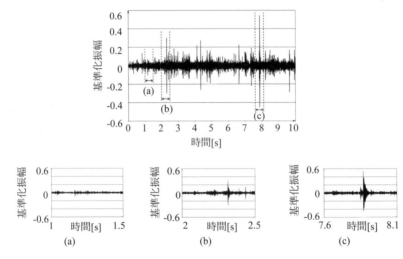

図1.7　川の流れの音の波形
（上図は0〜10秒間の波形で，下図はその拡大図）

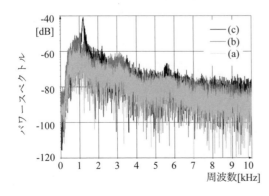

図1.8　川の流れの音のパワースペクトル
（ (a)，(b)，(c) は図1.7の拡大領域 ）

　図 1.9 は，男性が「パンダが西瓜を食べる」と発生した時の声の時刻歴波形の例である．発生の内容（言葉）によって波形の振幅や周波数が大きく変化・変動している様子が見て取れる．全体的には，母音は振幅が大きく，/p/，/g/，/s/，/k/などの子音は振幅が小さいようである．また，/k/の部分はまるでとげのように鋭く立ち上がっている．これは，/k/が子音の中でも破裂音と呼ばれる子音であり，口蓋の下部を破裂させるようにして発声されていることによる．

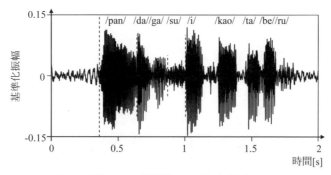

図1.9　男性の声の波形「パンダが西瓜を食べる」

　図 1.10 は，図 1.9 内の/pan/の部分を拡大した波形である．初期の/p/付近部分と終期の/n/付近部分を除いて同じ形をした波形が周期的に繰り返されている．これは/a/が有声音だからである．有声音が支配的な時間域では，声帯の開閉によって生じ声の原音となる**喉頭原音（声帯音）**による振幅の変化がはっきりと見えている．振幅が大きくなっている瞬時が，**声門**が開いているときである．図 1.10 から，この男の喉頭原音の周期は $t = 0.00667$ s であり，その周期が約 $f = 150$ Hz であることが読み取れる．

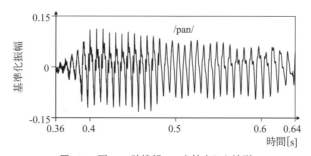

図1.10　図1.9の破線部/pan/を拡大した波形

　図 1.11 と図 1.12 は，それぞれ図 1.9 内の/pan/の部分と/su/の部分のパワースペクトル（1.3.2（2）参照）である．これら両者は全く異なり，このように周波数成分だけを見ても，同じ言葉の中で私達が巧みに利用している声と言う情報伝達手段の未知の奥深さの一端が垣間見える．

　図 1.13 と図 1.14 は，図 1.9 の男の声のサウンドスペクトログラム（1.3.2 項（2）参照）の 2通りの例である．サウンドスペクトログラムを使う場合には，得られる情報の内容・性質・精度が分析窓の長さなど計測機器の使い方に依存して異なることが分かる．

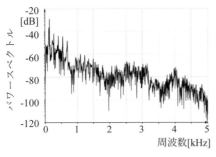

図1.11　/pan/のパワースペクトル

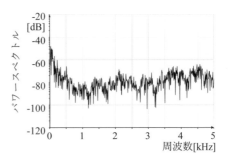

図1.12　/su/のパワースペクトル

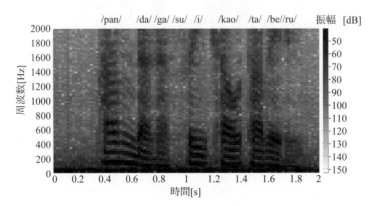

図1.13　男の声のサウンドスペクトログラム（短い分析窓）
（短い分析窓で分析すれば，時間的な変化を細かく観測することができる）

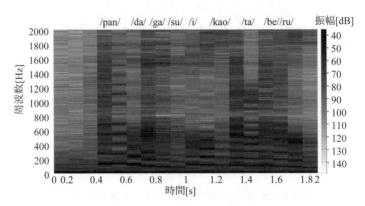

図1.14　男の声のサウンドスペクトログラム（長い分析窓）
（長い分析窓で分析すれば，細かな周波数変化を観測することができる）

1.4 音 の 分 類

1.4.1 波形による分類

（1）純　　　音

　純音は，文字通り混じり気のない純粋な音で必ず単一の周波数からなり，時刻歴波形を描くと調和波（正弦波または余弦波）になる．またパワースペクトルは，その単一周波数が存在する周波数軸上の単一位置に描かれる1本の線スペクトルになる．純音は，人工的に作り出すことはできるが自然界には存在しない．自然界は常に何らかの音に満ちておりそれらはすべて複合音であるから，純音を聞こうとしても必然的に複合音が混入する．また私たちの耳は自身の生体内で生じる音（生体騒音＝複合音）も同時に捉えるから，完全無欠な純音だけを聞くことは決してできない．しかし音を学ぶ際には，純音はすべての基本であり，これを避けて通ることは出来ない．

（2）複合音1：調和複合音

　純音以外の音はすべて**複合音**であり，そのパワースペクトルには必ず複数の山や谷が観察できる．複合音には無数の種類が存在するが，ここでは重要なものを説明する．

　まず，パワースペクトル上に山と谷が交互に一定の周波数間隔に並んでいるものを，特に**調和複合音**と呼ぶ．

　図1.15は，楽器演奏音のパワースペクトルの例であり，横軸が線形目盛で表示されているので，パワースペクトルに山と谷が交互に並んでいるのがよく分かる．このようなパワースペクトル構造を**調和構造**と言う．このうち最も低い周波数の山は440Hzにあり，それより高次の山はその整数倍に等しい．これは，440Hzがこの調和複合音の**基本周波数**であることを意味している．

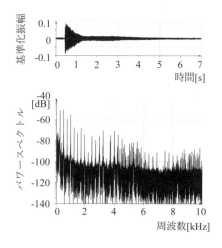

図1.15　調和複合音のパワースペクトルの例
（ギターの下から第2弦の開放弦音）

基本周波数のみからなる調和波を**基本波**，その整数倍の周波数成分からなる波を**高調波**と呼ぶ．基本周波数の奇数倍には山はなく偶数倍にのみ高調波数成分の山が存在するような場合でも，また電話回線を通過したために基本波が欠落して音波が高調波のみから構成されている場合でも，これらを調和構造と言う．

（3）　複合音2：インパルス

自然界の音はすべて複数の周波数成分から構成され，そのパワースペクトルにはそれらに対応する複数の山と谷が存在する．しかしもし，すべての周波数成分が均等に含まれている信号があれば，そのパワースペクトルは山も谷も存在しない水平で平坦な特性になるはずである．このような信号の1つが**インパルス**である．インパルス信号の時刻歴は，図 1.16a のように，それが存在する時刻における無限小の時間間隔にだけ無限大になり他のすべての時刻では 0 になる．そしてそのパワースペクトルは，図 1.16b のように，水平な直線になる．

完全無欠なインパルス信号は自然界には存在せず人工的に作り出すことも出来ないが，インパルス信号は信号処理の分野では必要不可欠であり，また音響学上重要な信号である．インパルス信号については，3.1.2 項（1）と補章 A5.5 項でさらに詳細に説明する．

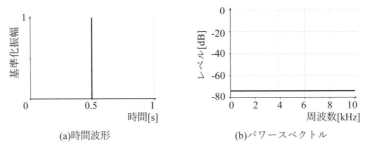

(a)時間波形　　　　　　　　　　(b)パワースペクトル

図1.16　インパルスの例

（4）　複合音3：白色雑音

様々な周波数成分を均等に含む信号の別の例に**白色雑音**がある．白色雑音は，卓越した周波数成分を持たず，図 1.17 左図のように，その時刻歴は時間と共に振幅が不規則に変化する雑音であり，またそのパワースペクトルの計測結果は，図 1.17 右図のように，インパルスのそれと酷似し，水平・平坦でわずかに不規則に変化している．この不規則変化は，白色雑音を測定す

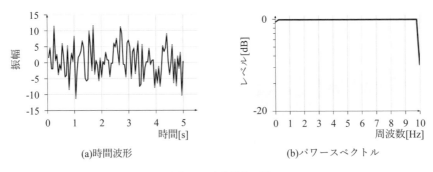

(a)時間波形　　　　　　　　　　(b)パワースペクトル

図1.17　白色雑音の例

る際にはデータ長が必ず有限になることに由来する．あらゆる波長の光が不規則に混じり合うと色を持たない白色光になるが，これと同様な現象が音の世界でも生じるのである．

　インパルスと白色雑音の違いは，すべての周波数成分が，前者では位相を揃えて混合されているのに対し，後者では位相が不規則な状態で混合されている点にある．

１．４．２　波面による分類

　前項では波形の形で分類したが，本項では音波の伝搬に注目して分類する．

　その前にまず，**音響エネルギー**について簡単に説明する．媒体（空気など）は質量と弾性を有し，質量の往復運動による運動エネルギーと弾性（媒体粒子間の安定距離からの伸縮）による弾性エネルギーが互いに変換し合って生じる粗密振動（縦振動：図 1.2 参照）が，音の正体である．このように空気振動はエネルギー現象であり（2.1 節参照），音を生じるエネルギーを音響エネルギーと言う．媒体振動の伝搬は音響エネルギーの伝搬である．単位時間に単位面積を通過して伝搬して行く音響エネルギーを，**音の強さ**あるいは**サウンドインテンシティ**と言う．そして，音響エネルギーおよび音の強さは，音圧の 2 乗に比例する．

（１）　球　面　波

　音を発生している物体を音源と言う．音は音源で発生し媒体内を 3 次的に伝搬している．音源の体積が音の波長に比べて無視できる程度に小さいとき，これを**点音源**と言う．図 1.18 は，×の中心位置にある点音源から生じている周波数 1,000 Hz の純音が周辺空間に一様に伝搬し広がって行く様子を，音圧の高低を色の濃淡で示した 1 辺 2m の平面図である．音速を 340m/s とすれば，周波数 1,000 Hz の純音の波長は $\lambda = 340 / 1,000 = 0.34 \, \mathrm{m}$ である．この音は純音であるから位相が定義でき，図内の点 P の位相は $-\pi \sim +\pi$ rad の特定の値になる．これと同位相の純音を示す線は図中の点線（円形）になるが，実際の 3 次元空間では球面になる．この球面を音波の波面と言う．音が純音でなく波形全体の位相が定義できない場合にも波面は存在し，中心音源から等半径が描く球面になる．このように波面が球面である音波を，**球面波**と言う．

　球の表面積は $4\pi r^2$（r は半径）であるから，伝搬中に音響エネルギーが変わらない場合，

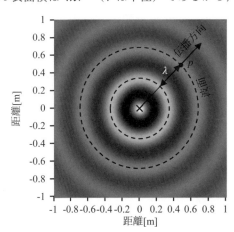

図1.18　球面波の音圧分布
　　　（点音源×で発生し伝播する1,000Hz
　　　純音の音圧分布を，音圧が高い部分
　　　を黒く，低い部分を白く描いたもの）

半径が 2 倍になると球表面を通過する音響エネルギーは単位面積当たり $1/2^2 = 1/4$，音圧は単位面積当たり $1/2$ になる．球面波の場合，観測される音圧（音の強さ）は音源からの距離に反比例するのである．このように，3 次元空間内をあらゆる方向に広がって行くことによって単位面積当たりの音響エネルギーが小さくなる現象を，**拡散減衰**と言う．これに対し，音響エネルギーが空気中を伝搬する間に熱エネルギー（＝空気粒子の微細な不規則振動の運動エネルギー）に変換されて減少する現象を，**吸収減衰**と言う．

（2）　平　面　波

　波面が球面になるように伝搬して行く波を球面波と言ったように，**平面波**は波面が平面になるように伝搬して行く波である．図 1.19 は，左から平面波として右方向に伝搬してきた 1,000 Hz の純音の先頭の波面が横軸上で 0m に到達した瞬間の音圧分布である．同図では，波面は上下に伸びる直線になるが，実際の 3 次元空間ではこの直線から紙面に垂直に立つ平面になる．理想的な平面波は，球面のように広がることはないので拡散減衰は存在せず，吸収減衰のみが生じる．

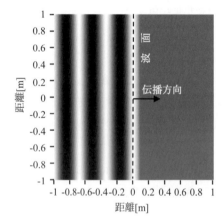

図1.19　平面波の音圧分布
（右方向に伝播する1,000Hz純音の音圧分布
を，音圧が高い部分を白く，低い部分を
黒く描いたもの）

　点音源から発する球面波であっても，波面がその音源から十分遠く離れた距離にまで到達した場合には，その波面を通過する音波は近似的に平面波と見なすことが出来る．

（3）　定　在　波

　定在波は，移動することがなく，特定の同一場所で圧力の増減を繰り返す波形である．管楽器の管に片方から息を吹き込むと，管の内部で反射した波が進行する波と干渉し合う．周波数によって，この干渉で互いに強め合う場合と弱めあう場合（打ち消し合う場合を含む）がある．強め合うことを**共鳴**（共振とも言う）と呼び，最も強め合う周波数をその管の**共鳴周波数**（共振周波数とも言う）と呼ぶ．共鳴周波数は主に管の長さで決まる．

　図 1.20a は，音の反射と干渉を波形で示す模式図であり，両端を固定端とする管の中を管の長さに等しい波長の波が往復する様子を示す．同図 a 内の破線の波は，右方向に進んで右の固定端にぶつかる．ぶつかって反射した実線の波は左方向に進んで左の固定端にぶつかる．これを繰り返すと，元の波と反射波が干渉し合って同図 b の波が生まれ，互いに干渉し合った結果

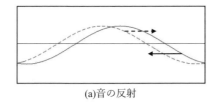
(a)音の反射

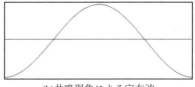
(b)共鳴現象による定在波

図1.20　共鳴と定在波

として共鳴（共振）が起こる．その結果生じる同図 b の波の振幅は，吸収減衰がなければ元の波の振幅の 2 倍になる．こうして干渉し合って生じた合成波は，あたかも移動せず定在しているように見える．これが定在波の原型である．定在波を生じている閉じた空間の中で，音圧変化が最大になる場所を**腹**，最小（0）になる場所を**節**と言う．このような定在波は周波数に関係なく生じるが，高周波数の定在波では腹と節の間隔が短いので，あまり気になることはない．しかし，低周波数の定在波ではこの間隔が広くなり，音が大きく聞こえる所と小さく聞こえる所がはっきり区別できるようになる．自動車車室内のこもり音はその例であり，もし乗員の耳の位置に定在波の腹が来ると，乗員が不快に感じる．それを防止することは重要であり，自動車車体設計の留意項目の 1 つになっている．

1．5　音 の 性 質

1．5．1　波動と伝搬

　図 1.2 を用いて，音の物理的な正体は媒体（空気など）の密度変動による粗密振動であること，その振動は波動として媒体中を伝搬すること，その伝搬の方向は媒体の密度変動の方向と一致するから音の波動は縦波であること，などを学んだ．

　点音源から発する音は周囲空間のあらゆる方向に伝搬するが，平面波は波面と垂直な方向にしか伝搬しない．このように特定の方向にのみ伝搬して行く波は，**指向性**を有する，と言う．波には波長が短くなるほど指向性が増す性質があるので，高周波数の音波ほど指向性があり，音波が特定の方向にのみ伝搬して行く傾向が強くなる．逆に低周波数の音波では波長が長く（例えば 20Hz の波の波長はおよそ $340(\mathrm{m/s}) \div 20(\mathrm{Hz}=1/\mathrm{s})=17\mathrm{m}$ ），通常の大きさの音源は点音源と見なせるので，音波は球面波として四方八方に広がり指向性を持たせることが難しい．

1．5．2　音　　　速

　音波の速度すなわち**音速**は，音が媒体中を伝搬して行くときの 1 秒間当たりの距離として定義され，単位は m/s である．表 1.1 に様々な媒体の音速を示す．このように，気体だけではな

表1.1　様々な媒体の音速[m/s]

アルミニウム	鉄	水	水素	ヘリウム	窒素	空気	酸素
6420	5950	1500	1298	992	349	340	325

く液体や固体も音を伝えることが出来る.

　空気中の音速は，気温が高くなるほど大きくなり，気温を T [C°]，空気中の音速を v [m] とすれば，両者の間には次の関係が成立する.

$$v = 331.5 + 0.61T \tag{1.2}$$

　一般に空気中の音速は 340m/s とされているが，これは気温がおよそ 14 C° のときの音速の値である.

　水中では光より伝搬しやすい音を使って，深海に潜む物体（例えば魚群や潜水艦）の存在と位置を探索する，ソナーと呼ばれる機器が知られている．ソナーには，物体では回折せず反射する超音波が用いられる．超音波は医学の分野でも多用される.

1．5．3　波長・周期・周波数

　図 1.2 下図は，媒体（空気など）の粗密波（この場合には調和波）が伝搬するときの様子を，横軸に位置 x（原点からの距離）をとって示した波形である．この調和波の 1 周期間に伝搬する距離を**波長**と言い，単位は m（メートル）である．一方，この音波が 1 秒（s）間に繰り返す回数が周波数 f_0 Hz（Hz＝1/s）であるから，波長を λ [m]，音速を v [m/s] とすれば

$$v = f_0 \lambda \tag{1.3}$$

　同一温度の同一媒体内では音速が一定であるから，周波数が低い低音の波長は長くなる.

　横軸に時間 t をとり，定位置において変動する調和音波が 1 回繰り返す時間がこの音波の 1 **周期**であるから，周期を t_0 [s] とすれば

$$f_0 = \frac{1}{t_0} \tag{1.4}$$

1．5．4　回　　折

　海岸で，港の入口から侵入してきた外海のうねりが防波堤の背後にまで回り込んで港の内側全体に広がって行く光景を見たことがあると思う．この回り込みは波に共通する現象であり，音波にも生じる．これを**回折**と言う．回折の効果は，障害物のサイズより波長が長いときに顕著に表れる．波長が短い高周波数の音は回折しにくいため，障害物の背後には音が聞こえなくなる影の部分ができるが，波長が長い低周波数成分は回折しやすいために，障害物の背後でも良く聞こえる.

　上記の例では，海の水の振動が伝わって波になる現象を扱っているが，空気・水・ガラス・鉄など身の回りにあるあらゆる物質は振動し，その振動は物質内を伝わっていく．この振動を伝えるものを，一般に**媒質**と言う.

1．5．5　屈　　折

　伝搬速度が異なる媒質間の境界を波が通過する際に方向が折れ曲がる現象を**屈折**と言う．屈

折は波に共通する現象である．水を入れたコップに差し込んだストローは，折れ曲がって見える．光は波の一種であり，空気と水の境界で波が屈折することが，その原因である．音も波であるから，屈折する．図 1.21 は，互いに音速が異なる 2 つの媒質 1（音速 v_1）と媒質 2（音速 v_2）が隣り合って接している境界面に，斜め方向に音が入射する様子を示す．媒質 1 から境界面への入射角 θ_1 と境界面から媒質 2 への出射角 θ_2 の間には，次式の関係が成立する．

$$\frac{\sin\theta_1}{\sin\theta_2} = \frac{v_1}{v_2} \tag{1.5}$$

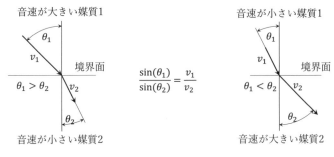

(a) 音速が大きい媒質から小さい　　　　(b) 音速が小さい媒質から大きい
　　媒質に音が入射する場合　　　　　　　　媒質に音が入射する場合

図1.21　媒質の音速と入射角の関係

　屋外で音が伝搬するとき，昼間より夜間のほうが遠くの音が良く聞こえるのは，この屈折のためである．昼間は，地面が太陽光で温められ，上空の気温の方が地面近くの気温より低く音速が小さいので，音は次第に垂直上方に曲がりながら伝搬して行く．そのため，音は狭い範囲にしか伝搬しない．これに対して夜間は，地面から上空に熱が放出され，上空の気温の方が地面近くの気温より高く音速が大きいので，音は次第に水平方向に曲がりながら伝搬して行く．そのため，音は広い範囲に伝搬する．

１．５．６　反　　　射

　音は壁にぶつかると跳ね返る．これを**反射**と言う．壁が完全に固定された剛体であれば音響エネルギーを吸収できないので，ぶつかる直前と直後の音が有する音響エネルギーは等しい．しかし壁が，完全固定ではないか完全固定でも剛体ではなく弾性体である場合には，ぶつかる音の音響エネルギーの一部は壁に吸収され，壁の運動エネルギーや弾性エネルギーに変換されて振動を生じるので，反射直後の音の音響エネルギーは入射直前のそれよりも小さくなる．例えば，後述図 1.22 の開放端より右方の自由空間の空気は弾性体であるから，開放端は弾性体の壁であり，自由空間からも反射が生じる．

　山に登って大声を出したときに経験するこだまは，反射の典型例である．コンサートホールで音を発すると，音源から直接伝搬する音に加えて天井や壁で反射して間接的に伝搬する音が聞こえてくる．後者は前者よりも音源から耳への伝搬距離が長いので，こだまと同じように到

達時間の遅れを伴う．そこで後者の音を**残響音**と呼ぶ．残響音は空間の広がりを感じさせると言う音響効果を作り出す．この音響効果を上手に利用するのが，コンサートホール設計の要点の1つである．またカラオケでは，人工的にこの残響効果を加え，まるで大きいホール内で歌っているように感じさせることがある．この技術をリバーブと言う．

　反射についてもう少し詳しく考える．

　図 1.22 は，横に倒して置いたコップのように，左端が閉じ右端が開いた管（長さ L）内を伝搬する調和音（波長 λ）の挙動を示す．この調和音は，固定端の変位を 0（音は粗密波であるから，空気分子の変位は横方向すなわち固定端表面に垂直な方向の変位になるが，固定端に接する空気分子は横（左右）方向には動けないから）とする正弦波になる．固定端から開放端に向かう音波を進行波，その逆を後退波とする．開放端に達した進行波は反射せず，すべてが開放端を通過してさらに右方の自由空間に放出されると思うだろうが，実は "**音は開放端でも一部が反射する**" のである．開放端で反射した音波は後退波になる．図 1.22 では，開放端反射の様子を理解しやすいように，進行波のすべてが全反射し後退波になる（進行波と後退波の振幅が等しい）と仮定して描かれているが，実際には，後退波の音響エネルギーは進行波の音響エネルギーから管外の自由空間に放出される音響エネルギーを差し引いた値に等しいから，後退波の振幅は進行波の振幅より小さくなる．

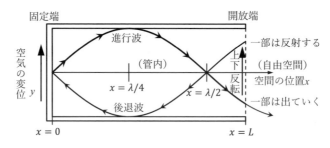

図1.22　管の自由端と固定端における音の反射
L：管長，λ：波長
（音は疎密波であるから，空気の変位 y は水平方向の左右）

　まず，開放端における反射と固定端における反射を比較する．開放端では入射した音響エネルギーは一部が反射し残りはそのまま通過して自由空間に伝搬・拡散する．これに対して固定端（剛体）では入射した音波の全音響エネルギーが反射する（全反射）．

　次に，開放端では進行波を上下反転させた位置から後退波が出発する．前述のように音は，音波の進行方向と空気分子の振動方向が一致する粗密波であり，空気分子が音の進行と同方向か逆方向に変動して生じる粗密波である．図 1.22 の開放端で進行波が負になる瞬間には，空気分子は進行波の進行方向（右）とは逆方向（左）に変位しており，そのために，開放端右側に接する自由空間では空気が疎になっている．同時にこのことは，開放端左側に接する管内では空気が密になっていることを意味する．この開放端内側における空気密度の瞬間的増大は，管内を左方向（内部）に伝搬して行く（部分反射）．これが開放端反射として発生する後退波の正

体である．後退波から見れば，開放端に接する空気分子が後退波の伝搬方向（左）と同方向に変位していることを意味する．したがって開放端では，後退波は進行波とは逆の正（密）になるのである．

　管の長さ L が半波長の整数倍（$L = m\lambda / 2 : \ m = 1, 2, 3, \cdots$）である場合には，開放端の位置では進行波の変位は常に 0 であるから，空気分子は動かない．したがって後退波は生じることなく，進行波の音響エネルギーはすべて開放端を通過して自由空間に開放される．

　これに対し固定端（剛体）では，それに接する空気分子は固定端に垂直（左右）には動けないから，空気分子の左右変動で生じる音（粗密波）は必ず 0 になり，後退波は固定端で全反射して変位 0 から出発し，最初の進行波と同方向の右方向に伝搬して行く．

１．５．７ 干　　渉

　複数の波を重ね合わせると，波は強め合ったり弱め合ったりすることがある．この現象を干渉と言う．図 1.23 は 2 つの波の干渉を示す例である．同図 a は各調和波形の位相が一致する場合であり，波は互いに強め合って振幅が増大している．同図 b は各調和波形の位相が逆になる場合であり，波は互いに弱め合い，両者の振幅が等しいときには消滅する．

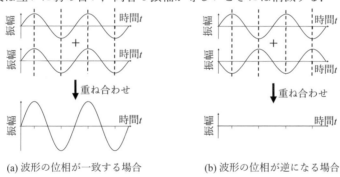

(a) 波形の位相が一致する場合　　　　(b) 波形の位相が逆になる場合

図1.23　波の干渉

　騒音を低減するための能動制御では，この干渉が利用される．つまり，周辺騒音を感知すると同時にそれと逆位相の音を人工的に作り出して周辺騒音に重ね合わせることによって，人が感知する騒音を弱めたり打ち消したりする技術である．この技術を旅客機に利用すれば，エンジン騒音で騒がしい客室空間内で音楽やテレビを楽しむことが出来る．またこの技術を組み込んだ補聴器を装着すれば，雑踏内でも楽に会話することができる．

１．５．８ 共　　鳴

　図 1.22 のように 1 端が閉じ他端が開いた管内では進行波と後退波が生じるからくりを説明した．これら両者は管内で干渉し合うが，特定の周波数では両波形の位相が一致し，音が大きくなる．このように波の反射と干渉によって特定の周波数の音が強調されることを**共鳴（共振）**と呼び，この周波数を**共鳴周波数（共振周波数）**と呼ぶ．

　図 1.22 を一見すると，進行波と後退波は振幅の正負が逆になっているから，両波は常に弱め
合い打ち消し合うように感じるが，これは誤解である．同図の横軸は時間 t ではなく位置 x で
あるから，同図は音波の空間上の形状を描いているにすぎず，両波形はこのままの形（振動で
は固有モード）で時間の経過と共に大きくなったり小さくなったり正負が逆になったりするこ
とを繰り返す．

　図 1.22 で管の長さ L が波長 λ の1/4の3倍である場合を考える．その場合には，同図で進行
波が $y = 0$（節）になる $x = \lambda / 2$ の位置から開放端までの距離が，固定端 $x = 0$ から進行波が
最初に正の最大値（腹）になる $x = \lambda / 4$ までの距離と等しいので，開放端では進行波の振幅が
負の最大値（腹）に，したがって後退波は正の最大値（腹）になる（部分反射＝全反射）．そし
て，開放端での反射で生じた後退波が管内を左に伝搬して節になる時刻・位置が，進行波が管
内を右に伝搬して節になる時刻・位置と，共にちょうど一致する．この場合の進行波と後退波
を重ね合わせると，波がどちらの方向にも進まず定位置で粗密振動を繰り返す**定在波**（両端が
固定端である閉管で生じる定在波については，すでに 1.4.2 項（3）で説明した）になる．

　図 1.24 は，左端が閉じ右端が開いた管内で発生した，管の長さ L が波長 λ の1/4の奇数倍に
等しい調和音波（$L = \lambda / 4,\ 3\lambda / 4,\ 5\lambda / 4,\ 7\lambda / 4$）が定在波を生じる様相を描く．例えば，
音速を 340m/s とすると基本周波数 440Hz（ハ長調のラ）の音の波長は式 1.3 より
$\lambda = 340 / 440 = 0.7727\,\mathrm{m}$ であるから，この基本周波数の定在波を生じる管の長さは，図 1.24a
より，$L = 0.7727 / 4 = 0.193\,\mathrm{m}$ にすればよい．なお，管の長さ L が波長 λ の1/4の偶数倍の周
波数では，前述のように，開放端で音が反射せず（部分反射＝0）後退波が存在しないので，定
在波は発生しない．

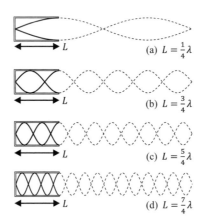

図1.24　左端が閉じ右端が開いた管に生じる定在波
L：管長，λ：波長

　図 1.22 に関する上記の定在波の説明は，図 1.24b に示す $L = 3\lambda / 4$ の場合である．

　クラリネットのように図 1.24 に示した定在波を利用する管楽器の音は，一般にうつろな音色
になるという特色を有する．

1．5．9　う　な　り

　周波数が近い2つの音を重ねると，干渉によって振幅がゆっくりと周期的に変化する現象が生じる．この現象を**うなり**と言う．元の 2 つの調和音の周波数をそれぞれ f_1・f_2 とすれば，うなりの周波数 f_u は

$$f_u = |f_1 - f_2| \tag{1.6}$$

　周波数がほとんど同じ場合，音の高さの微妙な違いを聞き比べるのは至難の業である．しかし，うなりを手掛かりにすれば，音の高さのわずかなずれに簡単に気付くことが出来る．ピアノやギターなどの調律ではこれを逆手に取り，うなりを消すことによって音の高さを正確に合わせている．

1．5．10　ドップラー効果

　救急車が通過すると，サイレンの音が高音から低音に変化する．このように，音源と聴取者の相対的な位置が時間と共に変化するとき音の高さが変化する現象を，**ドップラー効果**と言う．音源が近づいてくる場合には，相対的な波長が短くなり周波数が高くなることから音は高くなる．逆に音源が遠ざかっていく場合には，相対的な波長が長くなり，周波数が低くなることから音は低くなる．ドップラー効果によって変化する音の周波数 f' は，音源の周波数を f，音速を v，音源の速度を v_s，聴取者の速度を v_0 とすれば

$$f' = f \times \frac{v - v_0}{v - v_s} \tag{1.7}$$

　例えば，音源の周波数を $f = 440\,\mathrm{Hz}$，音速を $v = 340\,\mathrm{m/s}$，音源の速度を $v_s = 50\,\mathrm{m/s}$ とすれば，停止（$v_0 = 0\,\mathrm{m/s}$）している人には，式 1.7 より，次の周波数で聞こえる．

　　　　音源が近づく場合には　　　　$f' = 440 \times (340 - 0) / (340 - 50) = 516\,\mathrm{Hz}$

　　　　音源が遠ざかる場合には　　　　$f' = 440 \times (340 - 0) / (340 + 50) = 384\,\mathrm{Hz}$

　ちなみに，ドップラー効果はあらゆる波動に共通する性質であり，光波でも成立する．宇宙の端にある超遠距離星雲は，一様に波長が長く周波数が低い赤色に見えることから，天文学では現在，星雲はすべて地球から遠ざかりつつあるという宇宙膨張説が正当化されている．

第2章 音 の 物 理

２．１ 振動の力学

２．１．１ 運動と変形（力学の始点）から

17世紀に**ガリレイ**（1564-1642），**フック**（1635-1702），**ニュートン**（1643-1727）などの偉人達が，物体の変形・運動と力の関係を科学にした時から力学が始まった[2)3)].

すべての「**物体は今の状態を保とうとする性質を有する**」．物体の状態のうち色・艶などとは無関係な力学で意味があるのは，速度・位置・形の３種類である．上記の偉人達は，これらの状態に関する性質の強さを，表 2.1 に示すように表現した．私達はこれらを**力学特性**と言う．**力学の始点**は，これら３種類の力学特性の認識と数式表現であった．

表2.1 力と運動から見た物体の力学的性質（力学特性）

性質の内容	性質の呼称		状態の変化		変化に対する抵抗	
今の速度を保ちたい（慣性）	質量	M	加速度	$\ddot{x}$	慣性力	$f_M = -M\ddot{x}$
本来の形でいたい（復元性）	剛性	K	変形（変位）	x	復元力	$f_K = -Kx$
今の位置にいたい（粘性）	粘性	C	速度	$\dot{x}$	粘性抵抗力	$f_C = -C\dot{x}$

図 2.1 は，物体を１個の質量と１個のばねと１個の粘性から形成される系と見るときの力学モデルを表す．この力学モデルの挙動を質量の運動で表現することにする．この力学モデルで質量が水平な直線方向のみに運動できるとすれば，このモデルは１個の質量の１方向の運動 x と言う１自由度のみで全体の力学的な状態と挙動が決まるから，これを１自由度系の力学モデルと言う．この図を用いて，上記の力学特性について説明する．

第１に，**物体は今あるままの速度（＝運動）を保とうとする**．

この性質はガリレイの実験によって発見された．ニュートンはこれを物体の最も基本的な性

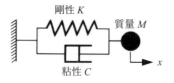

図2.1 １自由度系の力学モデル

質と位置づけ，力学の**第1法則**とした．そしてその性質の強さである力学特性を**質量**と名付けた．図 2.1 では，質量 M を黒丸で図示している．質量は，今あるままの速度に慣れる性質すなわち**慣性**であるから，この法則は**慣性の法則**とも呼ばれている．外作用を力で受ける質量はこれを嫌い，速度の変動（＝加速度）を生じることによって抵抗力を生じる．この抵抗力は，性質の強さ（慣性）である質量 M と変動である加速度 $\ddot{x} = \dot{v}$（x は変位，$v = \dot{x} = dx/dt$ は速度，t は時間，上付き点は時間微分）の両者に比例し，抵抗（負値）であるから

$$f_M(t) = -M\ddot{x}(t) = -M\dot{v}(t) \tag{2.1}$$

式 2.1 を**慣性力**と言う．慣性力に抗して質量に加速度を生じさせるためには，下式の力（慣性力の反作用力）を外から加え続ける必要がある．

$$f(t) = -f_M(t) = M\ddot{x}(t) = M\dot{v} \tag{2.2}$$

ニュートンは式 2.2 を，「**物体は，外力に比例する加速度を生じる**」と解釈し，これを力学の**第2法則**とした．私達はこれを**運動の法則**と呼んでいる．

　第 2 に，**物体（固体）は本来の形を保とうとする**．

　この性質（力学特性）を発見したフックは，これを**剛性**と名付けた．図 2.1 では，剛性 K をばね（ギザギザ）で図示している．物体は，形の変化（＝変形：1 自由度系では**変位** x）を嫌い，本来の形に復元しよう（復元性）として力を出して抵抗する．この抵抗力は，性質の強さである剛性 K と変位 x の両者に比例し，抵抗（負値）であるから

$$f_K(t) = -Kx(t) \tag{2.3}$$

式 2.3 を**復元力**と言う．これに抗して変形した状態をそのまま保存するためには，下式の力（＝保存力＝復元力の反作用力）を外から加えておく必要がある．

$$f(t) = -f_K(t) = Kx(t) \tag{2.4}$$

式 2.4 は，私達はこれを**フックの法則**と呼んでいる．

　第 3 に，**物体は今ある位置を保とうとする**．

　この性質は主に，物体本体ではなく周辺流体の**粘性**（粘さ）に起因する性質である．粘性に起因するこの抵抗力を**粘性抵抗力**と言う．図 2.1 では粘性を C と表記している．位置の変動は速度であるから，速度を嫌うこの抵抗力（負値）は粘性と速度の両者に比例し

$$f_C(t) = -C\dot{x}(t) = -Cv \tag{2.5}$$

２．１．２　エネルギーと対称性（物理学の原点）から

　エネルギーと言う概念が世に登場しその**保存則**が物理学の原点（始点とは異なる）として確立されたのは，ニュートン時代の約 100〜150 年後である．また**対称性**は，数学の分野では古くから自然界を支配する根幹原理として認められていたが，それが物理学の原点として確立されたのは，約 200 年後である（ネーター（1878−1935）の定理：参考文献 25 参照）．エネルギーの 1 側面であり力学を支配する**力学エネルギー**の正体と対称性の内容は，動力学を代表する**振動**と言う現象を見ることによってはっきりと理解できる[1)2)25)]．

　力学エネルギー（以下単にエネルギーと呼ぶ）は，作用がなす仕事の量として定義される．
単位時間になす仕事の量を**仕事率（パワー）**と言う．仕事率 P は力 f と速度 v の積で表され

$$P = fv \qquad (2.6)$$

　エネルギーは，式2.6の蓄積（時間積分）として定義され，次式で表現される**運動エネルギー**
T と**弾性エネルギー** U からなる．

$$T = \frac{1}{2}Mv^2 \qquad U = \frac{1}{2}Kx^2 \left(= \frac{1}{2}Hf^2 : H = \frac{1}{K}, \ f = Kx = \frac{x}{H}\right) \qquad (2.7)$$

ここで，M は質量である．また，H は弾性（柔らかさ）であり剛性 K（剛さ）の逆数である．
また，式 2.7 のカッコ内の最右式は，フックの法則（式 2.4）である．一方，式 2.7 のカッコ内
の最左式は，次のことを意味する．"**物体は弾性エネルギーを，弾性 H が力（内力）f として
保有する．**"力学エネルギーから見たばねの本質は，剛さではなく柔らかさなのである．

　式 2.7 中の $U = Kx^2/2$（私達が通常用いている）は，物体が変形 x によって弾性エネルギー
を保有することを意味するが，これは形を有し変形が定義できる固体にのみ成立する式である．
形を有しない気体が変形しない等体積（$x = 0$）のままエネルギーを吸収・保有・放出する場
合（気体の等積変化）には，弾性（気体の柔らかさ）が力（内圧）で弾性エネルギーを吸収・
保有・放出している（$U = Hf^2/2$）．$U = Hf^2/2$ は固体にも適用できるので，弾性エネルギーは
弾性が変形ではなく力により生じると考えるのが妥当である．

　弾性エネルギーは位置エネルギーの 1 種である．「運動エネルギー T と位置エネルギー U
の和は保存される」と言う次式が，**力学エネルギー保存則**である．

$$E = T + U \qquad (E：一定) \qquad (2.8)$$

２．１．３　エネルギーから見た力学特性

　2.1.1 項では，力学の始点である力と速度の関係から，「**物体は今の状態を保とうとする性質
を有する**」，と述べた．これに対して本項では，力学の原点であるエネルギーを表に出し，「**物
体はエネルギーの均衡を保とうとする性質を有する**」，ことを説明する．

　これに基づき力学特性（質量 M と弾性（＝柔らかさ $H(=1/K)$）の機能を，以下のように定
義する．

質量の静機能　：　エネルギーの均衡状態では，0 を含む一定の速度でエネルギーを保有する
（＝慣性の法則）．

質量の動機能　：　エネルギーの不均衡状態では，その不均衡を力の不釣合で受け，それに比
例する速度の変動（加速度）に変換する（＝運動の法則：式 2.2）．速度の変動は，時間の経過
と共に蓄積され速度になる．質量は，不釣合力を速度に変えて不均衡エネルギーを吸収し，運
動エネルギーとして保有することにより，エネルギーの均衡を回復させる．

弾性の静機能　：　エネルギーの均衡状態では，0 を含む一定の力（内力）でエネルギーを保
有する．

弾性の動機能 ：　力学エネルギーの不均衡状態では，その不均衡を速度の不連続（＝弾性両端間の速度差）で受け，それに比例する力の変動に変換する（＝フックの法則 $x=(1/K)f=Hf$ の時間微分→$v=Hf$）．力の変動は，時間の経過と共に蓄積され力（内力）になる．弾性は，不連続速度を力に変えて不均衡エネルギーを吸収し，弾性エネルギーとして保有することにより，エネルギーの均衡を回復させる．

　上記の定義では，質量と弾性の機能が，仕事率に関して互いに対称・対等・双対の関係にある（式 2.6）"力"と"速度"の相互入換，および"力の釣合"と"速度の連続"の相互入換以外には，同一の文章で表現されている．これは，従来無関係とされていた質量 M と弾性 H（剛性 K の逆数）が，エネルギーから見ると互いに対称・対等・双対の関係にあることを意味する．

　質量は，変形出来ないからエネルギーを（不連続）速度で受けることが出来ない．また質量は，エネルギーを速度で保有する（運動エネルギー：式 2.7 左式）からそれを速度でしか出すことが出来ない．**質量は力しか受けられず速度しか出せない**，のである．これに対して弾性は，力でエネルギーを受けることが出来ない（他端を固定した自然長の弾性（ばね）の一端に力を加えようとしても，"のれんに腕押し"で両端間に不連続速度（速度差）を生じるだけで反作用力が生じないから，弾性には力を作用させることが出来ない）．また弾性は，エネルギーを力（内力＝弾性力）で保有する（式 2.7 右式のカッコ内）からそれを力でしか出すことが出来ない．**弾性は速度しか受けられず力しか出せない**，のである．

２．１．４　１自由度系の自由振動

　音の本質は，エネルギーの変換が起因する自由振動が波として媒体（空気など）の中を伝搬する現象である．本節では，図 2.1 を用いてこの自由振動のからくりを説明する．

（１）　エネルギーの閉ループ

　エネルギーを，力でしか受けられず速度でしか出せない質量と，速度でしか受けられず力でしか出せない弾性（以下ばねあるいは剛性（＝私達が従来から用いている表現）と呼ぶ）から成る物体内では，エネルギーに関して質量の入出とばねの出入が合致するので，質量とばねは必ず互いに結び付き，両者の間に**エネルギーの閉ループ**が形成される．

　外作用が変化すると，それまでエネルギーの均衡を保っていたこの閉ループ内に外部から不均衡エネルギーが投入される．不均衡エネルギーを力の形で投入すれば，それは質量に作用する．それを嫌う質量は，自身の速度を変動させる（加速度を生じる）ことによってエネルギー均衡を保とうとして力を速度に変換する．質量は，加速度の時間蓄積によって生じた速度をばねとの結合端に作用させる形で不均衡エネルギーをばねに移す．ばねの他端は固定されているから，それはばね両端間の不連続速度になる．それを嫌うばねは，エネルギー均衡状態（自然長）に復元しようとして速度を力に変換し，質量に復元力（内力の反作用力）を返す．復元力は質量への作用力となり，ばね内の不均衡エネルギーは力の形で再び質量に移る．

　このように質量とばねは交互に，自身内のエネルギー均衡を保持・復元しようとして相手内

のエネルギー均衡を乱す. 閉ループを通した不均衡エネルギーのやり取りが**自由振動**であり, 自由振動は質量とばねが共に自身のエネルギーの均衡を保ちたいという本来の欲求に基づく自己防衛の行動が発現するエネルギーのキャッチボールである.

（2） 力の釣合と運動方程式

以下の定式化は, 従来から私達が世界中で通常用いている上記 2.1.1 項の力学表現に従う.

表 2.1 に示した力学特性を有する物体が外作用を受けると, 今の状態を保とうとする物体は, 式 2.1 の慣性力・式 2.3 の復元力・式 2.5 の粘性抵抗力, と言う 3 種類の抵抗力を発生して, 外作用に抵抗しようとする. その直後に外作用を除き, 物体を自由状態に置くと, **力の釣合の法則**（＝**ダランベールの原理**）により, これら 3 種類の抵抗力だけが残存し力が釣り合うから

$$-M\ddot{x}(t)-C\dot{x}(t)-Kx(t)=0 \quad \text{すなわち} \quad M\ddot{x}(t)+C\dot{x}(t)+Kx(t)=0 \tag{2.9}$$

式 2.9 は**力の釣合式**であるが, 運動 $x(t)$ で表現されているので**運動方程式**と言う. 式 2.9 のうち主に外部からの付加特性である粘性抵抗力を省略（$C=0$）すれば, 運動方程式は

$$M\ddot{x}(t)+Kx(t)=0 \tag{2.10}$$

式 2.10 は法則を表現する式であるから, 例外を許さず時間に無関係に常に成立する. また, 力学特性 M と K は正の定数である. これらの 2 条件を同時に満足するためには, 解 $x(t)$ を時間で 2 回した加速度 $\ddot{x}(t)$ が変位 $x(t)$ の負値でなければならない. このことから, 解は時間 t を独立変数とする三角関数または複素指数関数（補章 A2.4）以外には存在しない.

三角関数と複素指数関数は, 互換可能な同一の周期関数である（オイラーの公式：補章 A2.50 〜A2.53 参照）. このように, 運動方程式 2.10 の解は時間の周期現象（自由振動）であることが, 式を解く前から明らかである. そこで, 解を以下のように仮定する.

$$x(t)=X_C\cos(\Omega t)+X_S\sin(\Omega t) \quad （\Omega \text{は角振動数}） \tag{2.11}$$

または

$$x(t)=X_1\exp(j\Omega t)+X_2\exp(-j\Omega t) \tag{2.12}$$

式 2.11 と式 2.12 は, 共に次式を満足する.

$$\ddot{x}(t)=-x(t) \tag{2.13}$$

式 2.13 を式 2.10 に代入すれば

$$(-M\Omega^2+K)x(t)=0 \tag{2.14}$$

振動する（$x(t)\neq0$）という条件下で右辺が 0 の式 2.14 が成立するためには, 角振動数は

$$\Omega=\sqrt{\frac{K}{M}}\left(=\sqrt{\frac{1}{MH}}\right) \tag{2.15}$$

でなければならない. 式 2.15 の角 Ω[rad/s]は, この系固有の力学特性（M と K）によって決まるので, これを**固有角振動数**と呼ぶ. また, $f=\Omega/(2\pi)$[1/s=Hz]を**固有振動数**, $T=1/f=2\pi/\Omega$[s]を**固有周期**と呼ぶ.

式 2.11 と式 2.12 中の $X_C\cdot X_S$ あるいは $X_1\cdot X_2$ は未定係数であり, 自由振動の初期条件が与

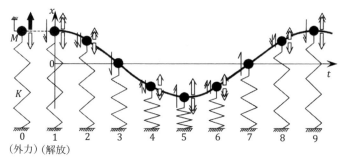

えられて初めて決まる定数である．例えば，初期条件を $x(t=0)=X_0$, $\dot{x}(t=0)=0$ とすれば，式 2.11 より $X_C=X_0$, $X_S=0$ であり

$$x(t) = X_0 \cos(\Omega t) \tag{2.16}$$

（3）　自由振動の発生機構

（3－1）　力と速度から

図 2.2 に，図 2.1 で粘性 $C=0$ とおいた系（不減衰系）のばねの下端を固定して垂直にし，上端の質量を垂直上方に引き上げた静止状態を初期条件とした自由振動（式 2.16）を図示する．図 2.2 を見ながら，自由振動の発生機構を力と速度の関係に基づいて説明する．

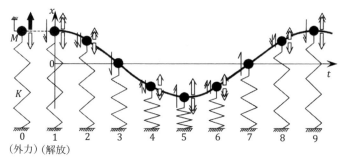

図2.2　不減衰自由振動における力と運動の推移（初期変位を与えて開放）
M：質量，K：剛性，x：変位，t：時間
：外力，：慣性力 $= f_M = -M\ddot{x}$，：復元力 $f_K = -Kx$，
：速度 $= dx/dt = \dot{x}$，：加速度 $= d^2x/dt^2 = \ddot{x}$

　まず時刻 0 において，質量に上方向の拘束力を外から加えた初期状態を保持する．このとき，ばねは伸び（変位 $x>0$），これに抵抗する復元力がばねから質量に下方向に作用し，拘束力（外力）と復元力（内力の反作用力）が釣り合った状態で質量が静止している（時刻 0）．

　外力を急に除去し系を開放する瞬間（時刻 1）から，時間 t を始める．外力を除去しても復元力は残存し質量に下方向に作用するから，質量には下方向に加速度が生じ，質量は下方に動き始める．この加速度に抵抗する質量は上方向の慣性力を生じ，これが外からの拘束力に代って復元力と釣り合う．

　質量が下方に運動するとばねの変位は減少するから，質量への作用力（＝復元力）は小さくなり，質量の下方向の加速度は減少していく（式 2.2 参照）．しかし，それまでの加速度は蓄積（時間積分）されて速度になり，下方向の速度は増加していく（時刻 2）．

　やがて質量は $x=0$ に到達する（時刻 3）．この瞬間のばねは本来の自然長でいたいという性質を満足しているため，復元力は 0，それと釣り合う慣性力も 0 になり，質量には加速度が生じない．しかし質量は，動いている状態を保ちたいという性質（慣性）により，ばねにとって最も好ましい $x=0$ の位置を，上から下へと最大速度で通過していく．

　そうするとばねは縮み始め，圧縮内力の反作用力である復元力が発生して質量に上向きに作用する．これを受ける質量には上向きの加速度と下向きの慣性力が生じ，これがばねから作用する復元力と釣り合う．この上向きの加速度は下向きの速度に制動をかけ，速度は減少してい

く．しかし，それまでの速度は蓄積されて変位に変り，ばねは縮んで行く．そうすると，ばねからの上向きの復元力が増加して質量に作用し，質量の上向きの加速度と下向きの慣性力が増加し，これがばねからの上向きの復元力と釣り合う（時刻4）．

やがて速度が0になり静止した瞬間に，上向きの復元力と下向きの慣性力が共に最大になる．そして質量は，最大の加速度で上向きに動き始める（時刻5）．

初期からこれまで（時間1～5）が振動の半周期である．この後は，それまでと同じ現象が上下方向を逆転した形で生じ（時刻6），平衡点を下から上へと通過し（時刻7），ばねは伸び（時刻8），やがて正の変位が最大の点に到達する（時刻9）．初期からこれまで（時間1～9）が振動の1周期であり，この後はこれまでと同一の現象を同周期で繰り返す．

（3－2）　エネルギーから

図2.2を見ながら，自由振動の発生機構をエネルギーに基づいて説明する．

まず，外から質量に上方向の拘束力を加えて保持する．このとき，伸びて張力を有するばねに下方向の復元力が生じ，質量に作用している．質量は，拘束力と復元力が釣り合うと言うエネルギーの均衡を維持し静止している．そこでばねは，上下端共に静止，という速度の連続でエネルギーの均衡を維持している．またばねは，正（引張）の弾性力（内力）を有し弾性エネルギーを保有している．したがって系は，外からエネルギーを弾性エネルギーの形で強制的に挿入されたままの安定状態で拘束・保持され静止している．

外からの拘束力を急に除去する瞬間（時刻1）から，時間 t を始める．この瞬間にばね内の弾性エネルギーは不均衡エネルギーに変わる．これは，外からばねに不均衡エネルギーを投入することに相当する．同時に，外からの拘束力が除去さればねからの復元力のみが残存・作用する質量は，力の不釣合というエネルギーの不均衡になる．保存力から作用力（不釣合力）に変身したばねからの復元力は質量に仕事をし始め，初期にばねが保有していた不均衡エネルギーを質量に移動させる．ばねから質量へのエネルギーの移動は力の形でなされる．この不釣合力を受けた質量は，自身に加速度を生じることで，ばねから受け入れた不均衡エネルギーを吸収し，新しい均衡状態に移行しようとする．加速度は時間と共に蓄積（時間積分）され，質量の速度が増加する．こうして質量は，ばねから力で受けた不均衡エネルギーを速度に変え運動エネルギーに変換して保有する．こうして質量の速度が増加し，ばねの変位 x と弾性力は減少し，ばねが初期に保有していた弾性エネルギーは質量が保有する運動エネルギーへと変化していく（時刻2）．

やがて質量は中立点（$x=0$）に到達する．この瞬間には質量はエネルギーの均衡状態に置かれるから，質量とばねの結合点には力が作用せず，質量の加速度が0になる．しかし，初期にばねが保有していた弾性エネルギーはすべて質量に移動し運動エネルギーに変換されているから，質量の速度が最大になり，ばねは上端（質量との結合点）が最大速度，下端が固定，という速度の最大不連続状態（エネルギーの最大不均衡状態）に置かれる（時刻3）．

質量は，中立点を上から下へと最大速度で通過しながら，ばねの上端に下方向の速度を与え

てばねに仕事をし，不均衡エネルギーは質量からばねへと速度の形で移動する．ばねは，自身に力（内力＝弾性力）の変動を生じることによってこの不均衡エネルギーを吸収する．力の変動は時間と共に蓄積（時間積分）され，圧縮力が増加する．こうしてばねは，質量から速度で受けた不均衡エネルギーを力に変え弾性エネルギーに変換して，圧縮力の形で保有しその反作用力である復元力を質量に上方向に作用させる．これにより質量の速度は減少し，代りにばねの圧縮力が増加し，質量の運動エネルギーはばねの弾性エネルギーへと変化していく（時刻4）．

　やがて質量は速度を出し切って停止する．この瞬間には，圧縮の弾性力と上方向の復元力が最大，下方向の変位が最大，速度が0になり，中立点で質量が保有していた運動エネルギーはすべてばねが保有する弾性エネルギーに変換されている．最大復元力が上方向に作用する質量は力の最大不釣合状態になり，最大の上方向加速度が発生して，速度が負→0→正へと速やかに転じる（時刻5）．

　初期（時刻1）からこの時点（時刻5）までが振動の半周期である．この後の半周期（時刻5〜9）には，この時点までの現象がすべて，上下方向を逆転した形で推移する．

　上記のように，初期（時刻1）にばねに投入された不均衡エネルギーは，時刻5でエネルギーの閉ループを1周して再びばねに戻っている．不均衡エネルギーは，振動の半周期（時間1〜5）でばねと質量間を1回往復するのである．これは，「**質量とばね（弾性）の間に形成されているエネルギーの閉ループ内を，不均衡エネルギーが自由振動の1周期で2回往復する**」ことを意味する．またこれは，質量と弾性間の1回のエネルギーの移動・変換・蓄積（＝閉ループ内の1回の片道通行）には，振動の1／4周期の時間を必要とすることを意味する．これが，振動を1回時間積分すると時間（位相）が1／4周期（＝90°＝$\pi/2$ rad）遅れる（1回時間微分すると時間（位相）が1／4周期進む）と言う数学上の現象の物理的理由である．

（4）　減衰する自由振動

　媒体（空気など）の自由振動の力学エネルギーは，媒体が本来有する粘性C（＝減衰係数）に吸収されて熱エネルギーに変わり，必ず散逸する．そこで，粘性減衰を考慮した式2.9を解析する．同式は力学法則（力の釣合）であり，例外を許さず常に成立する．これを満足するためには解$x(t)$は，何回時間微分しても同一の関数形のままであり，それに加えて時間微分により符号が変わる必要がある（式2.9の右辺＝0だから）．これらを同時に満足する時間関数は$\exp(\lambda t)$（λは複素数：補章A2参照）しかない．そこで解を

$$x(t) = X\exp(\lambda t)\quad(\dot{x}(t)=\lambda X\exp(\lambda t),\ \ddot{x}(t)=\lambda^2 X\exp(\lambda t)) \tag{2.17}$$

と仮定する（Xは未定係数）．式2.17を式2.9に代入して両辺を$X\exp(\lambda t)$で割れば

$$M\lambda^2 + C\lambda + K = 0 \tag{2.18}$$

2次方程式の根の公式を式2.18に適用すれば

$$\lambda = \sqrt{\frac{K}{M}}\left(-\frac{C}{2\sqrt{MK}}\pm\sqrt{\left(\frac{C}{2\sqrt{MK}}\right)^2-1}\right) \tag{2.19}$$

ここで，式 2.19 を簡単に表現するために

$$C_C = 2\sqrt{MK}, \; \varsigma = \frac{C}{C_C} \tag{2.20}$$

とおく．$C = C_C$ は，式 2.19 右辺の平方根内を 0 にし λ が実数か複素数かを決める減衰係数の臨界値であるから，**臨界減衰係数**と言う．また ς は減衰係数同士の比であるから，**減衰比**と言う．

$\varsigma \geq 1$ すなわち減衰係数が臨界減衰係数より大きい（$C \geq C_C$）場合には，式 2.19 より λ は負の実数になり，式 2.17 より解 $x(t)$ は時間と共に単調減少し，振動は決して生じない．

$\varsigma < 1$（$C < C_C$）の場合には，式 2.19 より λ は複素数になる．

式 2.15 と式 2.20 を式 2.19 に代入して

$$\sigma = \Omega\varsigma, \; \omega_d = \Omega\sqrt{1-\varsigma^2} \tag{2.21}$$

とおけば

$$\lambda = -\sigma \pm j\omega_d \tag{2.22}$$

式 2.22 を式 2.17 に代入すれば

$$x(t) = \exp(-\sigma t)(X_A \exp(j\omega_d t) + X_B \exp(-j\omega_d t)) \tag{2.23}$$

式 2.23 右辺カッコ内は角振動数 ω_d の調和振動を表現し，その前にかかる係数（指数が減衰係数に比例する負の実数）は時間と共に単調に減少する．したがって式 2.23 は，時間と共に振幅が減少していく振動現象を表す．式 2.21 が示すように，このときの角振動数（＝減衰固有角振動数）は不減衰固有角振動数より小さい（$\omega_d < \Omega$）．

２．１．５　１自由度系の強制振動

本項では，外作用力（**加振力**と言う）が加わり続ける 1 自由度系の振動（**強制振動**）を簡単に述べる．

粘性減衰係数を省略した不減衰系の運動方程式 2.10 の右辺に，角振動数 ω の加振力 $f(t) = F\exp(j\omega t)$ を加え続けると

$$M\ddot{x}(t) + K x(t) = F\exp(j\omega t) \tag{2.24}$$

強制振動における系の応答の角振動数は必ず加振力と等しい [1) 2)] から，式 2.24 の解は

$$x(t) = X\exp(j\omega t) \quad (\ddot{x}(t) = -\omega^2 X\exp(j\omega t)) \qquad (X は応答の変位振幅) \tag{2.25}$$

式 2.25 を式 2.24 に代入して両辺を $\exp(j\omega t)$ で割ると，$-\omega^2 MX + KX = F$ となるから

$$X = \frac{F}{-\omega^2 M + K} \tag{2.26}$$

式 2.26 は，振幅 F，角振動数 ω の調和振動外力が加わるときの 1 自由度不減衰系の調和振動応答の振幅 X を示す．

加振力の角振動数が $\omega = \sqrt{K/M}$（$= \Omega$：式 2.15）のとき，式 2.26 右辺の分母が 0 となり応答

振幅 X が無限大になる．この現象を**共鳴**または**共振**と言う．

　1自由度不減衰系の強制振動における共鳴角振動数は，自由振動における式2.15の固有振動数 Ω に等しい．1自由度系に限らず一般の多自由度離散系や連続媒体でも，減衰を省略した不減衰系の場合には，共鳴現象の振動数は固有振動数，振幅は無限大になる．ただし音響の場合には，媒体である空気はそれ自身が必ず粘性減衰 C を有するので，共鳴振動数は固有振動数より若干小さくなり，振幅は極大ではあるが無限大ではなくなる．

　振動に関してさらに詳しく勉強したい方には，文献 1) と 2) の参照を勧める．

２．２　振動から波動へ

２．２．１　伝わる振動

　ビリヤードの球5個を互いに接触させて直線状に並べ，別の球1個をこの直線列の左端に衝突させれば，中間に位置する4個は静止したままのように見え（実際には微小振動をするが），右端の1個だけが急に動き出し，列から右方に離れていく．これは，衝突時に左端に投入されたエネルギーが中間の4球の内部を波動として左から右へ伝達して右方から右端の1球に届き，その1球だけが右方に直線運動を始めるためである．この場合には，中間の4球の微小振動の方向と波動の伝達方向が同一であり，波動は音波と同様の縦波である．

　図2.3は，複数個の等しい重り（質量 $\cdots = M_{n-1} = M_n = M_{n+1} = \cdots = M$）を，等しいばね（剛性 K，長さ l）を介して水平方向・1列に連結した列モデルの力学系（重力は無視）である．この系の各質量が単一の周波数 f で水平方向に振動する場合に，振幅を A，隣り合う重りの振動の位相差を ϕ とすれば，n 番目の重りの振動変位 u_n は

$$u_n = A\sin(2\pi ft - n\phi) \quad (n = 1, 2, 3 \cdots) \tag{2.27}$$

重りの変位（空間）

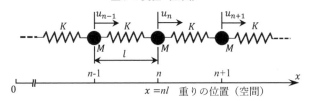

図2.3　重り（質量）とばねが連結した力学系
M：重りの質量，K：ばねの剛性，
l：ばねの長さ，u_n：n 番目の重りの変位

　式2.27では，振動が左から右に伝達するとし，隣接する重りの間には位相差 ϕ があると仮定している．位相差 ϕ は重りの振動の時間差（伝達による時間遅れ）を角度 rad で表現したものであり，ϕ については後述する．

　図2.3の系が振動する様子を図2.4に示す．各重り（質量）は，それぞれの定位置から左右（図2.3における列の連結と同じ水平方向）に振動している．各重りの位置と振動の方向は同

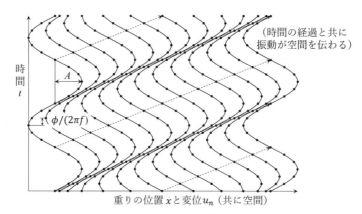

（時間の経過と共に
振動が空間を伝わる）

時間 t

A

$\phi/(2\pi f)$

重りの位置 x と変位 u_n（共に空間）

図2.4　図2.3の系が振動する様子　黒丸：重り

一であり，図 2.4 ではそれらを共に横軸の右方向にとっている．この系が時間の経過と共に動
く様子を縦方向に並べてみると，隣の重りの動きとの間には少し時間差があり右に向かって少
し遅れる様子が分かる．こうしたときに，重りが寄り集まって**密**になる場所は，時間の進行と
共に左から右へと進んでいる．同様に，重りの間隔が広がり**疎**になる場所も，同じ速度で左か
ら右へと進んでいる．図 2.4 中の斜め右上へ向かう点線の矢印がこれらを示し，水平方向に変
位する振動が同じ水平方向に波動となって時間の経過と共に進んでいく様子が見てとれる．こ
のような波動を**粗密波**あるいは**縦波**と言う．

　次にそれぞれの重りについて，定位置からの空間変位 u_n を縦軸に表記する．また定位置 x を
横軸（図 2.4 と同様）に表現する．そして時間の経過 t は，図 2.4 とは異なり定位置（空間）と
同一の横軸に重ねて表現する．こうすると図 2.5 のようになる．

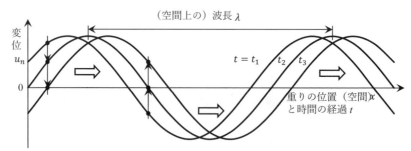

（空間上の）波長 λ

変位 u_n

0

$t = t_1$　t_2　t_3

重りの位置（空間）x
と時間の経過 t

図2.5　重りの変位が進んで行く様子
⟹ 振動の伝達方向（波動の進行方向）

　図 2.4 内の実線は，重りが時間の経過（縦軸方向）と共に振動する様子を示しており，時間
（縦軸）を独立変数とする正弦波になっている．これに対し図 2.5 内の実線は，図 2.3 の列モ
デルを形成する各重りの同一時間（縦軸が同一）における横軸方向の変位を実現象と同一の横
軸方向に連結したものであり，位置（横軸）を独立変数とする正弦波になっている（これが実
現象）．これに対し図 2.5 では，実現象とは異なり，変位を位置と直角の縦方向にとっているの
で，波動があたかも**横波**（変位の方向が振動の伝わる方向と直交する波）であるように見え，

実現象が縦波であることが分かりにくくなっている．しかし，時間（横軸）の経過と共に正弦波がその形を保ったまま左から右へと進行している様子はよく分かるので，説明にはこのような表現がよく使われる．これが，波として伝わる振動すなわち波動である．ここで，この波動の波形の山と山（最大値と最大値）の間の空間上の距離 λ を**波長**という．波動は空間（横軸）上をこの波長で周期的に繰り返しながら伝わって行く．

２．２．２　振動の伝達速度

図 2.3 の力学系において，n 番目の重り（質量 M ）はその左右に繋がったばねの両方から復元力を受ける．それぞれのばねの伸びは，そのばねの両側に連結されている 2 つの質量間の変位の差で表現される．左と右のばねが発生する力は，式 2.3 よりそれぞれ $-K(u_n - u_{n-1})$ と $K(u_{n+1} - u_n)$ （共に右方が正）である．従って n 番目の質量の運動方程式は式 2.2 と式 2.10 より

$$-M\frac{d^2u_n}{dt^2} - K(u_n - u_{n-1}) + K(u_{n+1} - u_n) = 0 \quad \text{すなわち} \quad M\frac{d^2u_n}{dt^2} = -K(u_n - u_{n-1}) + K(u_{n+1} - u_n)$$

$$(2.28)$$

式 2.28 左辺は，時間に関する微分が続けて 2 回行われており，時間に関する変化率の変化率を表している．一方同式右辺は，隣り合う質量間の変位の差のさらに差になっている．このように，変位の時間に関する変化率の変化率と場所に関する変化率の変化率が比例関係にあることが，波動（空間を伝わる振動）を表す式（後述の波動方程式）の特徴である．

次に式 2.27 で仮定し導入した位相差 ϕ について検討する．式 2.27 を式 2.28 に代入すると

$$M\frac{d^2u_n}{dt^2} = -KA(\sin(2\pi ft - n\phi) - \sin(2\pi ft - n\phi + \phi))$$
$$+ KA(\sin(2\pi ft - n\phi - \phi) - \sin(2\pi ft - n\phi))$$

$$(2.29)$$

式 2.29 に三角関数の積の公式 A1.24（後述の補章 A1）を適用する．

$$\sin\theta_1\cos\theta_2 = \frac{\sin(\theta_1 + \theta_2) + \sin(\theta_1 - \theta_2)}{2} \qquad \text{（式 A1.24 の再記）}$$

$$(2.30)$$

ここで，式 2.29 右辺第 1 項に注目して

$$-\frac{\phi}{2} = \theta_1, \quad 2\pi ft - n\phi + \frac{\phi}{2} = \theta_2$$

$$(2.31)$$

とおけば，正弦関数は奇関数（原点に関して反対称な関数）であるから，式 2.30 より

$$\sin(2\pi ft - n\phi) - \sin(2\pi ft - n\phi + \phi) = \sin(\theta_1 + \theta_2) - \sin(-\theta_1 + \theta_2)$$
$$= \sin(\theta_1 + \theta_2) + \sin(\theta_1 - \theta_2) = 2\sin\theta_1\cos\theta_2 = 2\sin(-\frac{\phi}{2})\cos(2\pi ft - n\phi + \frac{\phi}{2})$$

$$(2.32)$$

また，式 2.29 右辺第 2 項に注目して

$$\frac{\phi}{2} = \theta_1, \quad 2\pi ft - n\phi - \frac{\phi}{2} = \theta_2$$

$$(2.33)$$

とおけば，式 2.30 より

$$\sin(2\pi ft - n\phi - \phi) - \sin(2\pi ft - n\phi) = \sin(-\theta_1 + \theta_2) - \sin(\theta_1 + \theta_2)$$

$$= -(\sin(\theta_1 + \theta_2) + \sin(\theta_1 - \theta_2)) = -2\sin\theta_1\cos\theta_2 = 2\sin(-\theta_1)\cos\theta_2 = 2\sin(-\frac{\phi}{2})\cos(2\pi ft - n\phi - \frac{\phi}{2})$$

$$(2.34)$$

式 2.32 と式 2.34 を式 2.29 右辺に代入すれば

$$M\frac{d^2u_n}{dt^2} = -2KA\sin(-\frac{\phi}{2})(\cos(2\pi ft - n\phi + \frac{\phi}{2}) - \cos(2\pi ft - n\phi - \frac{\phi}{2})) \tag{2.35}$$

式 2.35 に三角関数の積の公式 A1.26（後述の補章 A1）を適用する．

$$\sin\theta_1\sin\theta_2 = \frac{\cos(\theta_1 - \theta_2) - \cos(\theta_1 + \theta_2)}{2} \qquad \text{（式 A1.26 の再記）} \tag{2.36}$$

ここで，式 2.35 右辺に注目して

$$-\frac{\phi}{2} = \theta_1, \ 2\pi ft - n\phi = \theta_2 \tag{2.37}$$

とおけば，余弦関数は偶関数（原点に関して対称な関数）であるから，式 2.36 より

$$\cos(2\pi ft - n\phi + \frac{\phi}{2}) - \cos(2\pi ft - n\phi - \frac{\phi}{2}) = \cos(-\theta_1 + \theta_2) - \cos(\theta_2 + \theta_1)$$

$$= \cos(\theta_1 - \theta_2) - \cos(\theta_1 + \theta_2) = 2\sin\theta_1\sin\theta_2 = 2\sin(-\frac{\phi}{2})\sin(2\pi ft - n\phi)$$

$$(2.38)$$

式 2.27 の時間に関する 2 階微分と式 2.38 を式 2.35 に代入すれば

$$-M(2\pi f)^2 A\sin(2\pi ft - n\phi) = -4KA\sin^2(-\frac{\phi}{2})\sin(2\pi ft - n\phi)$$

$$\text{すなわち} \quad (2\pi f)^2 = 4\frac{K}{M}\sin^2(-\frac{\phi}{2}) = 4\omega_p^2\sin^2(\frac{\phi}{2}) = 4(2\pi f_p)^2\sin^2(\frac{\phi}{2}) \tag{2.39}$$

ここで$f_p = \omega_p/(2\pi) = \sqrt{K/M}/(2\pi)$は，質量 M と剛性 K で決まる共振周波数である（式 2.26 右辺の分母が 0 になる振動数）．式 2.39 から

$$\frac{f}{f_p} = 2\sin\frac{\phi}{2} \simeq \phi \tag{2.40}$$

式 2.27 に示したように，f は図 2.3 の系を構成する各重り（質量）の振動周波数であるから，隣り合う質量間の位相差ϕは，伝搬する振動の周波数と共振周波数の比になる．

前者は振動の入力源あるいは発生源から与えられる振動数であるのに対し，後者は図 2.3 の系を構成する 1 個の質量と 1 個の剛性（連続体の場合にはその材質）のみによって決まる振動数であり，これら両者を関係付けるのが，隣り合う質量間の振動の位相差ϕであることを，式 2.40 は示している．

式 2.40 では，ϕ が 1rad よりも十分小さいときにのみ$\sin\phi \simeq \phi$と近似できることを用いている．連続的な媒体を図 2.3 の力学モデルで模擬するには，この位相差ϕが十分小さい必要があり，こ

のモデルを構成する重りとばねの組が持つ共振周波数 f_p は伝搬する振動の周波数 f より十分大きく設定する必要がある.

次に,この波動が空間を伝わる速さ(伝搬速度)を求める.波動が単位時間に伝わる距離である伝搬速度 c(音の場合には**音速**)は,波動が 1 周期に伝わる距離である波長 λ と波動が単位時間に何周期繰り返すかという周波数 f の積になる($c = \lambda f$).一方波動は,質量間の距離 l だけ伝わる間の位相が ϕ であり,1 周期分の距離である波長 λ だけ伝わる間の位相が 2π(1 周期)であるから,単位距離だけ伝わる間の位相として $\phi / l = 2\pi / \lambda$ の関係が成立する.また式 2.40 より,$2\pi f / \phi = 2\pi f_p = \sqrt{K/M}$.これらの関係を用いれば

$$c = \lambda f = l\frac{2\pi f}{\phi} = l\sqrt{\frac{K}{M}} = \sqrt{\frac{K\,l}{M\,/\,l}} \tag{2.41}$$

式 2.41 から,重りが軽くばねが硬いほど伝搬速度 c が大きくなることが分かる.図 2.3 の極限である単位断面積の連続媒体について考えれば,M / l は密度,$K l$ は縦弾性係数に相当するから,密度が小さく硬い物質ほど波動を早く伝える.

2.3 波動の力学

2.3.1 弦の振動

(1) 支配方程式

図 2.6 は,静止した状態において張力 F を受けて水平(x軸)方向に張られた弦が垂直(y軸)方向に運動するときの位置 x から位置 $x+\delta x$ までの長さ δx の微小部分を図示する.弦の線密度(=単位長さあたりの質量)を ρ,同図内の位置 x と位置 $x+\delta x$ における弦の水平位置からの傾角(微小)をそれぞれ θ・$\theta+\delta\theta$ とする.

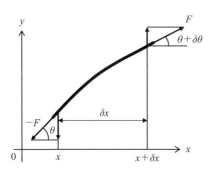

図2.6 張力 F を受けて運動する弦

空間内に位置する弦は時間 t と共に運動するから,弦の位置 x における変位 y は,時間 t と空間(位置)x という互いに独立した 2 個の変数の関数($y = y(t, x)$)として記述される.そこで,これら両変数のそれぞれに関する次のような偏微分の概念を導入する.

$$\frac{\partial}{\partial t}\ (\text{時間偏微分}):\text{空間固定の時間変化},\quad \frac{\partial}{\partial x}\ (\text{空間偏微分}):\ \text{時間固定の空間変化}.$$

図 2.6 より，垂直（y 軸）方向の外力 F_y は

$$F_y = F\sin(\theta + \delta\theta) - F\sin\theta \qquad (2.42)$$

式 2.42 に三角関数の和の公式（補章 A の式 A1.15）を適用して

$$F_y = F(\sin\theta \times \cos\delta\theta + \cos\theta \times \sin\delta\theta) - F\sin\theta \qquad (2.43)$$

θ が微小であるから

$$\cos\theta \simeq 1, \quad \cos\delta\theta \simeq 1, \quad \sin\theta \simeq \theta, \quad \sin\delta\theta \simeq \delta\theta, \quad \theta = \frac{\theta}{1} \simeq \frac{\sin\theta}{\cos\theta} = \tan\theta = \frac{\partial y}{\partial x} \qquad (2.44)$$

式 2.44 を式 2.43 に代入して

$$F_y \simeq F(\theta \times 1 + 1 \times \delta\theta) - F\theta = F\delta\theta = F\frac{\partial\theta}{\partial x}\delta x \simeq F\frac{\partial^2 y}{\partial x^2}\delta x \qquad (2.45)$$

図 2.6 内の弦の微小長さ δx 部分の質量 $\rho\delta x$ による垂直（y 軸）方向の慣性力 F_{My} は，式 2.1 のように垂直（y 軸）方向の加速度（変位 y の時間 t による 2 次微分）に比例し負号を有するから

$$F_{My} = -\rho\delta x\frac{\partial^2 y}{\partial t^2} \qquad (2.46)$$

力の釣合式 $F_{My} + F_y = 0$ に式 2.45 と式 2.46 を代入して $\rho\delta x$ で割れば

$$\frac{\partial^2 y}{\partial t^2} = \frac{F}{\rho}\frac{\partial^2 y}{\partial x^2} \qquad (2.47)$$

ここで

$$c^2 = \frac{F}{\rho} \qquad (2.48)$$

とおけば

$$\frac{\partial^2 y}{\partial t^2} = c^2\frac{\partial^2 y}{\partial x^2} \qquad (2.49)$$

式 2.49 は，弦の断面（図 2.6 の y 軸）方向の加速度（時間による 2 次偏微分）が弦の長手（図 2.6 の x 軸）方向の位置による 2 次偏微分すなわち曲率に比例する，ことを意味する．

式 2.49 は，一般に **波動方程式** と呼ばれている式である．式 2.48 において F の単位は，　N ＝ Kg m/s²，ρ（弦の単位長さあたりの質量）の単位は Kg /m であるから，式 2.49 で用いられている右辺係数 c は速度の単位 m/s を有する量であることが分かる．式 2.48 で導入した係数 c は，式 2.41 と同様に，波動が弦を単位時間に伝わる距離である伝搬速度になる．

（2）　波動方程式の一般解

式 2.49 から，次のことが言える．

1）式 2.49 は力学の基本法則である力の釣合式から導かれているから，時間 t にも位置 x にも初期条件にも境界条件にも関係なく，すなわち常にどこでもどのような条件の下でも例外なく，必ず成立する．そのためには，式 2.49 の両辺が t と x の両方に関して同一の関数で

なければならない．そしてそのためには，yはtで偏微分してもxで偏微分しても同じ関数形にならなければならない．これは，y自身がtとxに関して同一の関数でなければならないことを意味する．

2）式 2.49 は，yをtで 1 回偏微分したものが同じyをxで 1 回偏微分したもののc倍になることを意味する．

　これらのことから，関数yの独立変数として$x \pm ct$（あるいは$ct \pm x$）が導入できることが分かる．そして，波動方程式 2.49 は上記 1）と 2）以外には何の制限も持たないので，$x \pm ct$（あるいは$ct \pm x$）を独立変数とする任意の関数，すなわち$f_a(x-ct)$あるいは$f_a(ct-x)$と$f_b(x+ct)$あるいは$f_b(ct+x)$は，共に式 2.49 を満足する．方程式が 2 種類の解を有する場合には，一般的には実現象はこれら 2 種類の解を足し合わせた式として表現できる．したがって，式 2.49 の一般解は

$$y = f_a(x-ct) + f_b(x+ct) \tag{2.50}$$

あるいは

$$y = f_a(ct-x) + f_b(ct+x) \tag{2.51}$$

式 2.50 または式 2.51 は，**ダランベールの解**と呼ばれている

　次に，独立変数が$x \pm ct$である関数が有する物理的意味を説明する．

　$x-ct$を独立変数とする任意関数$f_a(x-ct)$の時刻$t=0$における位置$x=0$での値は，$f_a(0)$である．時刻$t=t$において$f_a(x-ct)$がこの$f_a(0)$と同じ値をとる位置xは，$x-ct=0$すなわち$x=ct$になる．これは，$f_a(x-ct)$は位置xが正の方向に速度cで伝搬・移動する関数であることを意味する．$f_a(ct-x)$についても同じである．同様に，$x+ct$を独立変数とする任意関数$f_b(x+ct)$は，位置xが負の方向に速度cで伝搬・移動する関数である．このように$f_a(x-ct)$と$f_b(x+ct)$は，伝搬し移動する振動すなわち波動を表現し，式 2.48 で導入した係数cは，その波動の伝搬速度（音波を対象とする場合には音速）になる．これが，式 2.50 あるいは式 2.51 を解とする式 2.49 を波動方程式と呼ぶ理由である．$f_a(x-ct)$は位置xが正の方向に進むので**進行波**，$f_b(x+ct)$は位置が負の方向に進む（後退する）ので**後退波**という．波動方程式の一般解は，必ず進行波と後退波の両者の和になるのである．

　ここまでは，弦の振動を解析する過程で波動方程式 2.49 を導いた．図 2.6 に示したように，この場合には変位yが位置xと直交しているので，弦の振動は横波であり，式 2.49 は波動が横波である場合の波動方程式になる．波動方程式は，波動が横波と縦波の区別なく成立するから，これら両者における波の変位を合わせて$u(x,t)$と記した波動方程式

$$\frac{\partial^2 u}{\partial t^2} = c^2 \frac{\partial^2 u}{\partial x^2} \tag{2.52}$$

について論じる．

　重りとばねを交互に 1 列に連結した図 2.3 の離散系の波動（縦波）を表現する式 2.27 を，連続的な系である弦の位置xに対する式に書き換えると

$$u(x,t) = A\sin(2\pi ft - \beta x) \tag{2.53}$$

式 2.53 を波動方程式 2.52 に代入すれば

$$-A(2\pi f)^2 \sin(2\pi ft - \beta x) = -Ac^2(-\beta)^2 \sin(2\pi ft - \beta x) \tag{2.54}$$

すなわち

$$\beta = \frac{2\pi f}{c} \tag{2.55}$$

式 2.55 に式 2.41 を代入して

$$\beta = \frac{2\pi}{\lambda} \tag{2.56}$$

この β は**波数**と呼ばれる値で，単位長さあたりの波の数（$1/\lambda$）に比例する量である．

　式 2.53 は進行波（x 軸の正の向きに進む波）であるが，これと対をなす後退波

$$u(x,t) = A\sin(2\pi ft + \beta x) \tag{2.57}$$

も存在する．式 2.53 と式 2.57 は，波が特定の単一周波数の正弦波である場合の波動方程式 2.52 の特別な解になっている．波動方程式の一般解（上記の $f_a(x-ct)$ と $f_b(x+ct)$）は通常，多数の周波数成分を有する任意関数であるが，3 章で述べるフーリエ解析の手法を用いれば，一般解を式 2.53 と式 2.57 のように各周波数成分からなる正弦波の線形結合として表現して求めることができる．

（3）　初 期 条 件

　再び弦の振動に帰り，次の初期条件（初期変位と初期速度）を与える．

$$t = 0 \quad \text{において} \quad y = \varphi(x), \ \dot{y} = \left(\frac{\partial y}{\partial t}\right)_{t=0} = \psi(x) \tag{2.58}$$

式 2.50 を時間 t で偏微分して

$$\frac{\partial y}{\partial t} = \frac{\partial f_a}{\partial(x-ct)}\frac{\partial(x-ct)}{\partial t} + \frac{\partial f_b}{\partial(x+ct)}\frac{\partial(x+ct)}{\partial t} = -c\frac{\partial f_a}{\partial(x-ct)} + c\frac{\partial f_b}{\partial(x+ct)} \tag{2.59}$$

式 2.58 を式 2.50 と式 2.59 に適用して

$$f_a(x) + f_b(x) = \phi(x) \tag{2.60}$$

$$-c\frac{\partial f_a(x)}{\partial x} + c\frac{\partial f_b(x)}{\partial x} = \psi(x) \tag{2.61}$$

式 2.61 を x で積分すれば

$$f_a(x) - f_b(x) = -\frac{1}{c}\int_x \psi(x)dx \tag{2.62}$$

式 2.60 と式 2.62 より

$$f_a(x) = \frac{1}{2}\varphi(x) - \frac{1}{2c}\int_x \psi(x)dx \tag{2.63}$$

$$f_b(x) = \frac{1}{2}\varphi(x) + \frac{1}{2c}\int_x \psi(x)dx \tag{2.64}$$

$f_a(x)$ と $f_b(x)$ は共に，波動方程式を満足する関数の初期時刻 $t=0$ における値（位置を表す横軸 x に沿った波動の初期形状）である．波動方程式を満足する関数では，$t=0$ と同じ状態が $x-ct=0$ でも実現することは，すでに述べた．そこで，式 2.63 と式 2.64 の中の独立変数を書き換えて

$$f_a(x-ct) = \frac{1}{2}\varphi(x-ct) - \frac{1}{2c}\int_{x-ct} \psi(x-ct)d(x-ct) \tag{2.65}$$

$$f_b(x+ct) = \frac{1}{2}\varphi(x+ct) + \frac{1}{2c}\int_{x+ct} \psi(x+ct)d(x+ct) \tag{2.66}$$

式 2.65 と式 2.66 を式 2.50 に代入して

$$\begin{aligned}
y &= \frac{1}{2}\big(\varphi(x-ct) + \varphi(x+ct)\big) + \frac{1}{2c}\big(\int_{z=x+ct} - \int_{z=x-ct}\big)\psi(z)dz \\
&= \frac{1}{2}\big(\varphi(x-ct) + \varphi(x+ct)\big) - \frac{1}{2c}\int_{x-ct}^{x+ct}\psi(z)dz
\end{aligned} \tag{2.67}$$

初期時刻（$t=0$）の速度が 0，すなわち式 2.58 において $\psi(x)=0$ の場合には，式 2.62 は，図 2.7 のように，初期変位が半分ずつそのままの形で左右に同一の速度 c で伝わっていくことを示す．

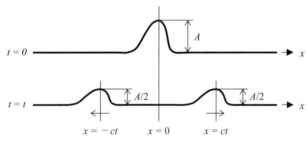

図2.7　初期（$t=0$）の速度が 0 である場合の弦の運動

（4）　境界条件 1 ： 一端固定

一端のみが固定されている弦の境界条件 ［$x=0$ で $y=0$］を式 2.51 に代入し

$$f_a(ct) + f_b(ct) = 0 \tag{2.68}$$

式 2.68 が時間 t に関係なく常に成立するためには，固定端では任意の時間において f_a と f_b が逆符号の同一関数でなければならない．

$x=0$ で時間 t に関係なく成立することは，$x\neq0$ でも時間 t に関係なく成立しなければならないのが波動の性質であるから，式 2.68 より

$$f_a = -f_b = f_f \tag{2.69}$$

したがって式 2.51 は

$$y = f_f(ct - x) - f_f(ct + x) \tag{2.70}$$

式 2.70 は，x が正の方向に伝わる波と負の方向に伝わる波が逆符号の同形であることを示す．そこで図 2.8 のように，固定端に向かって進んできた波は，固定端で反射され逆符号になって戻っていく．

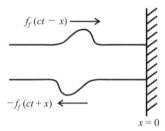

図2.8　一端が固定された弦の運動

（5）　境界条件2　：　両端固定

両端が固定されている長さ r の弦の境界条件は

$$x = 0 \ \ \text{で} \ \ y = 0 \tag{2.71}$$

$$x = r \ \ \text{で} \ \ y = 0 \tag{2.72}$$

式 2.71 から，式 2.70 が成立する．式 2.70 に式 2.72 を代入して

$$f_f(ct - r) = f_f(ct + r) \tag{2.73}$$

式 2.73 の解 f_f は，波動方程式 2.49 を満足するので，（2）項の1）で述べたように，位置 x と時間 t に関して同一の関数でなければならない．式 2.53 のようにこの関数が時間 t と位置 x の両方に関して調和関数であれば，位置の周期の整数倍が距離 $2r$ であること，すなわち関数 f_f が位置に関して

$$\text{周期} \quad T_x = \frac{2r}{n} \ (n = 1, 2, 3, \cdots) \qquad \text{角周波数} \quad \omega_x = \frac{2\pi}{T_x} = \frac{n\pi}{r} \tag{2.74}$$

の周期関数であることを意味する．f_f は，位置 x と時間 t に関して同一の関数であり，かつ，（2）項の2）で述べたように

$$\frac{\partial f_f}{\partial x} = \frac{1}{c}\frac{\partial f_f}{\partial t} \tag{2.75}$$

が成立しなければならない．したがって，時間 t に関する調和関数の周期は

$$\text{周期} \quad T_t = \frac{2r}{nc} \ (n = 1, 2, 3, \cdots) \qquad \text{角周波数} \quad \omega_t = \frac{n\pi c}{r} \tag{2.76}$$

であり，弦はこの時間周期で周期運動をする．$1/r = p$ と記し，この調和振動を複素指数関数で表現すれば

$$f_f = \exp(jn\pi px)\exp(jn\pi pct) \quad (n = 1, 2, 3, \cdots) \tag{2.77}$$

で表される．一般には弦は，式 2.77 で表す多くの周期（$n = 1, 2, 3, \cdots$）の調和振動が重なった運動をし，各周期成分の大きさと位相は，初期条件によって決まる．それらのうち，$n = 1$ の波動が最も長周期であり，これが基本周期になる．

２．３．２　棒の縦振動

　断面積 S，密度 ρ，縦弾性係数 E の一様断面のまっすぐな棒において，断面全体が一様に長手方向（x 方向）のみに変位する 1 次元振動 $u(x,t)$ を考える．図 2.9 のように，時刻 t で x の位置にあった断面が，時刻 $t+\delta t$ で $x+u$ の位置に移動する（振動の変位方向と移動方向が同一であるからこの振動は縦波）とする．時刻 t で $x+\delta x$ の位置にあった断面は，x を $x+u$ に書き換えれば，時刻 $t+\delta t$ で $x+u+\delta(x+u)$ に移動する．ひずみ ε は，変形後の長さ $(x+u+\delta(x+u))-(x+u)$ から元の長さ δx を引いて元の長さで割ったものになるから

$$\varepsilon = \frac{\delta(x+u)-\delta x}{\delta x} \tag{2.78}$$

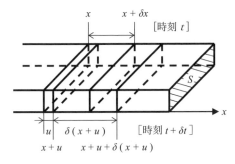

図2.9　棒の縦振動

　$\delta(x+u)$ は，δx と u の位置 x 方向の傾き（位置 x に関する 1 次偏微分）に δx を乗じた量の和になるから，このひずみは

$$\varepsilon = \frac{(\delta x + \frac{\partial u}{\partial x}\delta x)-\delta x}{\delta x} = \frac{\partial u}{\partial x} \tag{2.79}$$

断面 x に作用する力は，式 2.79 より

$$SE\varepsilon = SE\frac{\partial u}{\partial x} \tag{2.80}$$

$x+\delta x$ と x の両断面に作用する力の差は，式 2.79 と式 2.80 より

$$F_t = SE(\varepsilon + \frac{\partial \varepsilon}{\partial x}\delta x)-SE\varepsilon = SE\frac{\partial \varepsilon}{\partial x}\delta x = SE\delta x\frac{\partial^2 u}{\partial x^2} \tag{2.81}$$

一方，x と $x+\delta x$ の間にある棒の質量による慣性力（式 2.1）は

$$F_m = -\rho S\delta x\frac{\partial^2 u}{\partial t^2} \tag{2.82}$$

力の釣合式 $F_t + F_m = 0$ に式 2.81 と式 2.82 を代入して

$$\frac{\partial^2 u}{\partial t^2} = \frac{E}{\rho}\frac{\partial^2 u}{\partial x^2} = c^2\frac{\partial^2 u}{\partial x^2} \tag{2.83}$$

式 2.83 は，式 2.49 と同様な波動方程式である．ここで

$$c = \sqrt{\frac{E}{\rho}} \tag{2.84}$$

は棒を伝わっていく波動の速度である.

２．４ 音　波

２．４．１　気体の力学的性質

空気のような気体が有する力学的性質について以下に説明する.

気体の状態は，圧力 p，密度 ρ または**比体積** v（＝単位質量当たりの体積：密度の逆数）

$$v = 1/\rho \tag{2.85}$$

および温度 T，の３変数で表される.気体が**理想流体**である場合には，これらの間に次の関係が成立する.

$$pv = RT \qquad (R は\textbf{気体定数}) \tag{2.86}$$

ここで，理想流体とは，粘性がない仮想の流体であり，**完全流体**とも言う.

気体の圧力を変えて体積を変化させる場合には，熱の出入りが有るか無いかによってその様相が異なる.ゆっくりと体積を変化させる場合には変化の過程で外部との間に熱が出入りする時間的余裕があるから，体積を変化させても温度は変わらない.これを**等温変化**と言う.理想流体の等温変化では，温度 T が一定であるから

$$pv = 一定 \tag{2.87}$$

これに対して音波は周波数が高く，熱が出入りする暇を与えずに急速に微小な体積変化を繰り返す.そこで音波の体積変化は，熱の出入りを伴わない**断熱変化**と見てよい.したがって，空気中を伝わる音波の場合には，等温変化ではなく断熱変化を採用する.理想流体の断熱変化では

$$pv^{\gamma} = 一定 \tag{2.88}$$

密度一定の下での比熱（**定積比熱**：**比熱**とは単位質量当たりの気体の温度を 1 K 高めるのに必要な熱量）を c_v，圧力一定の下での比熱（**定圧比熱**）を c_p とすると，

$$\gamma = \frac{c_p}{c_v} \tag{2.89}$$

の関係があることが分かっており，式 2.89 左辺の定数 γ を**比熱比**と言う.
空気では $\gamma = 1.41$ になることが分かっている.

ある温度において気体の状態が (p, v) から $(p + \delta p, v + \delta v)$ に変化するときの**膨張率**（単位体積当たりの体積増加量）Δ は

$$\Delta = \frac{\delta v}{v} \tag{2.90}$$

一方**凝縮率**（＝密度の増加率）s は，式 2.85 より

$$s = \frac{\delta\rho}{\rho} = v \times \delta\rho = v \times \delta\left(\frac{1}{v}\right) = v\left(\frac{1}{v+\delta v} - \frac{1}{v}\right) = v\frac{v-(v+\delta v)}{v(v+\delta v)} = \frac{-\delta v}{v+\delta v} \simeq \frac{-\delta v}{v} = -\Delta$$

$$(2.91)$$

のように，膨張率 Δ の逆符号に等しい．ここで式 2.91 では，体積の変動 δv が元の体積 v より十分小さい，という仮定で成立する近似を用いている．音波による媒体の体積変化は微小なので，この仮定を満足する．

気体（空気など）は，物質である以上質量を持ち，また先を閉じた注射器のピストンを引っ張ったり押し縮めたりすると元に戻ろうとすることから分かるように，ばねの性質（弾性）を持っている．

膨張（体積が増大）すると圧力が減少するから，**体積弾性率**（単位収縮率あたりの圧力変化）κ は膨張率と逆符号になり，式 2.91 と式 2.90 より

$$\kappa = \frac{\delta p}{s} = \frac{\delta p}{-\Delta} = -v\frac{\delta p}{\delta v} \tag{2.92}$$

断熱変化おける体積弾性率について説明する．

図 2.10 のように，単位断面積の管内の空気が圧力（大気圧 p_0 からの微小な圧力変化 p）を受けて断熱変化により長さ l から dl だけ収縮して $l-dl$ になるとする．式 2.88 より

$$p_0 l^\gamma = (p_0 + p)(l - dl)^\gamma = (p_0 + p)(l^\gamma - \gamma l^{\gamma-1} dl + \cdots) \simeq (p_0 + \text{p})(l^\gamma - \gamma l^{\gamma-1} dl)$$
$$= p_0 l^\gamma + p l^\gamma - p_0 \gamma l^{\gamma-1} dl - p\gamma l^{\gamma-1} dl \simeq p_0 l^\gamma + p l^\gamma - p_0 \gamma l^{\gamma-1} dl \tag{2.93}$$

式 2.93 では，圧力変化 p が大気圧 p_0 より十分小さくまた空気の変動 dl が長さ l より十分小さいことによる近似を用いている．式 2.93 を書き換えれば

$$p \simeq \frac{\gamma p_0}{l} dl \tag{2.94}$$

式 2.94 から，圧力変化 p と単位体積あたりの体積変動量 dl/l の関係である体積弾性率 κ は

$$\kappa = \gamma p_0 \tag{2.95}$$

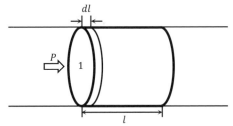

図2.10　単位断面管内の空気圧力の変動

式 2.93 では，本来非線形関係にある断熱変化を近似して線形関係式 2.94 を導いた．この近似関係は，通常の音では十分成立する．しかし，周波数が極めて高い（変位は小さいが加速度は極めて大きい）超音波や，超音速飛行機が生じるソニックブームのような超強大な音では，この近似が成立しない場合がある．

２．４．２ 平 面 波

　気体内を伝わる音波は，音源から遠く離れた場所では平面波と見なすことができる．平面波では気体のいたる所で粒子の運動方向が音の伝播方向と同一（縦波）なので，気体の運動は x 軸に垂直な平面上では常に x 軸方向である．気体中の平面波を表現する図 2.11 から，運動の変位 $u(x,t)$ による dx の微小部分の膨張率は

$$\Delta = \frac{d(x+u)-dx}{dx} = \frac{dx+du-dx}{dx} = \frac{du}{dx} = \frac{\partial u}{\partial x} \tag{2.96}$$

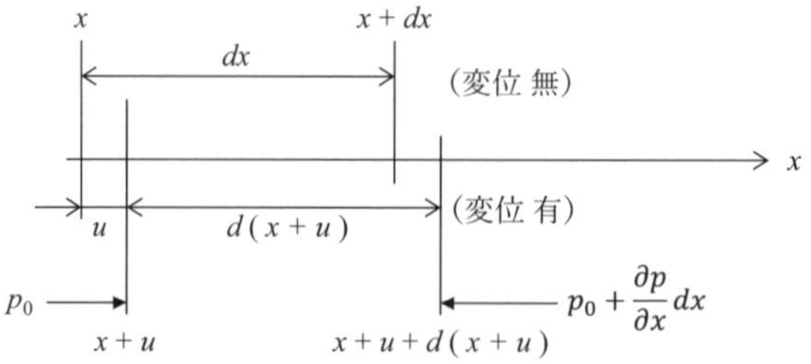

図2.11　気体を伝わる平面波

　変位 $u(x,t)$ によって圧力が p_0 から増加して p_0+p になったとすれば，式 2.92 において $\delta p = p$ と記して

$$p = -\kappa\Delta = -\kappa\frac{\partial u}{\partial x} \tag{2.97}$$

図 2.11 から明らかなように，両端の圧力差 F_p は x 軸の負の方向に作用し，式 2.97 より

$$F_p = \frac{\partial p}{\partial x}dx = -\kappa\frac{\partial^2 u}{\partial x^2}dx \tag{2.98}$$

一方，x 軸の正の方向を正とする慣性力 F_m は，式 2.1 より

$$F_m = -\rho\,dx\frac{\partial^2 u}{\partial t^2} \tag{2.99}$$

力の釣合式 $F_m = F_p$ に，式 2.98 と式 2.99 を代入して

$$\frac{\partial^2 u}{\partial t^2} = \frac{\kappa}{\rho}\frac{\partial^2 u}{\partial x^2} = c^2\frac{\partial^2 u}{\partial x^2} \tag{2.100}$$

式 2.100 は，式 2.49 と同様な波動方程式である．ここで，式 2.95 より

$$c = \sqrt{\frac{\kappa}{\rho}} = \sqrt{\frac{\gamma p_0}{\rho}} \tag{2.101}$$

　式 2.50 に関して説明したように，c は音の伝播速度である．式 2.101 には大気圧 p_0 が入っているが，大気圧が低くなると密度 ρ も小さくなるので，実際には大気圧は音速の変化はあまり影響を与えない．大気圧が低い標高 8,848 m のエベレストの山頂でも，普通に会話ができ音楽が聴けるのである．

式 2.101 に 0℃の空気の値 $p_0 = 1.014*10^5 \mathrm{N/m^2}$ および $\rho = 1.29\,\mathrm{kg/m^3}$ と $\gamma = 1.41$ を代入すれば，$c = 331.5\,\mathrm{m/s}$ になる．T を摂氏温度とすれば，式 2.101 は常温（15℃）付近では

$$c = 331.5\sqrt{\frac{T+273.16}{273.16}} = 331.5 + 0.61T \quad \mathrm{m/s} \qquad （式 1.2 参照） \tag{2.102}$$

と書けることが知られている．式 2.102 から，空気の温度 1℃に対する音速の変化すなわち温度係数は常温付近では約 0.61m/(s・℃)であることが分かる．音速は気体の種類によって大きく異なる．例えば 0℃のヘリウムでは，音速が 970m/s，温度係数が 1.6 m/(s・℃)であり，空気よりも速い．一方 0℃の二酸化炭素では，音速が 260m/s，温度係数が 0.9 m/(s・℃)であり，空気よりも遅い．なお，多くの液体中の音速は 1,000〜1,500m/s であり，水では約 1,500m/s である．温度係数は，水では空気と同様に正であるが大抵の液体では負になる．

図 2.12 は，調和音波の様相を示す．

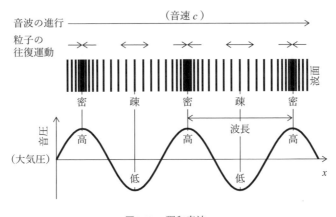

図2.12　調和音波

２．４．３　音響インピーダンスと音の反射・透過

音とは空気などの気体・水などの液体・金属などの固体（媒体と総称）を伝わる振動である．音は媒体の振動（媒体が空気であれば空気を構成する分子が粒子として振動）が伝わる現象であるが，媒体が振動することは圧力が変動することでもあるから，音は圧力変動が伝搬する現象であると考えてもよい．媒体の動きは**粒子速度**，圧力の変動は**音圧**の形で表される．これら 2 つは基本的な量であり，電気における電流と電圧に例えられる表裏一体の量である．これまでは，音波の粒子変位 $u(x,t)$ あるいは粒子速度 $v(x,t)$ を見てきたが，ここでは音圧 $p(x,t)$ を見てみよう．

粒子変位に関する波動方程式 2.100 の両辺を位置 x で微分して

$$\frac{\partial^2}{\partial t^2}\left(\frac{\partial u}{\partial x}\right) = c^2 \frac{\partial^2}{\partial x^2}\left(\frac{\partial u}{\partial x}\right) \tag{2.103}$$

式 2.97 より，

$$\frac{\partial u}{\partial x} = -\frac{1}{\kappa}p \tag{2.104}$$

式 2.104 を式 2.103 に代入すれば，

$$\frac{\partial^2 p}{\partial t^2} = c^2 \frac{\partial^2 p}{\partial x^2} \tag{2.105}$$

式 2.105 は，音圧を従属変数とする**波動方程式**である．

　式 2.101 より $\kappa = \rho c^2$ であるから，この式を式 2.97 に代入して

$$p = -\rho c^2 \frac{\partial u}{\partial x} \tag{2.106}$$

一方，変位を従属変数とする波動方程式 2.100 より

$$\frac{\partial u}{\partial x} = \frac{1}{c}\frac{\partial u}{\partial t} = \frac{1}{c}v \tag{2.107}$$

式 2.107 を式 2.106 に代入すれば，音圧 $p(x,t)$（正確には圧力の大気圧からの変動量）と粒子速度 $v(x,t)$ の間には次の関係があることが導かれる．

$$p(x,t) = -\rho c\, v(x,t) \tag{2.108}$$

式 2.108 は，音圧と粒子速度の比が ρc すなわち密度と音速の積の負値に等しいことを示している．同式の負記号は，粒子速度が増大する方向と圧力が減少する方向が一致していることを意味する．媒体の種類や温度などが決まればその密度と音速が決まるので，ρc もある一定値に定まることになる．この ρc を**比音響インピーダンス**と呼ぶ．比音響インピーダンスは，媒体の音響特性を表す重要な指標であり**特性音響インピーダンス**ということもある．音圧を電圧，粒子速度を電流に対応させればこれは，電気回路のインピーダンスに相当する物理量である．

　音圧と粒子速度は，それぞれの振幅を P_+ と V_+ とすれば

$$p(x,t) = P_+\cos(2\pi ft - \beta x),\ v(x,t) = V_+\cos(2\pi ft - \beta x) \tag{2.109}$$

ここで，P と V に付いている下添字＋は，**進行波**（正方向に進む波）を示している．

　次に音響のエネルギーとその単位時間あたりの値(パワーまたは仕事率)について説明する．媒体を伝わる音波の単位面積当たりの音響パワーは，音圧と粒子速度の積で表現できて，両者が式 2.109 のように同相の場合には

$$I = \frac{1}{2}P_+V_+ = \frac{1}{2}\frac{P_+^2}{\rho c} \tag{2.110}$$

反射波がある場合には，音圧と粒子速度の間には位相差が生じるため，その位相差を考慮した実効値同士の積がパワーになる．

　粒子には振動方向があるので粒子速度はベクトル量になり，音響パワーは音響エネルギーが進む方向を示すベクトル量になる．このように，進行する方向と量の両方を示す波動（電磁波を含む）エネルギーのベクトルを一般に**ポインティングベクトル**（1884 年に**ポインティング**（1852－1914）が提唱）と呼んでいる．音波のポインティングベクトルを**音の強さ**あるいは**音**

響インテンシティー，固体の振動の場合には**振動インテンシティー**と言う．

図 2.11 から，位置 x と $x+\delta x$ 間の圧力差（単位断面積あたりに作用する力）は位置が負の向きに作用するから $-(\partial p/\partial x)dx$，密度が ρ，単位断面積で長さ dx の気体の体積の加速度は $\partial^2 u/\partial t^2 = \partial v/\partial t$ であるから，この部分の運動方程式は

$$\frac{\partial v}{\partial t}\rho dx = -\frac{\partial p}{\partial x}dx \tag{2.111}$$

式 2.111 の両辺を ρdx で割り，時間に関して積分すれば

$$v(x,t) = -\frac{1}{\rho}\int\frac{\partial p(x,t)}{\partial x}dt \tag{2.112}$$

式 2.112 を用いれば，粒子速度は音圧の空間的な傾きから求めることができる．音圧の空間的な傾きを**音圧傾度**と呼ぶことがある．

次に，図 2.13 のように音波が**剛壁**を反射する場合を考える．剛壁とは音響インピーダンスが無限大で全く動かない壁のことであり，密度あるいは剛性が無限大の壁である．厳密な意味での剛壁は仮想上での壁であり実際には存在しない．このとき，剛壁に向かっていく音波（**入射波**）を式 2.109 と記せば，これに反射波（音圧 $P_-\cos(2\pi ft+\beta x)$，粒子速度 $V_-\cos(2\pi ft+\beta x)$）が加わることになる．ここで P と V に付いている下添字 $-$ は，**後退波**（負の方向に進む波）を示している．そこで，音圧と粒子速度は次式のようになる．

$$\begin{aligned}p(x,t) &= P_+\cos(2\pi ft-\beta x)+P_-\cos(2\pi ft+\beta x)\\v(x,t) &= V_+\cos(2\pi ft-\beta x)+V_-\cos(2\pi ft+\beta x)\end{aligned} \tag{2.113}$$

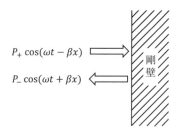

図2.13 剛壁で反射する音波

剛壁の位置（$x=0$）では振動速度は 0 となる（$v(0,t)=0$）ので，$V_-=-V_+$．これは剛壁を反射する際に粒子速度の位相が反転することを意味し，その結果粒子速度は，式 2.113 に三角関数の積の公式（補章 A の式 A1.26）を適用して

$$v(x,t)=V_+(\cos(2\pi ft-\beta x)-\cos(2\pi ft+\beta x))=2V_+\sin\beta x\sin 2\pi ft \tag{2.114}$$

式 2.114 は，粒子速度 $v(x,t)$ が，互いに独立している場所の正弦関数と時間の正弦関数の積になっている．このことは，粒子速度が場所によって異なるものの，波が時間によって場所を移動することはなく，「進まない」振動になっていることを示している．これが**定在波**（**定常波**とも言う）である（1.4.2 項（3）参照）．

式 2.97 に式 2.95 を代入して時間で偏微分すれば

$$\frac{\partial p}{\partial t} = -\gamma p_0 \frac{\partial(\partial u / \partial x)}{\partial t} = -\gamma p_0 \frac{\partial(\partial u / \partial t)}{\partial x} = -\gamma p_0 \frac{\partial v}{\partial x} \tag{2.115}$$

音圧 $p(x,t)$ は，式 2.115 を時間で積分して式 2.114 と式 2.101 を代入すれば，三角関数の微分と積分の関係（補章 A の式 A1.35 と式 A1.37）より

$$p(x,t) = -\gamma p_0 \int \frac{\partial v(x,t)}{\partial x} dt = -2\gamma p_0 V_+ \int \cos(\beta x)\sin(2\pi ft)dt = 2\rho c^2 V_+ \cos(\beta x)\cos(2\pi ft) \tag{2.116}$$

式 2.116 と式 2.114 より，音圧と粒子速度の間には $\pi/2$ の位相差が生じていることが分かる．

　次に図 2.14 のように，比音響インピーダンスが異なる 2 つの媒体の境界での音波の挙動を説明する．なお，図 2.14 では音圧を表示している．左と右の媒体の比音響インピーダンスを，それぞれ Z_1，Z_2 とする．この境界では，音波の一部は反射し残りは透過する．この際，以下の 2 項が成立する．① 音波の連続性が保たれるから，境界面（$x=0$）の左右で粒子速度が等しくなる．② 境界面の左右で音圧が釣り合う．これらを条件にすれば，入射波の音圧に対する反射波の音圧の比（反射係数）R_p，入射波の音圧に対する透過波の音圧の比（透過係数）T_p が次式のように求められる．

$$R_p = \frac{P_{1-}}{P_{1+}} = \frac{Z_2 - Z_1}{Z_2 + Z_1}, \quad T_p = \frac{P_{2+}}{P_{1+}} = \frac{2Z_2}{Z_2 + Z_1} \tag{2.117}$$

両波は互いに伝搬方向が逆であるから $T_p = 1 - (-R_p)$ が成立している．入射音圧にこれらの係数を掛ければ，反射音と透過音の音圧が得られる．

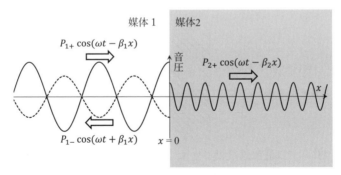

図2.14　異なる媒体間を反射・透過する音波

　入射波と反射波の音の強さの比を**反射率**，入射波と透過波の音の強さの比を**透過率**と言う．図 2.14 において，媒体 1 を伝搬してきた音のエネルギーの一部を媒体 2 が吸収すると見る場合には，透過率を**吸音率**と呼ぶ．反射率 R_{PE} と透過率 T_{PE} は次式で書ける．

$$R_{PE} = \frac{P_{1-}{}^2 / Z_1}{P_{1+}{}^2 / Z_1} = \frac{P_{1-}{}^2}{P_{1+}{}^2} = R_p{}^2 = (\frac{Z_2 - Z_1}{Z_2 + Z_1})^2, \quad T_{PE} = \frac{P_{2+}{}^2 / Z_2}{P_{1+}{}^2 / Z_1} = \frac{P_{1-}{}^2}{P_{1+}{}^2} = T_p{}^2 \frac{Z_1}{Z_2} = \frac{4Z_1 Z_2}{(Z_2 + Z_1)^2} \tag{2.118}$$

式 2.118 から，エネルギー保存則である $R_{PE} + T_{PE} = 1$ が成立していることが分かる．

　このように，2 つの媒体の比音響インピーダンスの差が大きくなるほど反射が大きくなる．

したがって，空気中から水中や固体中へあるいはその逆など，比音響インピーダンスが大きく異なる媒体間では音が透過しにくい．超音波診断でプローブの先端にジェルを塗るのは，ほぼ水に近い性質を持つ人体とプローブの間に比音響インピーダンスが小さい気体（空気）が入ることを防ぎ，超音波が通過し易くするためである．

２．４．４　音の伝わり方

音（平面波）が２つの媒体間の境界面に対して斜めに入射する場合について考える．違う媒体間では一般に音速が異なるので，波長も異なる．図 2.15 は，音速が大きい媒体から小さい媒体へ音が伝わる場合であり（図 1.21a と同様），入射角よりも透過角の方が小さい（$\theta_1 > \theta_2$）．逆に図 2.16 は，音速が小さい媒体から大きい媒体へ音が伝わる場合であり（図 1.21b と同様），入射角よりも透過角の方が大きい（$\theta_1 < \theta_2$）．これが，音の屈折である（1.5.5 項参照）．図 2.16 の場合には，入射角がある値まで大きくなると透過角が境界面に平行な 90° になり，透過波は境界面に平行に進むようになる．そしてそれより大きい入射角では媒体 2 に音波は入射せず反射波のみが生じるようになる．これが**全反射角**である．図 2.15 と図 2.16 では，音の進行方向に垂直な波面を多数の平行線で表示している．これら波面は位相が同じ面なので，これらを等位相面と言うことも出来る．このように等位相面が平面である波を平面波と言う（1.4.2 項（2）参照）．異なる媒体間の境界を波が通過する際には，境界面上で両媒体内の波面が連続にならなければならないので，波が進む角度を境界で変えざるを得ないというのが，屈折が生じる物理的理由である．媒体 1 と 2 の音速をそれぞれ c_1 と c_2 としてこの関係を数式表現すれば

$$c_1 \sin\theta_1 = c_2 \sin\theta_2 \qquad （式 1.5 参照）\tag{2.119}$$

これを**スネルの法則**と言う．

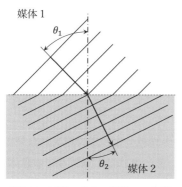

図2.15 音速の小さい媒体への入射

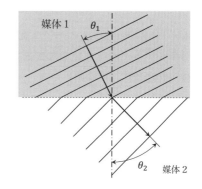

図2.16 音速の大きい媒体への入射

光学レンズは，この屈折現象を利用している．レンズの材料であるガラス内では光が進む速度が空気中よりも小さいので，凸レンズで光を集めることができる．しかし魚群探知機などに用いる水中超音波では，水の音速よりもガラスレンズ中の音速の方が大きい．したがって，凸レンズでは音が広がり，逆に凹レンズを用いると音を集めることができる．

　これまでは縦波だけを論じてきたが，媒体が固体の場合には横波も伝える．入射角が縦波であっても境界面に斜めに入射すれば，境界面に平行な振動成分が存在するので，固体中の透過波には縦波に加えて横波も発生する．これを**モード変換**と言う．例えば，ガラス板や板壁などの薄くたわみやすい板状の固体に音が入射する場合には，**たわみ波**という横波が発生しやすく，これを介して板の反対側に音が伝達していく現象が起きる．図2.17のように，入射音波（縦波）の腹・節と加振され板に発生したたわみ波（横波）の腹・節がちょうど一致する角度で音波が入射すると，効率良くたわみ波が発生する．このたわみ波は板の反対側に音波（縦波）を再放射するため，結果として音波が板を通り抜ける状態になる．これを**コインシデンス効果**と言い，建物の窓ガラスや壁の遮音性能を考慮する際の要注意項目になる．また液体から固体に音（超音波：縦波）を斜めに入射する場合には，固体の表面を伝搬する横波の1種である弾性表面波（**レイリー波：横波**）を励振する角度があり，これを**レイリー角**と呼んでいる．図2.18にレイリー波の様相を示す．この場合にも弾性表面波から縦波が液体中に再放射される．この再放射によって弾性表面波はエネルギーを奪われ，減衰していく．

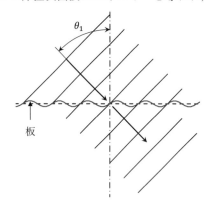 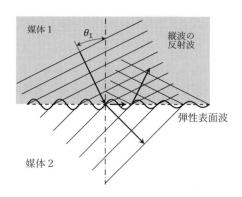

図2.17　板状の個体に生じるコインシデンス効果　　　　　図2.18　レイリー角

　点音源（対象とする空間において大きさが無視できて点と見なせるほど小さい音源）から発生する**球面波**（1.4.2項（1）参照）では，波面の面積は点音源からの距離の2乗に比例して大きくなるので，単位面積を通過する音の強さは距離の2乗に反比例し，音圧は距離に反比例して小さくなる．これを**距離減衰**と言う．

　2.4.2項以下の平面波では，音波は1次元的に伝わり拡散しないので減衰はないとしてきた．しかし音波は，平面波でも伝搬するうちに弱まっていく．これは，空気などの媒体の粒子運動の力学エネルギーの一部が熱エネルギーに変換され消散するためであり，これを**吸収減衰**と呼んでいる．吸収減衰には周波数依存性が存在し，普通は高周波数ほど吸収減衰が大きい．媒質によっては特定の周波数で吸収減衰が大きくなることがあるが，この周波数は大抵超音波域に存在する．また凹凸がある粗い境界面に沿って音波が伝搬する場合や，水中に微小な気泡が多数存在する場合には，これによって音波が散乱し弱められる．これを**散乱減衰**と呼ぶことがある．

　次に，太鼓やスピーカの振動板のように，面積が有限である面音源からの音の放射について論じる．このような面音源は，点音源が多数並んでおり，個々の点音源から放射する音波が形成する音場の重ね合わせがその面音源の音場であると考える．そして，音源面の振動分布と，面上の各点から受音点までの距離と方向が音圧を決める．

　図 2.19 は，矩形面の音源が均一に往復運動する場合に，それから離れた場所における音圧分布と音源の大きさ（面積の広さ）との関係を示す．音圧は，音源の正面では強く，方向が正面から斜めにずれると強弱を繰り返しながら弱まっていく．このように，方向によって音圧が変わることを**指向性**と言う．同図左は音源が大きい場合，右は小さい場合である．音源が大きいと正面への集中度が高い（指向性が強い）が，音源が小さいと音が広がる（指向性が弱まる）ことが分かる．図 2.19 で，音場において音圧が 0 になったり強弱を繰り返したりするのは，音源の中央から発した音と周辺から発した音が重なる際に強め合ったり弱め合ったりするからである．

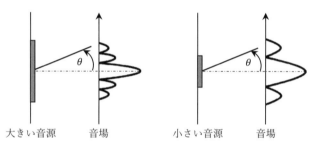

大きい音源　　　音場　　　　　小さい音源　　　音場

図2.19　音源の大きさと音圧分布の関係

　音源の大小は，波長を基準にして論じるべきである．すなわち，音源の大きさは同一でも，周波数を上げて波長を短くすれば，相対的に音源を大きくしたのと同じ効果があり，指向性は強まる．波長が短い超音波では小さな音源でも鋭い指向性を持ち，狙った方向に集中して音を出すことができる．病院で人体の内部構造を調べるのに超音波を使用するのは，このことを利用している．宇宙の果ての星雲を探索するには地球規模以上の大きさの望遠鏡が必要なのも，このためである．

　壁などの障害物の陰に音源がある場合には，音波は壁の陰にも回り込む（回折：1.5.4 項参照）．このとき，波長が長い低周波数の音波の方が回り込みは大きくなる．以上のように，波動の伝搬の様子は波長によって決まる．

第3章　フーリエ解析の基礎

3．1　フーリエ級数展開

3．1．1　三角関数表現

　フランス革命の激動時代に生きた数学者**フーリエ**（1768～1830）は，「**すべての時刻歴波形は三角関数の和として表現できる**」と言う新説を提唱した．これは当時としては大胆な仮説であり，しっかりした理論的証明を与えなかったことから，当時の学界には容易に受け入れられなかった．しかし現在，空中に飛び交う電波を利用して同時に何億人の人がスマートフォンを通して会話し，冥王星の鮮明な姿や何億光年先の星雲の渦巻きに感動し，道を歩きながら地球の裏側にいる人と会話・談笑し，過去に起こった出来事を今自由に見ることができるのは，フーリエのおかげである．楽器・オーディオ機器・スマートフォン・補聴器・人工音声・自動翻訳機の開発・設計，放送・映画・テレビ番組の製作・音楽の録音・建築・医療など，音響に携わる人はすべて，フーリエの恩恵を受けている．上記の短い仮説がわずか300余年後の人類・社会を支配する中核理論になるとは，フーリエ自身想像もできなかっただろう．

　フーリエ級数展開と呼ばれる上記の仮説を数式表示する．時刻歴波形 $x(t)$ が時間間隔 T の周期を有する場合には，その展開式は

$$
\begin{aligned}
x(t) &= A_0 + A_1 \cos(2\pi \frac{1}{T}t) + A_2 \cos(2\pi \frac{2}{T}t) + A_3 \cos(2\pi \frac{3}{T}t) + \cdots \\
&\quad + B_1 \sin(2\pi \frac{1}{T}t) + B_2 \sin(2\pi \frac{2}{T}t) + B_3 \sin(2\pi \frac{3}{T}t) + \cdots \\
&= A_0 + \sum_{i=1}^{+\infty} (A_i \cos(2\pi \frac{i}{T}t) + B_i \sin(2\pi \frac{i}{T}t))
\end{aligned}
\tag{3.1}
$$

　式 3.1 右辺第 1 項の A_0 は，時刻歴波形 $x(t)$ の時間平均を表す定数項である．$x(t)$ が電流なら A_0 は直流成分を表し，それ以外の項がその直流成分を中心値とする交流成分を表す．式 3.1 右辺の係数 A_0・A_i・B_i（$i=1, 2, 3, \cdots$）を**フーリエ係数**と言う．また，これらは周波数 $if_0 = i/T$（$i=1, 2, 3, \cdots$）の調和関数（単一の周波数からなる三角関数）の振幅を示すので**周波数スペクトル**と言い，周波数 if_0 に位置する直線で表されるので**線スペクトル**とも言う．

　式 3.1 右辺の総和 Σ 内の第 1 項は原点上の縦軸に関して対称な余弦（コサイン）関数，総和 Σ 内の第 2 項は原点上の縦軸に関して反対称な正弦（サイン）関数からなっている．このことは，

任意の時刻歴波形 $x(t)$ は時間の原点に関して対称な成分と反対称な成分の和として合成できることを意味している.

式 3.1 右辺の総和 Σ 内のうちで最もゆっくりした長い周期 T (低い周波数 $f_0 = 1/T$, 低い角周波数 $\omega_0 = 2\pi/T$) の調和波を**基本波**または**基本調波**, その $1/i$ 倍の短い周期 T/i (=高い周波数 if_0, 高い角周波数 $i\omega_0$) の調和波を i **次高調波**と言う. そして, 周期 T を**基本周期**, 周波数 $f_0 = 1/T$ を**基本周波数**, 角周波数 $\omega_0 = 2\pi/T$ を**基本角周波数**, と言う. i 回の周期 (繰返しの時間) をまとめて 1 周期と考えれば, i 次高調波も基本周期 T の周期関数であるから, 式 3.1 右辺の総和 Σ 内の全項が基本周期 T の周期関数であり, したがって時刻歴波形 $x(t)$ は, 全体が基本周期 T の周期関数である. このようにフーリエ級数は, 本来基本調和波を対象とする級数であり, 基本調和波よりも長周期でゆっくり変動するさらに低い周波数の波は, 式 3.1 では表現できない.

式 3.1 で基本周期 T を長くすると, その逆数である基本周波数 $f_0 = 1/T$ が低く (小さく) なると共に, その整数倍 if_0 ($i = 1, 2, 3, \cdots$) の周波数成分を表す線スペクトル間の間隔が狭くなり, $i \to \infty$ の極限としてスペクトルが周波数軸上で連続する. このときのスペクトルを**連続スペクトル**と言う.

雨上りに大空にかかる美しい虹は, 自然が私たちにフーリエの仮説が正しいことを教えてくれる. 光は広い周波数領域にわたる電磁波の集合であり, そのうち波長が約 8000 Å (オングストローム, 1 オングストロームは 1mm の百万分の 1) の赤色から約 4000 Å の紫色までの周期成分が連続分布し, 七色の虹となって見えるのである. 白色光をプリズムに通すと自然界の虹と同様の七色の光に分離することは, よく知られている.

波動信号を構成周波数成分に分解するための解析を, **フーリエ解析**と言う.

式 3.1 を基本周期 T の時間区間 $-T/2 \sim T/2$ で積分すると

$$\int_{-T/2}^{T/2} x(t)\,dt = A_0 \int_{-T/2}^{T/2} dt + \sum_{i=1}^{\infty} \left(A_i \int_{-T/2}^{T/2} \cos(2\pi \frac{i}{T} t)\,dt + B_i \int_{-T/2}^{T/2} \sin(2\pi \frac{i}{T} t)\,dt \right) \tag{3.2}$$

式 3.2 右辺第 1 項以外の項は, 周期が T/i (周波数が if_0) である三角関数を i 周期分の時間間隔 T にわたり積分したものであり, 明らかに 0 である. そして

$$\int_{-T/2}^{T/2} dt = [t]_{-T/2}^{T/2} = T \tag{3.3}$$

であるから, 式 3.2 から

$$A_0 = \frac{1}{T} \int_{-T/2}^{T/2} x(t)\,dt \tag{3.4}$$

式 3.4 は, 時刻歴波形 $x(t)$ の時間平均値が A_0 であることを意味している.

次に, 式 3.1 に $\cos(2\pi(l/T)t)$ (l は整数) を乗じて基本周期 T の時間区間 ($-T/2 \sim T/2$) で積分すると

$$\int_{-T/2}^{T/2} x(t)\cos(2\pi\frac{l}{T}t)\,dt$$

$$= A_0\int_{-T/2}^{T/2}\cos(2\pi\frac{l}{T}t)\,dt + \sum_{i=1}^{\infty}(A_i\int_{-T/2}^{T/2}\cos(2\pi\frac{i}{T}t)\cos(2\pi\frac{l}{T}t)\,dt + B_i\int_{-T/2}^{T/2}\sin(2\pi\frac{i}{T}t)\cos(2\pi\frac{l}{T}t)\,dt)$$

$$\tag{3.5}$$

$\cos(2\pi(l/T)t)$ は基本周期 T 間に l 回繰り返す周期関数であるから，それを基本周期の間隔で時間積分した式 3.5 の右辺第 1 項は明らかに 0 である．また，三角関数列が直交関数系である（補章 A3 参照）ことから，式 3.5 の右辺第 2 項以下のうち $i = l$ である項以外は，すべて 0 になる．$i = l$ のうち積分記号の前に定数 A_i を乗じた項は，倍角の公式 A1.21 と積分の公式 A1.37 と $\sin(2\pi i) = \sin(-2\pi i) = 0$ の関係から

$$A_i\int_{-T/2}^{T/2}\cos^2(2\pi\frac{i}{T}t)\,dt = \frac{A_i}{2}\int_{-T/2}^{T/2}(1+\cos(4\pi\frac{i}{T}t))\,dt = \frac{A_i}{2}\left[t + \frac{\sin(4\pi(i/T)t)}{4\pi(i/T)}\right]_{-T/2}^{T/2} = A_i\frac{T}{2}$$

$$\tag{3.6}$$

式 3.5 の右辺第 2 項以下の $i = l$ のうち積分記号の前に定数 B_i を乗じた項は，正弦関数と余弦関数とは周波数が同一でも互いに直交関係にある（直交性が成立するとも言う [1)2)]：補章図 A3.1c）ことから，すべて 0 になる．したがって，式 3.5 と式 3.6 から

$$A_i = \frac{2}{T}\int_{-T/2}^{T/2} x(t)\cos(2\pi\frac{i}{T}t)\,dt \quad (i = 1, 2, 3, \cdots)\tag{3.7}$$

次に，式 3.1 に $\sin(2\pi(l/T)t)$（l は整数）を乗じて基本周期 T の時間区間（$-T/2 \sim T/2$）で積分すれば，式 3.7 を導いたときと同様の手順をたどって

$$B_i = \frac{2}{T}\int_{-T/2}^{T/2} x(t)\sin(2\pi\frac{i}{T}t)\,dt \quad (i = 1, 2, 3, \cdots)\tag{3.8}$$

式 3.4，式 3.7，式 3.8 で示されるフーリエ係数は，時刻歴波形 $x(t)$ を周波数領域で表現する際の該当周波数 if_0 の成分の大きさ（振幅）になる．

式 3.1 を変形して

$$x(t) = A_0 + \sum_{i=1}^{+\infty} C_i(\frac{A_i}{C_i}\cos(2\pi\frac{i}{T}t) + \frac{B_i}{C_i}\sin(2\pi\frac{i}{T}t))\tag{3.9}$$

ここで

$$C_0 = A_0, \qquad C_i = \sqrt{A_i^2 + B_i^2}, \qquad \cos\phi_i = \frac{A_i}{C_i}, \qquad \sin\phi_i = \frac{B_i}{C_i}, \qquad \phi_i' = \phi_i - \frac{\pi}{2}\tag{3.10}$$

とおいて，式 3.10 を式 3.9 に代入すれば，三角関数の加法定理（式 A1.18）より

$$x(t) = A_0 + \sum_{i=1}^{+\infty} C_i(\frac{A_i}{C_i}\cos(2\pi\frac{i}{T}t) + \frac{B_i}{C_i}\sin(2\pi\frac{i}{T}t))$$

$$= C_0 + \sum_{i=1}^{+\infty} C_i(\cos 2\pi\frac{i}{T}t\cdot\cos\phi_i + \sin 2\pi\frac{i}{T}t\cdot\sin\phi_i) = C_0 + \sum_{i=1}^{+\infty} C_i\cos(2\pi\frac{i}{T}t - \phi_i)$$

$$\tag{3.11}$$

あるいは

$$x(t) = C_0 + \sum_{i=1}^{+\infty} C_i \cos(2\pi \frac{i}{T} t - \phi_i' - \frac{\pi}{2}) = C_0 + \sum_{i=1}^{+\infty} C_i \sin(2\pi \frac{i}{T} t - \phi_i') \tag{3.12}$$

式 3.11 と式 3.12 は，式 3.1 の別表現式であり，余弦関数のみまたは正弦関数のみを用いて表現したフーリエ級数展開である．そして波形を構成する各調波のうち i/T の周波数成分の振幅は C_i であり，これを**振幅スペクトル**と言う．また C_i^2 は，波形を構成する各周波数成分のパワーを表しており，これを**パワースペクトル**と言う．さらに式 3.11 または式 3.12 は，波形を構成する各周波数成分の**初期位相**（$t = 0$ の時点における位相．単に位相とも言う）が $-\phi_i$（余弦関数のみを用いる場合)または $-\phi_i'$（正弦関数のみを用いる場合），波形を構成する各周波数成分の**瞬時位相**（該当する時刻点 t における位相）が $2\pi(i/T)t - \phi_i$ または $2\pi(i/T)t - \phi_i'$ であることを意味している．このように位相と言う概念を導入することにより，余弦関数または正弦関数のうち片方のみを用いて時刻歴波形 $x(t)$ をフーリエ級数に展開することができる．

　ここで，位相について若干の説明を加える．位相は，三角関数のように単一の周波数からなる時刻歴（調和波）についてのみ適用できる概念である．そして，波形が同じ時間だけ遅れるということは，周波数が低ければ位相遅れが小さく高周波数になるにつれて位相遅れが大きくなる，ことである．位相と言う概念は，多くの周波数成分で構成される一般の時刻歴全体には適用できず，時刻歴波形をフーリエ変換して得られた特定の周波数成分（特定の周波数スペクトルを有する調和波）の各々に対してのみ定義できる．そして，周波数スペクトルが異なれば，当然その位相も異なる．したがって式 3.1 の時刻歴波形 $x(t)$ では，それを構成する単独の三角関数成分ごとの位相は式 3.11 右辺や式 3.12 右辺のように定義できるが，複数の周波数成分からなる時刻歴 $x(t)$ 全体の時間の進み・遅れ（時刻歴現象が早く起こるか遅く起こるか）に対して，この時刻歴波形全体の位相がいくら，などという議論はできない．

　式 3.11 右辺や式 3.12 右辺のように初期位相に付した負の記号は，時間軸上を右方向（正の方向）に進行する時刻歴波形を，時間軸を正（右）方向にずらした状態で図示することを示す．これは，負の初期位相は同一の現象が時間的に早く生じること，すなわち時間進みの状態を意味する．例えば，1Hz の正弦波の（初期）位相が $-\pi/4$（$= -1/8$ 周期←1 周期が 2π であるから）であることは，その正弦波が，位相が 0 である正弦波を時間軸上で時間の進行方向（右方向）に $t = 1/8$ 秒だけずらして図示していること，すなわち今（$t = 0$ の時点）より 1/8 秒以前にすでに今と同一波形の現象が生じていたこと，すなわち $t = 1/8$ 秒だけ時間が進んだ状態を意味している．この点に関しては誤解を生じやすいので注意を要する．

３．１．２　フーリエ級数の例

（１）　単位インパルス関数

単位インパルス関数（**ディラックの衝撃関数**または**デルタ関数**：補章 A5.5 参照）$\delta(t)$ とは，時間軸上では，時刻幅が無限に狭く振幅が無限に大きく面積が単位量1の瞬時時刻歴である（式

A5.25). また周波数軸上では，初期位相が同一で大きさが単位値（1）であるすべての周波数成分を均等に含み，山も谷もない水平で平坦な周波数特性を有する信号である.

　原点 $t=0$ を中央値とし時間周期（＝基本周期）2 秒（$T=2[\mathrm{s}]$）ごとの単位インパルス関数列のフーリエ級数展開式を求める．$-T/2 \sim T/2$ の時間間隔内では $t=0$ のみに面積（＝時間積分値）が 1 の単位インパルス関数が存在するから，式 3.4，式 3.7，式 3.8 より

$$A_0 = \frac{1}{T}\int_{-T/2}^{T/2}\delta(t)\,dt = \frac{1}{T} = \frac{1}{2},\ \ A_i = 1,\ \ B_i = 0 \quad (i = 1, 2, 3, \cdots) \tag{3.13}$$

式 3.13 を式 3.1 に代入して

$$\delta(t) = \frac{1}{2} + \sum_{i=1}^{\infty}\cos(2\pi \frac{i}{T}t) \tag{3.14}$$

　図 3.1 は，式 3.14 右辺のうち直流（$i=0$）成分（1/2）と次数 $i=1\sim12$ までの合成波形を示している．このように，次々に周期が短く（周波数が高く）なる等しい振幅（単位量 1）の余弦波が位相を揃えて（式 3.14 の場合にはすべての位相が 0）加え合わせられているので，合成波形は $t=\cdots, -4, -2, 0, 2, 4, \cdots$ 秒の各時点を除いては大きくなれず，これらの時点だけで次第に大きくなり，同時にそれらのピークの幅は次第に狭くなっていく．この図から，式 3.14 は $i\to\infty$ で目的のインパルス列に成長すると考えられる．この例で基本周期 $T\to\infty$ にすれば，無限の時間に 1 個しか存在しない単一の単位インパルス関数を合成できる．

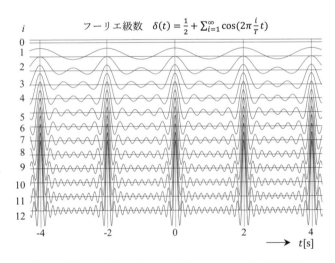

図3.1　周期 $T=2$ 秒のインパルス列 $\delta(t)$ のフーリエ級数展開

　なお，大きさが均等であるすべての構成余弦波の周波数成分を，初期位相を不規則にして加え合わせると，卓越周波数成分を有しない不規則雑音すなわち**白色雑音**（ホワイトノイズ）になる.

　このように，実在するとは言いがたい単位インパルス関数や，周期関数の和で合成するとは一見考えにくい白色雑音ですら周期関数の和として合成できるので，その他のどのような波形

でも単一の周波数からなる周期関数（＝**調和関数**・音の世界では**純音**）を加え合わせて合成できると考えてよいであろう．合成できることは分解できることを意味する．与えられた時刻歴（音波など）を，それを構成している多数の調和関数に分解する作業が周波数分析である．

（2）　方　形　波

図 3.2 の最上段に原時刻歴として示し，次式で表される周期 2 秒，高さ 1，幅 1 の**方形波**を考える．この波の $t=0$ を中心時刻とする基本周期 $T=2[\text{s}]$ 内（$-1 \leq t < 1$）の波形は

$$x(t)=1 \quad \left(-\frac{1}{2} \leq t < \frac{1}{2}\right), \quad x(t)=0 \quad \left(-1 \leq t < -\frac{1}{2}, \; \frac{1}{2} \leq t < 1\right) \tag{3.15}$$

式 3.15 を式 3.4，式 3.7，式 3.8 に代入すれば，式 A1.37 の積分関係から

$$A_0 = \frac{1}{2}\int_{-1}^{1} x(t)\,dt = \frac{1}{2}\int_{-1/2}^{1/2} 1\,dt = \frac{1}{2}[t]_{-1/2}^{1/2} = \frac{1}{2} \tag{3.16}$$

$$A_i = \int_{-1/2}^{1/2} \cos i\pi t\,dt = \frac{1}{i\pi}[\sin i\pi t]_{-1/2}^{1/2} = \begin{cases} (-1)^{(i-1)/2}2/(i\pi) & (i=1,3,5,\cdots) \\ 0 & (i=2,4,6,\cdots) \end{cases} \tag{3.17}$$

$$B_i = \int_{-1/2}^{1/2} \sin i\pi t\,dt = \frac{1}{i\pi}[-\cos i\pi t]_{-1/2}^{1/2} = 0 \tag{3.18}$$

式 3.16～3.18 を式 3.1 に代入して

$$x(t)=\frac{1}{2}+\frac{2}{\pi}\left(\cos\pi t - \frac{1}{3}\cos 3\pi t + \frac{1}{5}\cos 5\pi t - \cdots\cdots\right) = \frac{1}{2}+\frac{2}{\pi}\sum_{i=1}^{\infty}(-1)^{i-1}\frac{\cos(2i-1)\pi t}{2i-1} \tag{3.19}$$

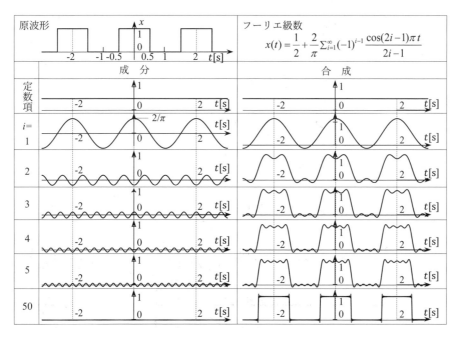

図3.2　周期 2 秒，高さ 1 の方形波のフーリエ級数展開

　図3.2は，式3.19右辺のうち定数項（直流成分）$1/2$と，次数$i=1～5$，50の各単独成分の波形（左図）と，その次数までの合成波形（右図）を示している．　$i=5$までの合成波形はすでにかなり原波形に近づいており，$i=50$までの合成波形はほぼ正確な方形波になっている．このように，傾きが不連続な折れ曲がり点を含む波形でも，なめらかな連続関数である三角関数を用いてフーリエ級数に展開できることが分かる．ただし，折れ曲がり点の近傍で細かな波が消えないで少し残っているのが気にかかるが，これについては後で述べる．

（3）　のこぎり波

　図3.3の最上段に原時刻歴として示す，周期$T=2$秒，高さ2の**のこぎり波**を考える．この波の時刻$t=0$を中心とする1周期内の波形は次式で表される．

$$x(t)=t \quad (-1<t\leq1) \tag{3.20}$$

式3.20を式3.4に代入して

$$A_0 = \frac{1}{2}\int_{-1}^{1}t\,dt = \frac{1}{2}[t^2/2]_{-1}^{1} = 0 \tag{3.21}$$

式3.20を式3.7に代入して，部分積分（式A4.7）を用いれば

$$A_i = \int_{-1}^{1}t\cos i\pi t\,dt = [\frac{t}{i\pi}\sin i\pi t]_{-1}^{1} - \frac{1}{i\pi}\int_{-1}^{1}\sin i\pi t\,dt = \frac{1}{i\pi}[t\sin i\pi t]_{-1}^{1} - \frac{1}{(i\pi)^2}[-\cos i\pi t]_{-1}^{1}$$

$$= \frac{1}{i\pi}(0-0) - \frac{1}{(i\pi)^2}(1-1) = 0 \tag{3.22}$$

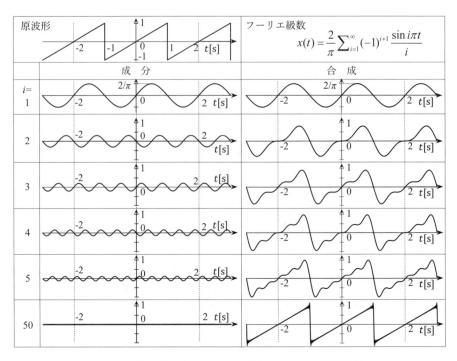

図3.3　周期2秒，高さ2ののこぎり波のフーリエ級数展開

式 3.20 を式 3.8 に代入して，式 3.22 を導いたときと同一の手順をたどれば

$$B_i = \int_{-1}^{1} t\sin i\pi t\, dt = [-\frac{t}{i\pi}\cos i\pi t]_{-1}^{1} + \frac{1}{i\pi}\int_{-1}^{1}\cos i\pi t dt = -\frac{1}{i\pi}[t\cos i\pi t]_{-1}^{1} + \frac{1}{(i\pi)^2}[\sin i\pi t]_{-1}^{1}$$

$$= \begin{cases} -(-1-1)/(i\pi) + (0-0)/(i\pi)^2 = 2/(i\pi) & (i = 1,\ 3,\ 5,\ \cdots) \\ -(1+1)/(i\pi) + (0-0)/(i\pi)^2 = -2/(i\pi) & (i = 2,\ 4,\ 6,\ \cdots) \end{cases} \tag{3.23}$$

式 3.21〜3.23 を式 3.1 に代入して

$$x(t) = \frac{2}{\pi}(\sin\pi t - \frac{1}{2}\sin 2\pi t + \frac{1}{3}\sin 3\pi t - \frac{1}{4}\sin 4\pi t + \cdots\cdots) = \frac{2}{\pi}\sum_{i=1}^{\infty}(-1)^{i+1}\frac{\sin i\pi t}{i} \tag{3.24}$$

図 3.3 は，式 3.24 右辺のうち次数 $i=1$〜5，50 の各単独成分の波形（左図）と，その次数までの合成波形（右図）を示している． $i=5$ までの合成波形はすでにかなり原時刻歴に近づいており，$i=50$ までの合成波形はほぼ正確なのこぎり波になっている．ただし，不連続点近傍で細かな波が消えないで少し残っている．

図 3.2 と図 3.3 は，折れ曲り点（傾きの不連続点）や不連続点を有し，これらを有しない調和波の集合からなるフーリエ級数には展開しにくい波形であるが，それでも無限個のうち周期が長い方から数えて少数個の調和波で，ほぼ正しく原波形を再現できている．折れ曲り点や不連続点を含まない時刻歴に対しては，フーリエ級数の近似精度はこれらの図よりも良くなる．

図 3.2 と図 3.3 では，不連続点や折れ曲り点の近傍で細かい波が少量ではあるが消えないで残存している．この原因について論じる．フーリエ級数展開は本来無限項数から成るが，実用する際には無限項数は採用できず，有限項で打ち切って近似する．そのために生じる原波形との差すなわち有限化誤差は，採用項数が多いほど減少することが分かっている．不連続点や折れ曲り点を含む波形でもこのことは成立するが，いくら多数の項を採用しても，ある限界以上に精度を上げることはできない．図 3.4 はその一例であり，図 3.2 の方形波の 1 個の山だけを

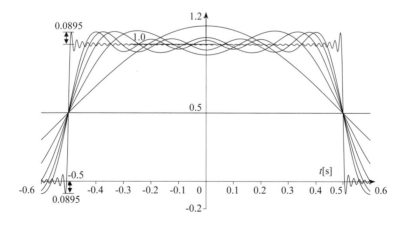

図3.4 周期 2 秒，高さ 1 の方形波のフーリエ級数展開（図2.2を拡大）
行き過ぎ量 $\varepsilon = 0.0895$（ε はギブス現象による誤差）

拡大表示したものである．これを見ると，次数 i を大きくして採用項を増やせば，折れ曲り点近傍の細かい振動の周期はどんどん短くなって行くが，その振幅はある有限量以上には小さくならず，一定量が行き過ぎ量 ε として残存する．方形波の場合には $\varepsilon = 0.0895$ であり，全振幅の約9%の誤差が残る．これを**ギブス現象**と言う．

フーリエ級数は元来連続な周期関数の和である．一方，不連続点や折れ曲り点（傾きの不連続点）では値やその微分値の不連続変化が生じるので，これを正しく表現するためには無限個の周波数成分が必要になる．級数を有限項で打ち切る限り，いくら多数項を採用しても不連続変化は正確には表現できず，誤差は0には収斂しない．無限は有限の合成では，また不連続は連続の合成では，表現できないのである．このようにギブス現象は，有限フーリエ級数では避けることができない．しかしこのことは，前述の「三角関数の結合で表現できない関数は存在しない」というフーリエの偉大な仮説を崩すものではない．周波数が無限大になるまでの無限個の三角関数の和を用いればギブス現象の幅が0になるからである．

３．１．３　複素指数関数表現

複素指数関数とは，複素数を指数とする指数関数であり，それ自体も複素数である．複素指数関数に不慣れな人は，本項に入る前にそれを分かりやすく説明した補章 A2 を一読されることをお勧めする．

複素数は，実現象としては存在しないが，文字通り，互いに独立な複数個（2個）の素を有する数字であり，時間と空間という（古典力学では）互いに独立2個の素からなる物理現象（波動を含む）を1個の数字で扱うことができる，数学上の便利な道具である．

複素数を用いて波動を扱う際には，互いに直交する実軸（横軸）と虚軸（縦軸）からなる2次元平面（**複素平面**と呼ぶ）を想定し，原点を基点としその回りを反時計回りに回転する振幅 R，実軸からの傾角 $\theta = 2\pi ft = \omega t$ （ f は周波数， ω は角周波数）の回転ベクトル $R\exp(2\pi jft)$（$\exp(2\pi jft)$ を**複素指数関数波**と言う）でそれを表現する．波動が単一の周期からなる場合，1周期はこのベクトルの1回転で描かれる．時間を回転角に置き換えるこの操作により，時間という抽象的な概念を幾何学的イメージに繋げ，時空間を具体的に図示し視覚で捉えることが可能になる．

回転は反時計回りを正と定義するから，複素平面上では時計回りの回転は**負の回転**になる．時間は決して負の方向には進まないから，複素平面上での負の回転を可能にするために，**負の周波数**という仮想の（実現象としては想定しにくい）概念を使うことにする．これは，時間を空間で置き換えて理解しようとする際に必然的に生じる仮想概念である．

指数として純虚数 $2\pi jf$ （ j は単位虚数： $j^2 = -1$）を用いる複素指数関数は三角関数と同種の周期関数であり，両関数は**オイラーの公式**（式 A2.50〜A2.53）を用いて相互に変換できる．周期関数が時間 t を独立変数とする周波数 f の波動の場合には，オイラーの公式は

$$\cos 2\pi ft = \frac{\exp(2\pi jft) + \exp(-2\pi jft)}{2} \quad , \quad \sin 2\pi ft = \frac{\exp(2\pi jft) - \exp(-2\pi jft)}{2j} \tag{3.25}$$

任意の複素数において単位虚数 j を $-j$ と置き換えたものを，その**共役複素数**と言う（補章 A2.1 項参照）．例えば式 3.25 で用いた複素指数関数 $\exp(-2\pi jft) = \exp(2\pi(-j)ft)$ は，複素指数関数 $\exp(2\pi jft)$ と互いに共役関係にある複素数である．互いに共役関係にある 2 つの複素数同士の和である式 3.25 左式右辺は，見かけは複素数であるが実質は実数になる．式 3.25 を変形すれば，次式のように複素指数関数 $\exp(2\pi jft)$ は，実部が $\cos 2\pi ft$，虚部が $\sin 2\pi ft$（f は周波数）からなる複素数であることが分かる．

$$\exp(2\pi jft) = \cos 2\pi ft + j\sin 2\pi ft \ , \ \exp(-2\pi jft) = \cos 2\pi ft - j\sin 2\pi ft \tag{3.26}$$

三角関数と複素指数関数間の式 3.25 または式 3.26 の関係を図示すれば，図 3.5 になる．

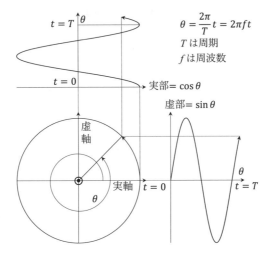

図3.5 複素平面の座標原点を中心として一定速度で
回転する単位ベクトル$\exp(j\theta)$の軌跡

次にこれらの関係を用いて，三角関数を用いたフーリエ級数展開式から，複素指数関数を用いたフーリエ級数展開式を導く．その際まず，三角関数を用いてすでに導いたフーリエ係数を，この作業に便利な次のように多少書き直しておく．

$$a_0 = A_0 T = \int_{-T/2}^{T/2} x(t)\,dt \tag{3.27}$$

$$a_i = \frac{T}{2}A_i = \int_{-T/2}^{T/2} x(t)\cos(2\pi\frac{i}{T}t)\,dt \quad (i = 1, 2, 3, \cdots) \tag{3.28}$$

$$b_i = \frac{T}{2}B_i = \int_{-T/2}^{T/2} x(t)\sin(2\pi\frac{i}{T}t)\,dt \quad (i = 1, 2, 3, \cdots) \tag{3.29}$$

フーリエ係数のこれらの新しい定義式を式 3.1 に代入すれば

$$x(t) = \frac{1}{T}a_0 + \frac{2}{T}\sum_{i=1}^{+\infty}\left(a_i\cos(2\pi\frac{i}{T}t) + b_i\sin(2\pi\frac{i}{T}t)\right) \tag{3.30}$$

式 3.25 で $f = \dfrac{i}{T}$ （T は基本周期，$i = 1, 2, 3, \cdots$）とおいた式と $1/j = j/j^2 = -j$ の関係を式 3.30 に代入すれば

$$x(t) = \frac{1}{T}\left[a_0 + \sum_{i=1}^{+\infty}\left\{a_i(\exp(2\pi j\frac{i}{T}t) + \exp(-2\pi j\frac{i}{T}t)) - jb_i(\exp(2\pi j\frac{i}{T}t) - \exp(-2\pi j\frac{i}{T}t))\right\}\right]$$

$$= \frac{1}{T}\left[a_0 + \sum_{i=1}^{+\infty}\left\{(a_i - jb_i)\exp(2\pi j\frac{i}{T}t) + (a_i + jb_i)\exp(-2\pi j\frac{i}{T}t)\right\}\right]$$

$$(3.31)$$

　　ここで，式 3.31 において係数を次のように置き換える．

$$a_0 = X_0 , \quad a_i - jb_i = X_i , \quad a_i + jb_i = X_{-i} \quad (i = 1, 2, 3, \sim \infty) \tag{3.32}$$

式 3.32 を式 3.31 に代入して，$1 = \exp(2\pi j(0/T)t)$ の関係を用いれば

$$x(t) = \frac{1}{T}\left[X_0 + \sum_{i=1}^{+\infty}(X_i\exp(2\pi j\frac{i}{T}t) + X_{-i}\exp(-2\pi j\frac{i}{T}t))\right] = \frac{1}{T}\sum_{i=-\infty}^{+\infty}X_i\exp(2\pi j\frac{i}{T}t) \tag{3.33}$$

式 3.33 が，複素指数関数を用いて展開した時刻歴 $x(t)$ のフーリエ級数である．

　　式 3.32 から分かるように X_0 は実数である．また X_i と X_{-i} は，単位虚数 j に付与する正負の符号が逆である以外は同一であり，互いに共役関係にある複素数である（$\overline{X_i} = X_{-i}$：上添付横線は共役を意味する）．そして $\exp(2\pi j((-i)/T)t) = \exp(2\pi(-j)(i/T)t)$ は，$\exp(2\pi j(i/T)t)$ と互いに共役関係にある複素数である．したがって，式 3.33 左辺の和記号 Σ 内の各項のうち i 項と $-i$ 項は互いに共役関係にあり，それら 2 項を足すと虚部が消えて実数になる．したがって，式 3.33 右辺の複素指数関数の総和は実数になり，この世に存在する実数である実波形の時刻歴 $x(t)$ を正しく表現している．

　　式 3.33 右辺のフーリエ係数 X_i を求める．その準備として，その際に用いる複素指数関数 $e^{2\pi j((l-i)/T)t}$ （l と i は整数）について説明する．式 3.26 左式で周波数 $f = (l-i)/T$ とおけば

$$\exp(2\pi j\frac{l-i}{T}t) = \cos(2\pi\frac{l-i}{T}t) + j\sin(2\pi\frac{l-i}{T}t) \tag{3.34}$$

$l \neq i$ の場合には，三角関数 $\cos(2\pi((l-i)/T)t)$ と $\sin(2\pi((l-i)/T)t)$ は共に基本周期の時間区間 T 内に $|l-i|$ 回（0 以外の整数回）繰り返す周期関数であるから，$\exp(2\pi j((l-i)/T)t)$ を基本周期 T で時間積分すればすべて 0 になる．一方 $l = i$ の場合には，$\cos(2\pi(0/T)t) = 1$，$\sin(2\pi(0/T)t) = 0$ であるから，$\exp(2\pi j((l-i)/T)t)$ は単位実数 1 であり，これを T で時間積分すれば T になる．

　　そこで，複素指数関数を用いて展開した時刻歴である式 3.33 内の整数 i を整数 l と書き換えたフーリエ級数 $x(t) = (1/T)\sum_{l=-\infty}^{+\infty}X_l\exp(2\pi j(l/T)t)$ に複素指数関数 $\exp(-2\pi j(i/T)t)$ を乗じた関数を，基本周期 T にわたり時間積分する．これを数式表現すれば，式 3.26 左式より

$$\int_{-T/2}^{T/2} x(t) \exp(-2\pi j \frac{i}{T} t) \, dt = \frac{1}{T} \Sigma_{l=-\infty}^{+\infty} \int_{-T/2}^{T/2} X_l \exp(2\pi j \frac{l}{T} t) \exp(-2\pi j \frac{i}{T} t) \, dt$$

$$= \frac{1}{T} \Sigma_{l=-\infty}^{+\infty} (\int_{-T/2}^{T/2} X_l \cos(2\pi \frac{l-i}{T} t) \, dt + \int_{-T/2}^{T/2} X_l \sin(2\pi \frac{l-i}{T} t) \, dt) = \frac{X_i}{T} \int_{-T/2}^{T/2} dt = X_i \qquad (3.35)$$

式 3.35 から

$$X_i = \int_{-T/2}^{T/2} x(t) \exp(-2\pi j \frac{i}{T} t) dt \quad (i = -\infty \sim \infty) \qquad (3.36)$$

こうして，複素指数関数を用いて展開したフーリエ級数（式 3.33）のフーリエ係数 X_i が得られた．

３．２　連続フーリエ変換

３．２．１　理　　論

　式 3.33 は，時刻歴 $x(t)$ を，基本周波数 $f_0 = 1/T$（T は基本周期）の i 倍の周波数 $f = if_0 = i/T$（i は $-\infty \sim +\infty$ に渡る整数：i が負の場合には負の周波数という仮想の概念を導入している：3.1.3 項参照）の複素指数関数の和として表現したフーリエ級数である．そして式 3.36 はその係数 X_i であり，時刻歴 $x(t)$ を構成する周波数 if_0 の成分の大きさ（振幅）と位相を示す複素数である．X_i が周波数 if_0 の関数であることを明示するために，それを $X(if_0)$ と書き，周波数の関数として書き換えれば，式 3.33 と式 3.36 はそれぞれ

$$x(t) = \frac{1}{T} \Sigma_{i=-\infty}^{+\infty} X(if_0) \exp(2\pi j i f_0 t) \qquad (3.37)$$

$$X(if_0) = \int_{-T/2}^{T/2} x(t) \exp(-2\pi j i f_0 t) \, dt \quad (i = -\infty \sim \infty) \qquad (3.38)$$

　基本周期 T を限りなく大きく（長く）することを考える．そうすると，基本周波数 $f_0 = 1/T$ は限りなく小さくなる．$X(if_0)$ は，0，f_0，$2f_0$，$3f_0$，…のように周波数間隔 f_0 ごとの飛び飛びの離散周波数点における周波数成分を示しているから，f_0 が小さくなると隣接する周波数点の間隔が小さくなり，$f_0 \to 0$ の極限では周波数 f 軸に沿って分布する連続値である**連続スペクトル** $X(f)$ になる．ここで

$$\lim_{T \to +\infty} \frac{1}{T} = \lim_{f_0 \to 0} f_0 \to df, \quad \lim_{T \to +\infty} \frac{i}{T} = \lim_{f_0 \to 0} if_0 \to f \qquad (3.39)$$

と記す．式 3.37 で $T \to +\infty$（$f_0 \to 0$）として式 3.39 用いれば

$$x(t) = \Sigma_{i=-\infty}^{+\infty} \frac{1}{T} X(if_0) \exp(2\pi j i f_0 t) = \Sigma_{i=-\infty}^{+\infty} X(if_0) \exp(2\pi j i f_0 t) df \qquad (3.40)$$

式 3.40 右辺の離散値の和 Σ は，基本周波数 $f_0 \to 0$（$T \to +\infty$）の極限では連続値の周波数軸に沿った積分に漸近するから

$$x(t) = \int_{-\infty}^{+\infty} X(f)\exp(2\pi jft)\,df \tag{3.41}$$

また，式 3.38 において $f_0 \to 0$（$T \to \infty$）とし，式 3.39 右式を代入すれば

$$X(f) = \int_{-\infty}^{+\infty} x(t)\exp(-2\pi jft)\,dt \tag{3.42}$$

式 3.42 は，連続時刻歴関数 $x(t)$ が与えられたときにその連続周波数スペクトル $X(f)$ を求める式であり，フーリエ展開を用いて関数を空間上の大きさと時間からなる時空間領域から周波数上の大きさと位相からなる周波数領域に変換するという意味で，**フーリエ変換**と言う．一方式 3.41 は，連続周波数スペクトル $X(f)$ が与えられたときにその連続時刻歴関数 $x(t)$ を求める式であり，フーリエ変換の逆を行うという意味で，**フーリエ逆変換**と言う．また後述の離散フーリエ変換と区別するために，これらを**連続フーリエ変換**，**連続フーリエ逆変換**と言うこともある．$X(f)$ は，大きさが周波数スペクトルの大きさを，偏角がその位相を表現する複素数であり，複素指数関数で表現した時刻歴の振幅を表すから，**複素振幅**と言う．式 3.41 と式 3.42 は互いに対をなす関係式であり，これら 2 式を合わせて**フーリエ変換対**または**連続フーリエ変換対**と言う．

式 3.42 のフーリエ変換は，実数である時刻歴 $x(t)$ に複素指数関数 $\exp(2\pi(-j)ft)$（複素平面図 3.5 内で実軸から $\theta = 2\pi ft$ だけ時計回りに回転した単位ベクトル）を乗じて複素数 $X(f)$ を算出する式であるから，その結果の複素数 $X(f)$ から元の実数 $x(t)$ に戻すためには，$\exp(2\pi(-j)ft)$ と共役な複素数である $\exp(2\pi jft)$（複素平面図 3.5 内で実軸から $\theta = 2\pi ft$ だけ反時計回りに回転した単位ベクトル）を $X(f)$ に乗じる必要があり，式 3.41 のフーリエ逆変換ではその操作を行っている．

式 3.41 では，積分が周波数の負（仮想）の値に及んでおり，実現象から考えれば一見奇妙に感じる．これは，複素指数関数を用いて実現象を表現していることに起因する．実現象である実数をこの世には存在しない複素数の和差で表現しようとすれば，例えばオイラーの公式 3.25 に示したように，必ず複素数とその共役複素数を対として用いる必要がある．そこで実現象の表現では，必ず正の周波数領域の値に伴ってそれと共役な値が現れる．後者が見かけ上負の周波数領域に位置するのである．これは，'単位複素数の共役 $(-j)$' を '負の周波数 $(-f)$' と解釈するために生じた数学上の形式的な数式表現にすぎず，物理学上では意味を持たずまた実用的には問題を生じないので，気にかけなくてよい．

周波数 f の代りに角周波数 ω を用いる場合には，式 3.41 と式 3.42 に $f = \omega/(2\pi)$ を代入して

$$x(t) = \frac{1}{2\pi}\int_{-\infty}^{+\infty} X(\omega)\exp(j\omega t)\,d\omega \tag{3.43}$$

$$X(\omega) = \int_{-\infty}^{+\infty} x(t)\exp(-j\omega t)\,dt \tag{3.44}$$

３．２．２　基本性質
（１）　対　称　性
$x(t)$ が実現象の場合には，それは当然実数で与えられる．このときの周波数成分 $X(f)$ は，

$f = 0$ に関して互いに共役（大きさが対称，位相が反対称）な複素数になる．

（証明）

　周波数が負（$-f$）の場合の周波数成分（実現象の周波数成分は周波数の正領域における値であるから，上述のように，負領域の周波数成分は数学上の表現に過ぎず，物理的には意味を有しない）は，式 3.42 から

$$X(-f) = \int_{-\infty}^{+\infty} x(t)\exp(-2\pi j(-f)t))\,dt = \int_{-\infty}^{+\infty} x(t)\exp(-2\pi(-j)ft)\,dt \tag{3.45}$$

　共役複素数は，複素数内の単位虚数 j を $-j$ で置き代えた数であり，複素数に上線を添付して表現される．共役複素数は，元の複素数と実部が同一で虚部の正負が逆の数であり，大きさが同一で位相（偏角）が逆転した数でもある．複素指数関数の場合には，この定義から $\exp(-2\pi(-j)ft) = \overline{\exp(-2\pi jft)}$．また，$x(t)$ は実現象であり単位虚数 j を含まない実数だから $x(t) = \overline{x(t)}$．そして，共役複素数同士の積は元の複素数同士の積の共役複素数になる（補章式 A2.13 参照）．これらと式 3.42 から，式 3.45 は

$$X(-f) = \int_{-\infty}^{+\infty} \overline{x(t)}\,\overline{\exp(-2\pi jft)}\,dt = \overline{\int_{-\infty}^{+\infty} x(t)\exp(-2\pi jft)\,dt} = \overline{X(f)} \tag{3.46}$$

このように，$X(f)$ と $X(-f)$ は互いに共役関係にあり，これを図示すれば図 3.6 になる．

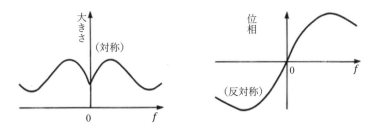

図3.6　実数からなる実現象の時刻歴 $x(t)$ の周波数スペクトル
$f > 0$ と $f < 0$ の周波数スペクトルは互いに共役な複素数
共役：大きさが対称・位相が反対称

（2）　線 形 性

$$ax_1(t) + bx_2(t) \leftrightarrow aX_1(f) + bX_2(f) \tag{3.47}$$

（証明）

　式 3.42 より

$$\int_{-\infty}^{+\infty} (ax_1(t) + bx_2(t))\exp(-2\pi jft)\,dt = \int_{-\infty}^{+\infty} ax_1(t)\exp(-2\pi jft)\,dt + \int_{-\infty}^{+\infty} bx_2(t)\exp(-2\pi jft)\,dt$$
$$= a\int_{-\infty}^{+\infty} x_1(t)\exp(-2\pi jft)\,dt + b\int_{-\infty}^{+\infty} x_2(t)\exp(-2\pi jft)\,dt = aX_1(f) + bX_2(f) \tag{3.48}$$

この逆の変換も，式 3.41 を用いて同様に証明できる．

（3）　時 間 移 動

　$x(t) \leftrightarrow X(f)$ のとき，時間 t_d だけ遅れた同一の時刻歴波形 $x(t - t_d)$ に対して

$$x(t - t_d) \leftrightarrow X(f)\exp(-2\pi jft_d) \tag{3.49}$$

（証明）

式 3.41 より

$$x(t-t_d) = \int_{-\infty}^{+\infty} X(f)\exp(2\pi jf(t-t_d))\,df = \int_{-\infty}^{+\infty} (X(f)\exp(-2\pi jft_d))\exp(2\pi jft)\,df$$

$$(3.50)$$

（4）　周波数移動

$x(t) \leftrightarrow X(f)$ のとき，周波数が f_d だけ小さい同一の周波数スペクトル $X(f-f_d)$ に対して

$$X(f-f_d) \leftrightarrow x(t)\exp(2\pi jf_dt) \tag{3.51}$$

（証明）

式 3.42 より

$$X(f-f_d) = \int_{-\infty}^{+\infty} x(t)\exp(-2\pi j(f-f_d)t)\,dt = \int_{-\infty}^{+\infty} (x(t)\exp(2\pi jf_dt))\exp(-2\pi jft)\,dt$$

$$(3.52)$$

（5）エネルギーの等価性

時刻歴波形 $x(t)$ を複素数と見なすときの共役複素数 $\overline{x(t)}$ は，式 3.41 で $j \to -j$ とおいて

$$\overline{x(t)} = \overline{\int_{-\infty}^{+\infty} X(f)\exp(2\pi jft)\,df} = \int_{-\infty}^{+\infty} \overline{X(f)}\exp(-2\pi jft)\,df \tag{3.53}$$

時刻歴 $x(t)$ は実数であるから $x(t)=\overline{x(t)}$．ただし $\overline{x(t)}$ は時間軸上を $x(t)$ と逆方向に進行する同形の波であると見なされる．時刻歴 $x(t)$ のエネルギーはその 2 乗値の時間積分であり，式 3.53 と式 3.42 より

$$\int_{-\infty}^{+\infty} |x(t)|^2\,dt = \int_{-\infty}^{+\infty} x(t)\overline{x(t)}\,dt = \int_{-\infty}^{+\infty} x(t)\left\{\int_{-\infty}^{+\infty} \overline{X(f)}\exp(-2\pi jft)\,df\right\}dt$$
$$= \int_{-\infty}^{+\infty} \overline{X(f)}\left\{\int_{-\infty}^{+\infty} x(t)\exp(-2\pi jft)\,dt\right\}df = \int_{-\infty}^{+\infty} \overline{X(f)}X(f)\,df = \int_{-\infty}^{+\infty} |X(f)|^2\,df$$

$$(3.54)$$

式 3.54 は，「**時間領域の波形をフーリエ変換して周波数領域のスペクトルに変換したからといってエネルギーが変わることはない**」ことを示すものであって，**パーセバルの等式**として知られる関係である．この関係は，式 3.54 に示す無限の時間間隔 $-\infty{\sim}t{\sim}+\infty$ におけるフーリエ変換だけではなく，有限の時間間隔 $-T/2{\sim}t{\sim}+T/2$（T は基本周期）におけるフーリエ級数展開についても成立する．

3．2．3　方形波と標本化関数

方形波は，後述の標本化を行う際に時刻歴波形の有限化（切取り）の手段として用いるので，ここで再び取り上げ，式 3.15 で表される方形波の例を一般化した図 3.7 に示す時間軸上の基本周期 $T=1/f_0$，時間幅 $2a$，高さ $1/2a$ の方形波について紹介する．この方形波は

$$x(t) = \frac{1}{2a} \quad (-a \leq t < a), \qquad x(t) = 0 \quad (-\frac{T}{2} \leq t < -a,\ a \leq t < \frac{T}{2}) \tag{3.55}$$

これを複素指数関数によるフーリエ級数で表現するときの式 3.33 右辺の係数（複素数）$X_i \ (i=-\infty{\sim}\infty)$ は，式 3.55 を式 3.36 に代入して

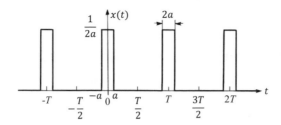

図3.7 方形波（周期 T, 幅 $2a$, 高さ $1/(2a)$）
$T \to \infty$ とすれば 1 回限りの方形パルス

$$X_i = \int_{-a}^{a} \frac{1}{2a}\exp(-2\pi j\frac{i}{T}t)\,dt = \frac{-1}{4\pi j(i/T)a}[\exp(-2\pi j\frac{i}{T}t)]_{-a}^{a}$$

$$= \frac{1}{4\pi j(i/T)a}(\exp(2\pi j\frac{i}{T}a)-\exp(-2\pi j\frac{i}{T}a)) \tag{3.56}$$

周波数軸上で式 3.56 にオイラーの公式（式 3.25 右式で $ft \leftrightarrow (i/T)a = aif_0$ と置く）を適用すれば

$$X_i = X(if_0) = \frac{\sin(2\pi aif_0)}{2\pi aif_0} \ \ (i=-\infty\sim\infty) \quad \text{すなわち} \quad X(f) = \frac{\sin 2\pi af}{2\pi af} \tag{3.57}$$

ここで，3.1.2 項（2）の例題と同一の方形波を対象にし，$T = 2[\text{s}]$（$f_0 = 1/2[\text{Hz}]$），$a = 2[\text{s}]$ と置けば，式 3.57 は

$$X_i = \frac{\sin(\pi i/2)}{\pi i/2} \ \ \rightarrow \ \ \begin{cases} i=\cdots,-6,\,-4,\,-2,\,2,\,4,\,6\cdots \text{ で } X_i=0 \\ \qquad\qquad i=0 \text{ で } X_i=1 \\ i=\cdots,\,-5,\,-3,\,-1,1,3,5,\cdots \text{ で } X_i = 2/(|i|\pi) \end{cases} \tag{3.58}$$

一方，式 3.27 と 3.32 と 3.58 から $A_0 = 1/2$ であり，また式 3.28 と式 3.29 と式 3.32 から

$$A_i = a_i = \frac{X_i + X_{-i}}{2} \quad , \quad B_i = b_i = j\frac{X_i - X_{-i}}{2} \qquad (i=1, 2, 3, 4, 5, 6, \cdots) \tag{3.59}$$

であるから，式 3.16～3.19 が導かれる.

一方，式 3.57 で $y = 2\pi af$ とおけば

$$S_u(y) = \frac{\sin y}{y} \tag{3.60}$$

式 3.60 で定義される関数 S_u は，**標本化関数**あるいは **sinc 関数**と呼ばれ，図 3.8 のように，

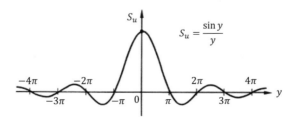

図3.8 標本化関数

振幅が独立変数 y に反比例して減少し，$y=0$ で 1，$y=i\pi$ $(i=\cdots,-3,-2,-1,1,2,3,\cdots)$ で 0，になる周期関数である．式 3.57 または式 3.60 の標本化関数で表現される周波数スペクトルが 0 になる周波数点 $f=f_z=i/(2a)$ （$2a$ [s] は方形波の時間幅）を零交点と言う．

　後述の離散フーリエ変換では，周期 T を基本周期（周波数 $f_0=1/T$ を基本周波数）にとる．したがって，図 3.7 に示す方形波の離散フーリエ変換は式 3.57 になり，この方形波において $T\to\infty$ とすれば単発方形パルスの連続フーリエ変換になる．図 3.9 は，この単発方形パルスの連続フーリエ変換において，パルスの時間幅 $2a$ を 1 秒，0.5 秒，0.25 秒，0 秒とした例である．ただしパルスの高さ $1/(2a)$ だけは，見易いように，$2a$ の値にかかわらず一定値に図示されている．このように，時間幅が小さい鋭いパルスほどなだらかな周波数スペクトルになる．時間幅が 0 の方形パルスは，大きさが無限大のデルタ関数 $\delta(t)$ （図 3.1 で対象にしたインパルス：補章 A5.5 参照）であり，それが囲む面積（インパルスが有するエネルギー）が生じる時刻歴の周波数スペクトル $X(f)$ は，図 3.9 に示すように，周波数 f に無関係に一定値 1 になる．

$$x(t)=\delta(t=0)\;\leftrightarrow\;X(f)=1 \tag{3.61}$$

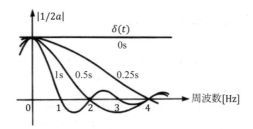

図3.9　方形パルスの連続フーリエ変換
パルスの幅 $2a=1$ 秒，0.5 秒，0.25 秒，0 秒
（パルスの高さは一定値として表示）

　時刻が $t=0$ から時間 τ だけ経過して（遅れて）インパルスが作用するとき，その面積（エネルギー）が生じる時刻歴の周波数スペクトルは，時間領域移動の式 3.49 から

$$x(t)=\delta(t-\tau)\;\leftrightarrow\;X(f)=\exp(-2\pi jf\tau) \tag{3.62}$$

式 3.62 を図示すれば，図 3.10 のように，位相 $-2\pi f\tau$ を有する単位振幅の複素指数関数の周波数スペクトルになる．

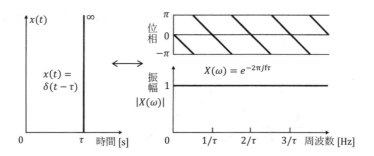

図3.10　時間 τ 秒に作用する単位衝撃が生じる時刻歴の周波数スペクトル

　周波数軸上で周波数が0の点におけるデルタ関数（面積 1）が生じる時刻歴の周波数スペクトルは，時間軸上では振幅1の定数（電流では直流）になることは明らかである．

$$x(t) = 1 \leftrightarrow X(f) = \delta(f = 0) \tag{3.63}$$

　周波数軸上で $f = f_R$ の点におけるデルタ関数（面積 1）の周波数スペクトルは，式 3.63 と周波数移動を示す式 3.51 から

$$x(t) = \exp(2\pi j f_R t) \leftrightarrow X(f) = 1(f = f_R) \tag{3.64}$$

式 3.64 は，時間軸上における振幅1，周波数 f_R の調和波（電流では交流）を示す．

３．３　離散フーリエ変換

３．３．１　波形の離散化

　音波，振動，電流，電圧，温度などの自然界の現象は連続的に推移する物理量であり，隙間なく続いている．このような連続量をアナログ（analog）量と呼び，アナログ量の信号を**アナログ信号**と言う．これに対し，一定の間隔ごとの飛び飛びの離散量をデジタル（digital）量と呼び，デジタル量で表現する信号を**デジタル信号**と言う．

　信号処理とは，信号の作成・計測・識別・変換・合成・分解・演算・記録・転送などの様々な操作を総合した言葉である．コンピュータによる昨今のすべての数値演算はデジタル量を対象にするので，信号処理で最初に必要なのは連続波形の離散化であり，アナログ信号をデジタル信号に変換する **AD 変換**によってそれを行う．

　AD 変換は次の 2 通りの**離散化**によって行う．第 1 は独立変数（信号が時刻歴波動の場合には時間）の離散化であり，これを**標本化**または**サンプリング**と言い，連続時間関数を等時間間隔ごとに "取り出す" あるいは "抜き出す" ことによって一連の離散値系列に変換することを意味する．第 2 は従属変数（通常は信号の量または値）の離散化であり，これを**量子化**と言う．

　図 3.11 は時間と共に変化する時刻歴信号の例を示し，独立変数である横軸が時間，従属変数である縦軸が信号の量であり，横軸の離散化が標本化，縦軸の離散化が量子化である．

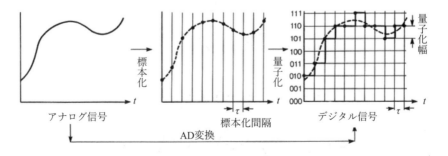

図3.11　アナログ信号からデジタル信号へ（AD変換）

デジタル信号の例：(001 , 010, 011, 101, 110, 110, 111, 110, 110, 101, 110, 110, ・・・)

（1）　標　本　化

　波動の標本化とは，時間と共に連続変化する時刻歴信号を一定の時間間隔ごとに採り出して不連続な時刻点における瞬時値の列集合として表現する，ことを言う．この時刻点間の間隔 τ [s]を**標本化間隔**または**標本化周期**と言う．信号を取り出した時刻 t から次に取り出す時刻 $t+\tau$ の直前までの間の信号値は，時刻 t で取り出した信号値が一定のまま継続すると仮定するのである．この仮定により連続信号は，有限の時間幅 τ を有する棒グラフの連鎖として認識される．

　一方，採取する時刻点の点数 N を**標本化点数**と言う．標本化点数 N は当然有限である．標本化間隔 τ で N 個の点数（ここでは偶数とする）を採取するのに必要な時間は $T = N\tau$ [s]であり，T を**標本化時間**と言う．一方，**標本化間隔**が τ [s]であるということは，周波数 $f_s = 1/\tau$（1秒間に f_s 個，単位は 1/s：Hz）でデータを採取することを意味する．f_s はデータ採集の速度（1秒間に採取する回数）であり，f_s を**標本化周波数**と言う．

　1周期が標本化時間 T よりも長いゆっくりした波を標本化時間内 T で標本化すれば，1周期に満たない時間でデータ採取が終ってしまうために，その波が周期波であるか否かを判別できない．このようにこの標本化では，$f_0 = 1/T = 1/(N\tau)$ [Hz]より低い周波数の波は観測できず，したがって，標本化の対象であるアナログ量の中に f_0 より低い周波数成分が混入していても，これを識別・分解して採り出すことができない．この f_0 を**分解能周波数**と言う．時刻歴波動の信号処理に離散フーリエ変換（後述）を適用する場合には，標本化時間 T が**基本周期**（基本周波数は $f_0 = 1/T$）になる（$f_s = Nf_0 = N/T$）．

　標本化時間 T が長いと，分解能周波数 f_0 が小さくなり，ゆっくり変化する長周期の現象まで観測できる．ただし，標本化点数 N が一定のまま標本化時間 T を長くすれば，標本化間隔 $\tau = T/N$ が大きく時間的に粗い標本化になってしまう．

　図3.12は，同図 a に原波形（連続波形）として示す周期 P の調和波 $\sin(2\pi t/P)$ の標本化をど

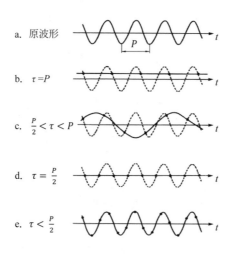

a. 原波形

b. $\tau = P$

c. $\dfrac{P}{2} < \tau < P$

d. $\tau = \dfrac{P}{2}$

e. $\tau < \dfrac{P}{2}$

図3.12　調和波の標本化
P：原波形の周期，　τ：標本化間隔

の位の標本化間隔 τ で行えばよいかを示す. 同図 b は, $\tau = P$ すなわち原調和波の周期と同一の時間間隔で標本化する場合であり, 必ず同じ値を採取する. コンピュータは採取データ点の間を最も素直な線でつなぐので, この場合には点線の原波形を実線の直線と誤認識する. 同図 c は, $P > \tau > P/2$ の場合であり, 点線の原波形を実線のように実際より長い周期のゆっくりした波と誤認識する. 同図 d は, $\tau = P/2$ すなわち調和波の半周期の間隔で標本化する場合であり, 必ず0の点を採取し, 信号は存在しないかまたは0である, と誤認識する. 同図 e は, $\tau < P/2$ の場合であり, これは原波形を正しく標本化できている.

図 3.12 から, "**調和波の標本化にはその半周期よりも小さい標本化間隔 τ を用いなければならない**"ことが分かる. これを周波数で表現すれば, "**周波数 f_c の調和波の標本化には $2f_c$ より大きい標本化周波数 $f_s (= 1/\tau)$ を用いなければならない ($f_s > 2f_c$)**"ことになる. 1928 年に Harry Nyquist は, 電信の伝送速度を早くしようとすると通信回路の周波数帯域を広くしなければならないことから, ナイキスト間隔の概念を与えた. これが後に発展してこの定理に繋がったので, 上記の事実を**ナイキストの標本化定理**と呼び, 標本化周波数 f_s の $1/2$ である f_c を**ナイキスト周波数**と言うようになった.

一般に信号は, 式 3.1 に示したように, 様々な周波数の調和波成分の和からなる. したがって信号を正しく標本化するには, それを構成する調和波のうち最高周波数成分の 2 倍以上の標本化周波数を用いる必要がある. これを逆に言えば, 標本化周波数 f_s で正しく標本化できる周波数の上限は, $f_c = f_s/2$ であることになる.

物理現象は時間と空間という互いに独立した 2 つの素からなるから, 物理現象を認知するには, これら両者を合わせて知る必要がある. 物理現象が調和波の場合には, 前者が周波数・後者が振幅であるから, 調和波の正しい特定にはこれら 2 種類の情報が必要であり, そのために 1 周期に最小 2 点の標本化が不可欠になる. これがナイキストの標本化定理の物理的意味である.

式 3.42 または式 3.44 に示したように, フーリエ変換は時刻歴波形 $x(t)$ の $-\infty$ から $+\infty$ までの無限時間に渡る時間積分によって定義されるので, フーリエ変換をこの定義式に従って正しく実行しようとすれば, 無限時間に渡る時刻歴波形が必要になる. しかし当然のことながら, 波形計測の開始以前と終了以後のデータは存在せず, 有限の標本化時間 T 内の有限個 (N 個: N は偶数とする) のデータしか得られない. このままでは, フーリエ変換を正しく実行できない. そこで, 原理的に無限時間に渡る無限個のデータが必要なフーリエ変換では, 仕方なく, 時間間隔 T 内のみで判明している実現象の波形が過去永遠から未来永遠までの無限時間に渡り永遠に繰り返す, と仮定することによって必要な無限時間のデータを捏造するのである. このようにすれば, 計測した時間間隔 T 内の有限個のデータを使って, フーリエ変換に必要な $-\infty \to t \to \infty$ 間の無限時間に渡る無限個のデータが, 一応得られる.

有限時間 T 内のみで得られる既知データを用いて無限時間に渡るデータを作成する上記の方法は, 図 3.13 に示すように, 点線で推移する実現象の波動を実線で代表することになる. 図

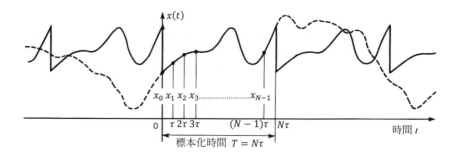

図3.13　離散フーリエ変換における時刻歴波形
　　　　実線：離散フーリエ変換のための仮想波形
　　　　点線：実現象の波形

3.13の点線と実線の両波形は，明らかに全く異なっている．この図を見る読者は，随分でたらめで乱暴なデータの捏造をすると思われるだろうが，存外そうでもないのである．その理由を以下に述べる．

　図3.13に点線で示す実現象の時刻歴は，一般に無限個の周波数成分から構成されている．その点線を時間間隔Tで区切りそれが過去・未来永遠に渡り繰り返すとする上記の操作によって得られた実線は，実時刻歴を構成する周波数成分のうち実際に有限時間Tで繰り返す（複数回を含む）成分，すなわち分解能周波数（基本周波数）$f_0 = 1/T$の整数倍ごとの飛び飛びの離散周波数成分のみに関しては，実現象を正しく再現している．しかしその他の周波数成分は，基本周波数の時間間隔では繰り返さないので，この操作では存在しないとして，無視・除外される．これは，「**時間領域を有限化することは周波数領域を離散化することである**」ことを意味する．

　このように標本化時間Tで有限化表現した図3.13実線の時刻歴$x(t)$は，1周期の整数倍が標本化時間Tに一致する繰返し波形成分のみの和になり，3.2.1項で説明したTを基本周期とするフーリエ級数に正しく展開できる．これを逆に言えば，この有限時間長の時刻歴からはその時間長の逆数の整数倍の離散周波数成分（線スペクトル列）しか得られない．実用時には時間長の有限化が避けられないという事実は，離散フーリエ変換では実現象の連続スペクトルを有限な周波数間隔の離散線スペクトル列で代表表現せざるを得ないことを意味する．

　このように，フーリエ級数展開を行うために用いている時刻歴$x(t)$は，連続量ではなく，時間間隔τごとの離散時刻で標本化された飛び飛びの離散値のみの集合によって代表されている．これは，標本化する離散点以外の時刻における実現象の時刻歴情報を無視することになる．その結果，以下の誤差が生じる（詳細は3.4.2項で後述）．

　時間領域における上記の離散化は，連続的に推移する実現象を時間間隔τごとの線スペクトル（無限小の幅・有限の高さで面積を持たないインパルス）の列（集合）で代表し離散表現することである．図3.1に示したようにインパルス列は，限りない高周波成分を含む無限個の周波数成分を有する．そのうち上記の時間間隔（標本化間隔）の離散化で正しく表現できる周波

数成分は，標本化間隔 τ の標本化で 1 周期内に 2 個以上のデータが得られる（上記の標本化定理を満足する）周波数 $f_c = 1/(2\tau) = f_s/2$（f_c はナイキスト周波数，f_s は標本化周波数）以下の低周波数成分のみであり，それ以上の高周波数成分については実現象とは異なるでたらめな表現をしている（図 3.12）のである．一般に実現象には限りなく高周波数の成分が含まれるから，標本化以前に**低域通過（ローパス）フィルタ**を用いてこれらの高周波数成分をすべて除去しておかないと，標本化に際して**折返し誤差**と呼ばれる重大な誤差（誤差と言うよりでたらめな操作）を生じ，正しい演算が不可能になる．これは，「**時間領域を離散化することは周波数領域を有限化することである**」ことを意味し，前述の「**時間領域を有限化することは周波数領域を離散化することである**」こととと裏腹の関係（対称性の関係）にある．この離散化と有限化の関係は，時間領域と周波数領域間に関する**不確定性原理**として，必然的に生じる不可避現象である．

（2） 量子化と 2 進法

私たちが計測・記録・演算・転送・再生などに用いる昨今の機器はすべて離散量を対象にしているので，これらを行うためにはまず連続量である自然界の物理量や信号を離散化しておかなければならない．また，センサや計測機器が正しく処理できる情報量は，線形処理が保証できる最大量から識別が可能な最小量間の有限幅であり，この幅を**ダイナミックレンジ**と言う．すべての機器はダイナミックレンジを有するので，離散化に際しては，ダイナミックレンジを複数個の小幅に分け，この幅を単位量とする離散値の集合で連続量を代替する．実際の物理現象である連続量のうちこの単位量以下の量は四捨五入してこの単位量に合わせる．このようにして，連続物理量を有限幅の整数倍である有限個の離散量の集合に変えて認知し表現する．この有限の刻み量を量子に見立て，連続量を量子の数で表すと言う意味で，この離散化を**量子化**と言う．

量子化によって得られた信号の量や値は 2 進法で表現される．2 進法とは，2 になると桁が 1 つ上がる数の表現方法である．私たちが普通用いている 10 進法では，10 になると桁が 1 つ上がるので 0〜9 の 10 個の数字が存在するように，2 進法では 0 と 1 の数字が存在する．例えば，10 進法で 0，1，2，3，4，5，6，7，8，9 という数は，2 進法では 0，1，10，11，100，101，110，111，1000，1001 になる．また，2 進法で 11011 という数は，10 進法では $1 \times 2^4 + 1 \times 2^3 + 0 \times 2^2 + 1 \times 2^1 + 1 \times 2^0 = 27$ になる．これは，10 進法で 11011 という数が $1 \times 10^4 + 1 \times 10^3 + 0 \times 10^2 + 1 \times 10^1 + 1 \times 10^0$ であることから，類推・理解できる．

2 進法の桁の単位を**ビット**（bit：binary digit（2 進数）の略）と言う．1 ビットでは 0 と 1，2 ビットでは 2 進法で 0〜11（10 進法で 0〜3），3 ビットでは 2 進法で 0〜111（10 進法で 0〜7）の数が表現できることは，上の例から明らかである．

2 進数を用いれば，"有（1）か無（0）か"と言う 2 種類の状態だけで物理量を表現でき，光・電流・磁気などを使って演算・記録を行うコンピュータや処理器に最適である．量や値の大きさを考慮せず有か無かだけを用いて物理量を処理・転送・記録できる 2 進法を採用すれば，雑

音が混入しにくく SN 比（Signal to Noise ratio の略：信号対雑音の比）が非常に大きくなるため，情報の鮮明な保存・変換・転送・再現ができて，情報の精度と信頼性が格段に向上する．また 2 進法のデジタル量に対しては，電子機器が有するダイナミックレンジがアナログ量に対するよりもはるかに大きく，センサや処理機器が有効利用できる．

　人が情報を利用する際には，それを実在の物理量として目や耳で直接認知できるようにするために，通常はデジタル信号をアナログ信号に変換する．これを DA 変換と言う．しかし，昨今の機器の記憶容量はすべて大容量でありビット数を極度に大きくすることができる．そこで，デジタル量をそのままアナログ量と認知できるほど標本化間隔が微細な大量のデータを自在に処理できる．この場合には，DA 変換は行う必要がない．

３．３．２　離散フーリエ変換
（1）　理　　論

　離散フーリエ変換（discrete Fourier transform，DFT）は，連続時刻歴 $x(t)$ を標本化（＝標本化周期 τ の離散化と標本化時間 $T = N\tau$ の有限化：N はデータ数）して得られた有限個の離散データを用いて行う有限フーリエ級数展開である．フーリエ級数（式 3.1）が無限個の級数和からなっているのは，実現象の時刻歴波が無限個の周波数成分からなる連続波形で無限自由度だからである．これに対し標本化した図 3.13 内の実線の時刻歴波（ N 自由度）のフーリエ級数は，実線中央を $t = 0$ にとれば，周波数が正（実在）と負（仮想）の両領域に渡る有限個 N の周期関数の和（ $i = -N/2 \sim N/2 - 1$ ）として表現される有限自由度である．連続量を標本化間隔 τ ごとの有限個の離散量で表現することは，無限フーリエ級数において $i = -\infty \sim -N/2 - 1$ と $i = N/2 \sim +\infty$ の高周波数領域における周波数項を無視することに相当する．これは前述のように，「時間領域を離散化することは周波数領域を有限化すること」を意味する．

　そこで，複素指数関数によるフーリエ級数（式 3.33）において時間領域を離散化すれば

$$x(k\tau) = \frac{1}{T}\Sigma_{i=-N/2}^{N/2-1}X_i\exp(2\pi j\frac{i}{T}k\tau) = \frac{1}{T}\Sigma_{i=-N/2}^{N/2-1}X_i\exp(2\pi jkif_0\tau) \quad (k = 0 \sim N - 1) \tag{3.65}$$

ただし

$$f_0 = \frac{1}{T} = \frac{1}{N\tau} = \frac{\omega_0}{2\pi} \tag{3.66}$$

式 3.65 は，$t = k\tau\ (k = 0 \sim N-1)$ の N 個（ N は偶数とする）の飛び飛びの離散化時刻点のみで成立する有限フーリエ級数である．式 3.65 において，標本化間隔の点数 i が負領域と正領域（0 を含む）で各々 $N/2$ 個であり等しいのは，同式右辺の和 Σ 内の複素数がこれらの両領域間で互いに共役関係にあり，これら両者を足すことによって虚数部分が消去され，実数である左辺の実時刻歴 $x(k\tau)$ を正しく表現しているからである．

　ここで，$x(k\tau)$ を x_k と書き，また 式 3.66 を用いて

$$\exp(-2\pi jf_0\tau) = \exp(-2\pi \frac{j}{N}) = p \tag{3.67}$$

とおく. そして, 式 3.65 の $x(t)$ と $\exp(2\pi jif_0t)$ の離散化時刻 $t = k\tau$ $(k = 0 \sim N-1)$ における値からなる縦 N 行のベクトルを次のように定義する (右辺の上添字 T はベクトルの転置を示す).

$$
\left.
\begin{aligned}
\{x(k\tau)\} &= \left\{x_0, x_1, x_2, x_3, \cdots, x_k, \cdots, x_{N-1}\right\}^T \\
\{e_0\} &= \left\{1, 1, 1, 1, \cdots, 1, \cdots, 1\right\}^T \\
\{e_1\} &= \left\{1, p^{-1}, p^{-2}, p^{-3}, \cdots, p^{-k}, \cdots, p^{-(N-1)}\right\}^T \\
\{e_2\} &= \left\{1, p^{-2}, p^{-4}, p^{-6}, \cdots, p^{-2k}, \cdots, p^{-2(N-1)}\right\}^T \\
&\quad\quad\quad\quad\quad\quad \vdots \\
\{e_i\} &= \left\{1, p^{-i}, p^{-2i}, p^{-3i}, \cdots, p^{-ki}, \cdots, p^{-(N-1)i}\right\}^T \\
&\quad\quad\quad\quad\quad\quad \vdots \\
\{e_{N-1}\} &= \left\{1, p^{-(N-1)}, p^{-2(N-1)}, p^{-3(N-1)}, \cdots, p^{-k(N-1)}, \cdots, p^{-(N-1)^2}\right\}^T
\end{aligned}
\right\} \text{（上添字 T は転置）}
$$

$$\tag{3.68}$$

有限フーリエ級数である式 3.65 に式 3.66 と式 3.67 を用いれば

$$
\begin{aligned}
x(k\tau) &= \frac{1}{T}\sum_{i=-N/2}^{N/2-1} X_i \exp(2\pi jkif_0\tau) = \frac{1}{T}\sum_{i=-N/2}^{N/2-1} X_i (\exp(-2\pi \frac{j}{N}))^{-ki} \\
&= \frac{1}{T}\sum_{i=-N/2}^{N/2-1} X_i p^{-ki} \quad (k = 0 \sim N-1)
\end{aligned}
\tag{3.69}
$$

式 3.68 を用いて, 離散時刻 $t = k\tau$ $(k = 0 \sim N-1)$ における式 3.69 をまとめて表現すれば

$$\{x\} = \frac{1}{T}\sum_{i=-N/2}^{N/2-1} X_i\{e_i\} \tag{3.70}$$

次にフーリエ係数 X_i を求める. 時刻歴波形 $x(t)$ が時間 t の連続関数である場合には, X_i はすでに式 3.36 で求められているが, 離散フーリエ変換では式 3.36 右辺積分の中味 $x(t)\exp(-2\pi j(i/T)t) = x(t)\exp(-2\pi jif_0t)$ が, 飛び飛びの時刻 $t = k\tau$ $(k = 0 \sim N-1)$ における値として, 式 3.67 より

$$x_k \exp(-2\pi jkif_0\tau) = x_k \exp(-2\pi \frac{j}{N}ki) = x_k p^{ki} \tag{3.71}$$

で与えられる. このように離散化された時刻歴データを用いれば, 連続量の時間積分である式 3.36 は, 時間軸上の位置が $t = k\tau$, 幅が時間間隔 τ の棒グラフの面積和になり

$$X_i = \sum_{k=0}^{N-1} x_k p^{ki} \quad (i = -\frac{N}{2} \sim \frac{N}{2}-1) \tag{3.72}$$

式 3.72 は, 時刻歴波 $x(t)$ を $t = 0, \tau, 2\tau, \cdots, k\tau, \cdots, (N-1)\tau$ における N 個の離散データ x_k として与えて, $-(N/2)f_0, -(N/2-1)f_0, \cdots, (N/2-2)f_0, (N/2-1)f_0$ $(f_0 = 1/T = \omega_0/(2\pi))$ という N 個の飛び飛びの周波数点における周波数スペクトルの離散値 X_i (式 3.65 右辺の係数) を

求める式であり，**離散フーリエ変換**（DFT）と言う．また式 3.70 は，周波数スペクトルの離散値 X_i （$i = -N/2 \sim N/2-1$）を与えて時刻 $t = k\tau$ （$k = 0 \sim N-1$）における時刻歴波 $x(t)$ の離散値 x_k （$k = 0 \sim N-1$）を求める式であり，**離散フーリエ逆変換**と言う．式 3.70 と式 3.72 は互いに対をなす対称関係式であり，これら 2 式を合わせて**離散フーリエ変換対**と言う．

（2）　基本性質

時間領域と周波数領域間の相互変換に用いる式 3.67 の数値 $p = \exp(-2\pi j/N)$ は，標本化点数 N によって決まる複素定数であり，$p^{rN}(= \exp(-j2\pi/N)rN = \exp(-j2\pi r) = 1$（$r = \cdots, -2, -1, 0, 1, 2, \cdots$）および $\exp(-ja) = \overline{\exp(ja)}$ （上付線は複素数の共役を意味する）という 2 つの関係に由来する，次の 2 つの性質を有する．

$$p^{rN+i} = p^{rN}p^i = p^i \quad (r = \cdots, -2, -1, 0, 1, 2, \cdots) \tag{3.73}$$

$$p^{rN-i} = p^{-i} = \overline{p^i} \quad (r = \cdots, -2, -1, 0, 1, 2, \cdots) \tag{3.74}$$

式 3.73 は，整数 i を $-N/2$ から増加させて行くとき，p^i が $i = N/2-1$ になるまでの N 個の周波数間隔を 1 周期として同じ値を繰り返す循環数であることを示す．また式 3.74 は，p^i の 1 周期内の N 個（N は偶数）の値のうち前半分（$r = 0$ では $-N/2 \leq i < 0$）と後半分（$r = 0$ では $0 \leq i < N/2$）は互いに共役の関係にあることを示す．これらにより，式 3.72 で与えられる周波数スペクトル X_i は，離散フーリエ変換に特有の，次の 2 つの重要な性質を有することになる．

第 1 に，式 3.72 と式 3.73 より

$$X_{rN+i} = \sum_{k=0}^{N-1} x_k p^{k(rN+i)} = \sum_{k=0}^{N-1} x_k p^{ki} = X_i \quad (r = \cdots, -2, -1, 0, 1, 2, \cdots) \tag{3.75}$$

これは，整数 i を $-N/2$ から増加させて行くとき，周波数スペクトル X_i が，周波数軸上で N 個の離散点（$i = -N/2 \sim N/2-1$）ごとに同一の値を周期的に繰り返すことを意味する．

式 3.72 に示したように，X_i は分解能周波数 $f_0(= \omega_0/(2\pi) = 1/T)$ [Hz] の幅ごとの N 個（$i = -N/2 \sim N/2-1$）の離散周波数点のスペクトル値であるから，これが有効な周波数範囲は $-f_c$ [Hz] $\sim f_c - f_0$ [Hz]（$f_c = f_s/2 = Nf_0/2 = N/(2T) = 1/(2\tau)$ はナイキスト周波数で，その 2 倍の f_s は標本化周波数）になり，式 3.72 は周波数 $f = 0$ **[Hz]**（電気では直流）を中央に挟む $i = -N/2 \sim N/2-1$ すなわち $-f_c$ [Hz] $\sim f_c - f_0$ [Hz] 間に存在する N 個の離散周波数点でしか定義されていない．このように式 3.72 は，元来この周波数領域内（$r = 0$）の離散スペクトルを算出する式である．しかし式 3.75 の関係から，式 3.72 は，$i = N/2 \sim 3N/2-1$ すなわち f_c [Hz] $\sim 3f_c - f_0$ [Hz] （$r = 1$），$i = -3N/2 \sim -N/2-1$ すなわち $-3f_c$ [Hz] $\sim -f_c - f_0$ [Hz] （$r = -1$），$i = 3N/2 \sim 5N/2-1$ すなわち $3f_c$ [Hz] $\sim 5f_c - f_0$ [Hz] （$r = 2$），$i = -5N/2 \sim -3N/2-1$ すなわち $-5f_c$ [Hz] $\sim -3f_c - f_0$ [Hz] （$r = -2$），$i = 5N/2 \sim 7N/2-1$ すなわち $5f_c$ [Hz] $\sim 7f_c - f_0$ [Hz] （$r = 3$），$i = -7N/2 \sim -5N/2-1$ すなわち $-7f_c$ [Hz] $\sim -5f_c - f_0$ [Hz] （$r = -3$），…という正と負の両方に渡る無限の高周波数領域の周波数スペクトルを算出する式でもある．このように式 3.72 を用いて算出した周波数スペクトルは，幅 $f_s = 2f_c$ の周波数帯域ごとに同一の値を繰り返すことが分かる．

第2に，式3.72と式3.74（$r=0$と置く）より

$$X_{-i} = \sum_{k=0}^{N-1} x_k p^{-ki} = \sum_{k=0}^{N-1} x_k \overline{p^{ki}} = \overline{X_i} \quad (i = -\frac{N}{2} \sim \frac{N}{2}-1) \tag{3.76}$$

これは，$i=-N/2\sim N/2-1$すなわち$-f_c$[Hz]〜f_c-f_0[Hz]の周波数領域内で，両周波数端$-f_c$[Hz]とf_c[Hz]からそれぞれ正と負の等距離にある2個の離散周波数点における周波数スペクトルが互いに共役（大きさが同一で位相が逆符号：補章 A2.1 の図 A2.2 参照）であることを示している．すなわち周波数スペクトルは，この周波数領域$-f_c$[Hz]〜f_c[Hz]（$f_c=0.5f_s$）の中央点 0[Hz]に関して，大きさが対称・位相が反対称になる．これを式 3.75 に関して述べた第1の性質と合せれば，$(2r-1)f_c$[Hz]〜$(2r+1)f_c$[Hz]（$r=\cdots,-3,-2,-1,0,1,2,3,\cdots$）の全周波数領域で各領域内の中央点に関して大きさが対称・位相が反対称になることが分かる．

DFT によって求めた周波数スペクトルは，上記 2 通りの性質を有するために，図 3.14 のようになり，0[Hz]〜f_c-f_0[Hz]の周波数域内のスペクトルが与えられれば，$-\infty$[Hz]〜∞[Hz]の全周波数域のスペクトルを形式的に描くことができる．もちろんこれは実現象の正しいスペクトルとは異なる．

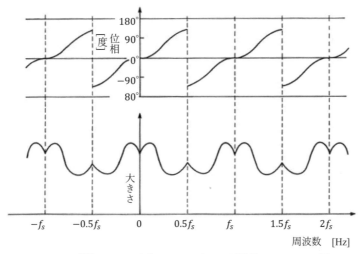

図3.14　離散フーリエ変換によって求めた周波数スペクトルの例
標本化周波数：f_s
（実際の周波数スペクトルは離散点として得られるが
本図ではそれを連続値として表示）

それは次の理由による．図 2.14 に記した 0[Hz]〜f_c[Hz]の周波数領域内のスペクトルは，$2rf_c$[Hz]〜$(2r+1)f_c$[Hz] の全周波数スペクトルを同位相で加え合せ，さらにそれに$(2r-1)f_c$[Hz]〜$2rf_c$[Hz] の全周波数スペクトルを逆位相で加え合せたものになっている（$r=\cdots,-3,-2,-1,0,1,2,3,\cdots$）．そして，こうして得られた 0[Hz]〜$f_c$[Hz]の周波数領域内の偽のスペクトルを使って全周波数領域の周波数スペクトルを形式的に作成しているからである．これは折返し誤差（エリアシング）と呼ばれ，3.4.2 項で詳しく説明する．

このように，ナイキスト周波数f_cより高周波数の成分を含む実時刻歴を計測しそれを生のま

まで標本化して得られたデータには必ず折返し誤差が混入しているので，離散フーリエ変換（DFT）が不可能になる．そこでDFTを正しく実行するには，必ず標本化以前に低域通過フィルタを用いてナイキスト周波数 f_c より高周波数の成分を原時刻歴波形から除去しておかなければならない．

　標本化時間 $T(=N\tau)$ を一定にして，標本化間隔 τ を小さく，標本化点数 N を大きくすれば，有効な最高周波数であるナイキスト周波数 $f_c(=1/(2\tau)=f_s/2)$ が大きくなり，高周波数域まで有効な周波数スペクトルが得られる．一方，τ を一定にして，T を長く，N を大きくすれば，f_c は同一であるが，有効な最低周波数である分解能周波数 $f_0(=1/T)$ が小さくなると共に，離散周波数点間の間隔が小さい緻密な周波数スペクトルが得られる．その例が図3.15であり，この図は，$a=0.5\,\mathrm{s}$（図3.7に示した方形波の幅 $2a$ が1秒）で，標本化時間 T が3秒と6秒の2種類の例である．このように，標本化時間 T を長くするほど緻密な周波数スペクトルが得られる．

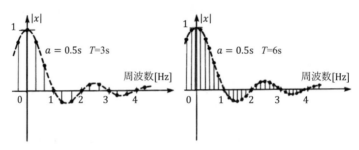

図3.15　方形パルスの離散フーリエ変換の例
幅 $2a$，標本化時間 T

３．３．３　高速フーリエ変換

　前節で説明したDFTを上記の理論に忠実に従ってそのまま実行するのは，時間がかかり過ぎるために，実用的ではない．この欠点を見事に克服したのが，**高速フーリエ変換**（Fast Fourier Transform，略してFFT）である．FFTの手法は，一般には1965年にCooleyとTukeyが提案したとされているが，1805年にGaussがすでに発見していたことが判明している．FFTの原理は上記理論で説明した離散フーリエ変換（DFT）そのものであるが，複素指数関数の周期性を巧みに利用することによって，DFTよりもはるかに少ない演算回数で同一の結果を得ることができる．FFTには，標本化点数 N が2のべき乗（4，8，16，32，64，…）個でなければならないという制約があるが，計算速度短縮の利点の方がはるかに大きいため，現在の離散フーリエ変換はすべて，以下に説明するFFTで実行されている．

　DFTの式3.67と式3.72をここに再記すれば

$$\exp(-2\pi\frac{j}{N})=p \tag{3.67}$$

$$X_i = p^0 x_0 + p^i x_1 + p^{2i} x_2 + p^{3i} x_3 + \cdots + p^{ki} x_k + \cdots + p^{(N-1)i} x_{N-1} \quad (i = -\frac{N}{2} \sim \frac{N}{2} - 1)$$

$$(3.72)$$

複素指数関数の定義と式 3.67 から，$p^{N/2} = \exp((-2\pi j / N)(N / 2)) = \exp(-j\pi) = -1$ であるから

$$p^{(N/2)+i} = p^{(N/2)} p^i = -p^i \tag{3.77}$$

　簡単な例として，標本化点数 $N = 2^2 = 4$ の場合について FFT の計算手順を説明する．このとき離散フーリエ変換の式 3.72 では，$N = 4$ 点の時刻歴データ x_0, x_1, x_2, x_3 $(k = 0, 1, 2, 3)$ を与え，$N = 4$ 点の周波数成分 X_{-2}, X_{-1}, X_0, X_1 $(i = -2, -1, 0, 1)$ を求めることになる．しかし，式 3.75 において $N = 4$, $r = 1$ と置けば

$$X_{-2} = X_{4+(-2)} = X_2 , \ \ X_{-1} = X_{4+(-1)} = X_3 \tag{3.78}$$

の関係があるから，ここでは X_{-2}, X_{-1}, X_0, X_1 の代りに X_0, X_1, X_2, X_3 を求めることにする．すなわち，整数 i の範囲を $i = -2, -1, 0, 1$ から $i = 0, 1, 2, 3$ に置き換えるのである．この理由は，整数 i は周波数軸上の離散点の番号を示すから，これが負であることは架空の負の周波数を数学上で扱うことになり，周波数が正である実波動現象をイメージしにくいためである．

　そこで，式 3.72 において $i = 0, 1, 2, 3$ として

$$\left. \begin{array}{l} X_0 = p^0 x_0 + p^0 x_1 + p^0 x_2 + p^0 x_3 \\ X_1 = p^0 x_0 + p^1 x_1 + p^2 x_2 + p^3 x_3 \\ X_2 = p^0 x_0 + p^2 x_1 + p^4 x_2 + p^6 x_3 \\ X_3 = p^0 x_0 + p^3 x_1 + p^6 x_2 + p^9 x_3 \end{array} \right\} \tag{3.79}$$

ベクトルと行列を用いて式 3.79 をまとめれば

$$\begin{Bmatrix} X_0 \\ X_1 \\ X_2 \\ X_3 \end{Bmatrix} = \begin{bmatrix} p^0 & p^0 & p^0 & p^0 \\ p^0 & p^1 & p^2 & p^3 \\ p^0 & p^2 & p^4 & p^6 \\ p^0 & p^3 & p^6 & p^9 \end{bmatrix} \begin{Bmatrix} x_0 \\ x_1 \\ x_2 \\ x_3 \end{Bmatrix} \tag{3.80}$$

　式 3.80 の時刻歴データ x_k $(k = 0 \sim 3)$ を偶数番号と奇数番号に分けて並べ換える．対応する係数行列は，同式右辺係数行列の 2 列目と 3 列目を入れ換えればよいから

$$\begin{Bmatrix} X_0 \\ X_1 \\ X_2 \\ X_3 \end{Bmatrix} = \begin{bmatrix} p^0 & p^0 & p^0 & p^0 \\ p^0 & p^2 & p^1 & p^3 \\ p^0 & p^4 & p^2 & p^6 \\ p^0 & p^6 & p^3 & p^9 \end{bmatrix} \begin{Bmatrix} x_0 \\ x_2 \\ x_1 \\ x_3 \end{Bmatrix} \tag{3.81}$$

　例えば $p^9 = p^{3+6} = p^3 p^6$ の要領で，係数行列中の 3，4 列目を 1，2 列目に係数を乗じる形に書き換える．そして両者を分ける形で表現すれば

$$
\begin{Bmatrix} X_0 \\ X_1 \\ X_2 \\ X_3 \end{Bmatrix} = \left[\begin{bmatrix} p^0 & p^0 \\ p^0 & p^2 \\ p^0 & p^4 \\ p^0 & p^6 \end{bmatrix} \begin{bmatrix} p^0 p^0 & p^0 p^0 \\ p^1 p^0 & p^1 p^2 \\ p^2 p^0 & p^2 p^4 \\ p^3 p^0 & p^3 p^6 \end{bmatrix} \right] \begin{Bmatrix} x_0 \\ x_2 \\ x_1 \\ x_3 \end{Bmatrix} \tag{3.82}
$$

次に

$$
\left.\begin{aligned}
\begin{bmatrix} p^0 p^0 & p^0 p^0 \\ p^1 p^0 & p^1 p^2 \end{bmatrix} &= \begin{bmatrix} p^0 & 0 \\ 0 & p^1 \end{bmatrix} \begin{bmatrix} p^0 & p^0 \\ p^0 & p^2 \end{bmatrix} = \left\lfloor \begin{matrix} p^0 \\ p^1 \end{matrix} \right\rfloor \begin{bmatrix} p^0 & p^0 \\ p^0 & p^2 \end{bmatrix} \\
\begin{bmatrix} p^2 p^0 & p^2 p^4 \\ p^3 p^0 & p^3 p^6 \end{bmatrix} &= \left\lfloor \begin{matrix} p^2 \\ p^3 \end{matrix} \right\rfloor \begin{bmatrix} p^0 & p^4 \\ p^0 & p^6 \end{bmatrix}
\end{aligned}\right\} \tag{3.83}
$$

ここで，下かっこ $\lfloor\ \rfloor$ は対角行列（式 B.11 参照）を意味する．式 3.83 を式 3.82 に代入し，上半分と下半分に分けて記せば

$$
\begin{Bmatrix} X_0 \\ X_1 \\ X_2 \\ X_3 \end{Bmatrix} = \left[\begin{bmatrix} p^0 & p^0 \\ p^0 & p^2 \\ p^0 & p^4 \\ p^0 & p^6 \end{bmatrix} \begin{bmatrix} \lfloor \begin{matrix} p^0 \\ p^1 \end{matrix} \rfloor \begin{bmatrix} p^0 & p^0 \\ p^0 & p^2 \end{bmatrix} \\ \lfloor \begin{matrix} p^2 \\ p^3 \end{matrix} \rfloor \begin{bmatrix} p^0 & p^4 \\ p^0 & p^6 \end{bmatrix} \end{bmatrix} \right] \begin{Bmatrix} x_0 \\ x_2 \\ x_1 \\ x_3 \end{Bmatrix} \tag{3.84}
$$

指数関数の性質を式 3.84 に適用する．式 3.67 に $N=4$ を代入すれば $p=\exp(-j\pi/2)$ になるから，p のべき乗を複素面上に描けば，図 3.16 のように，実軸正方向から時計回りに 90°づつ次々に回転し単位円上に存在する点群になる．この図から，p に関する次の性質が理解できる．まず，式 3.73 に $r=1, N=4$ を代入すれば，$i=0$ と $i=2$ に対応して

$$
p^4 = p^{4+0} = p^0, \quad p^6 = p^{4+2} = p^2 \tag{3.85}
$$

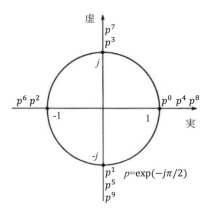

図3.16　4点FFTに用いる複素指数 p のべき乗

次に式 3.77 に $N=4$ を代入すれば，$i=0$ と $i=1$ に対応して

$$
p^2 = p^{4/2+0} = -p^0, \quad p^3 = p^{4/2+1} = -p^1 \tag{3.86}
$$

式 3.85 と式 3.86 を式 3.84 に代入すれば

$$\begin{Bmatrix} X_0 \\ X_1 \\ X_2 \\ X_3 \end{Bmatrix} = \begin{bmatrix} \begin{bmatrix} p^0 & p^0 \\ p^0 & p^2 \end{bmatrix} & \begin{vmatrix} p^0 \\ p^1 \end{vmatrix}\begin{bmatrix} p^0 & p^0 \\ p^0 & p^2 \end{bmatrix} \\ \begin{bmatrix} p^0 & p^0 \\ p^0 & p^2 \end{bmatrix} & -\begin{vmatrix} p^0 \\ p^1 \end{vmatrix}\begin{bmatrix} p^0 & p^0 \\ p^0 & p^2 \end{bmatrix} \end{bmatrix} \begin{Bmatrix} x_0 \\ x_2 \\ x_1 \\ x_3 \end{Bmatrix} \tag{3.87}$$

図 3.16 より

$$p^0 = 1 , \quad p^2 = -1 \tag{3.88}$$

式 3.88 を式 3.87 に代入すれば

$$\begin{Bmatrix} X_0 \\ X_1 \\ X_2 \\ X_3 \end{Bmatrix} = \begin{bmatrix} \begin{bmatrix} 1 & 1 \\ 1 & -1 \end{bmatrix} & \begin{vmatrix} 1 \\ p^1 \end{vmatrix}\begin{bmatrix} 1 & 1 \\ 1 & -1 \end{bmatrix} \\ \begin{bmatrix} 1 & 1 \\ 1 & -1 \end{bmatrix} & -\begin{vmatrix} 1 \\ p^1 \end{vmatrix}\begin{bmatrix} 1 & 1 \\ 1 & -1 \end{bmatrix} \end{bmatrix} \begin{Bmatrix} x_0 \\ x_2 \\ x_1 \\ x_3 \end{Bmatrix} \tag{3.89}$$

ここで，次のような中間変数 y_0, y_1, y_2, y_3 を導入する．

$$\begin{Bmatrix} y_0 \\ y_1 \end{Bmatrix} = \begin{bmatrix} 1 & 1 \\ 1 & -1 \end{bmatrix}\begin{Bmatrix} x_0 \\ x_2 \end{Bmatrix} , \quad \begin{Bmatrix} y_2 \\ y_3 \end{Bmatrix} = \begin{vmatrix} 1 \\ p^1 \end{vmatrix}\begin{bmatrix} 1 & 1 \\ 1 & -1 \end{bmatrix}\begin{Bmatrix} x_1 \\ x_3 \end{Bmatrix} \tag{3.90}$$

式 3.90 を式 3.89 に代入すれば

$$\begin{Bmatrix} X_0 \\ X_1 \end{Bmatrix} = \begin{Bmatrix} y_0 \\ y_1 \end{Bmatrix} + \begin{Bmatrix} y_2 \\ y_3 \end{Bmatrix} , \quad \begin{Bmatrix} X_2 \\ X_3 \end{Bmatrix} = \begin{Bmatrix} y_0 \\ y_1 \end{Bmatrix} - \begin{Bmatrix} y_2 \\ y_3 \end{Bmatrix} \tag{3.91}$$

式 3.91 右式より，式 3.90 右式は

$$\begin{Bmatrix} y_2 \\ y_3 \end{Bmatrix} = \begin{bmatrix} 1 & 0 \\ 0 & p^1 \end{bmatrix}\begin{Bmatrix} x_1 + x_3 \\ x_1 - x_3 \end{Bmatrix} = \begin{Bmatrix} x_1 + x_3 \\ p^1 x_1 - p^1 x_3 \end{Bmatrix} \tag{3.92}$$

式 3.90〜3.92 を通常の式の形に書けば

$$\left. \begin{aligned} y_0 &= x_0 + x_2 , \quad y_1 = x_0 - x_2 \\ y_2 &= x_1 + x_3 , \quad y_3 = p^1 x_1 - p^1 x_3 \\ X_0 &= y_0 + y_2 , \quad X_1 = y_1 + y_3 \\ X_2 &= y_0 - y_2 , \quad X_3 = y_1 - y_3 \end{aligned} \right\} \tag{3.93}$$

$N = 4$ のときの 4 点 FFT は，標本化時間 T [s] 内における標本化間隔 $\tau = 1/f_0 = T/N$ [s] ごとの 4 点の時系列データ x_0, x_1, x_2, x_3 （$k = 0 \sim 3$）を与え，式 3.93 を用いて，0 [Hz]，f_0 [Hz]，$2f_0$ [Hz]，$3f_0$ [Hz] の 4 周波数点における成分 X_0, X_1, X_2, X_3 （$i = 0 \sim 3$）を計算すればよい．必要なら式 3.78 を用いれば，当初の目的である X_{-2}, X_{-1}, X_0, X_1 （$i = -2, -1, 0, 1$）が得られる．

図 3.16 に示す p のべき乗値を用いて式 3.80 を書き換えると

$$\begin{Bmatrix} X_0 \\ X_1 \\ X_2 \\ X_3 \end{Bmatrix} = \begin{bmatrix} 1 & 1 & 1 & 1 \\ 1 & -j & -1 & j \\ 1 & -1 & 1 & -1 \\ 1 & j & -1 & -j \end{bmatrix} \begin{Bmatrix} x_0 \\ x_1 \\ x_2 \\ x_3 \end{Bmatrix} = [T_4] \begin{Bmatrix} x_0 \\ x_1 \\ x_2 \\ x_3 \end{Bmatrix} \tag{3.94}$$

次に，標本化点数 $N = 8$ のときの 8 点 FFT を説明する．このとき離散フーリエ変換の式 3.72

では，$N=8$ 点の時系列データ $x_0, x_1, x_2, x_3, x_4, x_5, x_6, x_7$　$(k=0,1,2,3,4,5,6,7)$ を与え，　$N=8$ 点の周波数成分 $X_{-4}, X_{-3}, X_{-2}, X_{-1}, X_0, X_1, X_2, X_3$　$(i=-4,-3,-2,-1,0,1,2,3)$ を求めることになる．しかし，式 3.75 において $N=8$, $r=1$ と置けば

$$X_{-4}=X_{8+(-4)}=X_4, \quad X_{-3}=X_{8+(-3)}=X_5, \quad X_{-2}=X_{8+(-2)}=X_6, \quad X_{-1}=X_{8+(-1)}=X_7$$

(3.95)

の関係があるから，ここでは周波数成分 $X_{-4}, X_{-3}, X_{-2}, X_{-1}, X_0, X_1, X_2, X_3$ の代りに X_0, X_1, X_2, X_3, X_4, X_5, X_6, X_7 を求めることにする．すなわち，整数 i の範囲を $i=-4,-3,-2,-1,0,1,2,3$ から $i=0,1,2,3,4,5,6,7$ に置き換えるのである．この理由は $N=4$，の場合と同様であり，整数 i は周波数軸上の離散点の番号を示すから，これが負であることは数学上架空の負の周波数を扱うことになり，周波数が正である実波動現象をイメージしにくいためである．

式 3.67 に $N=8$ を代入すれば

$$p=\exp(-j\pi/4)$$

(3.96)

p のべき乗 p^l　$(l=0,1,2,3,\cdots)$ を複素平面上に描けば，図 3.17 のようになる．この p を用いて式 3.72 を $i=0\sim7$ の 8 通りについて作成し，4 点 FFT の場合の式 3.80 と同様に書けば

$$\begin{Bmatrix} X_0 \\ X_1 \\ X_2 \\ X_3 \\ X_4 \\ X_5 \\ X_6 \\ X_7 \end{Bmatrix} = \begin{bmatrix} p^0 & p^0 & p^0 & p^0 & p^0 & p^0 & p^0 & p^0 \\ p^0 & p^1 & p^2 & p^3 & p^4 & p^5 & p^6 & p^7 \\ p^0 & p^2 & p^4 & p^6 & p^8 & p^{10} & p^{12} & p^{14} \\ p^0 & p^3 & p^6 & p^9 & p^{12} & p^{15} & p^{18} & p^{21} \\ p^0 & p^4 & p^8 & p^{12} & p^{16} & p^{20} & p^{24} & p^{28} \\ p^0 & p^5 & p^{10} & p^{15} & p^{20} & p^{25} & p^{30} & p^{35} \\ p^0 & p^6 & p^{12} & p^{18} & p^{24} & p^{30} & p^{36} & p^{42} \\ p^0 & p^7 & p^{14} & p^{21} & p^{28} & p^{35} & p^{42} & p^{49} \end{bmatrix} \begin{Bmatrix} x_0 \\ x_1 \\ x_2 \\ x_3 \\ x_4 \\ x_5 \\ x_6 \\ x_7 \end{Bmatrix}$$

(3.97)

式 3.97 において，時系列データ x_k　$(k=0\sim7)$ のうちで，k が偶数の項を上半分に，奇数の

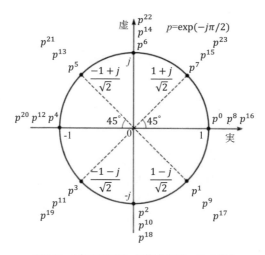

図3.17　8点FFTに用いる複素指数 p のべき乗

項を下半分にまとめる. そのためには, 式 3.97 の係数行列のうち 0, 2, 4, 6 番目を左半分に, 残りの 1, 3, 5, 7 番目を右半分に集めればよい. このようにした係数行列を 4 個の 4 行 4 列の部分行列に分けて記せば, 式 3.97 は

$$
\begin{Bmatrix} X_0 \\ X_1 \\ X_2 \\ X_3 \\ X_4 \\ X_5 \\ X_6 \\ X_7 \end{Bmatrix} = \begin{bmatrix} \begin{bmatrix} p^0 & p^0 & p^0 & p^0 \\ p^0 & p^2 & p^4 & p^6 \\ p^0 & p^4 & p^8 & p^{12} \\ p^0 & p^6 & p^{12} & p^{18} \end{bmatrix} & \begin{bmatrix} p^0 & p^0 & p^0 & p^0 \\ p^1 & p^3 & p^5 & p^7 \\ p^2 & p^6 & p^{10} & p^{14} \\ p^3 & p^9 & p^{15} & p^{21} \end{bmatrix} \\ \begin{bmatrix} p^0 & p^8 & p^{16} & p^{24} \\ p^0 & p^{10} & p^{20} & p^{30} \\ p^0 & p^{12} & p^{24} & p^{36} \\ p^0 & p^{14} & p^{28} & p^{42} \end{bmatrix} & \begin{bmatrix} p^4 & p^{12} & p^{20} & p^{28} \\ p^5 & p^{15} & p^{25} & p^{35} \\ p^6 & p^{18} & p^{30} & p^{42} \\ p^7 & p^{21} & p^{35} & p^{49} \end{bmatrix} \end{bmatrix} \begin{Bmatrix} x_0 \\ x_2 \\ x_4 \\ x_6 \\ x_1 \\ x_3 \\ x_5 \\ x_7 \end{Bmatrix}
\tag{3.98}
$$

式 3.98 右辺の係数行列の右上の部分行列は

$$
\begin{bmatrix} p^0 p^0 & p^0 p^0 & p^0 p^0 & p^0 p^0 \\ p^1 p^0 & p^1 p^2 & p^1 p^4 & p^1 p^6 \\ p^2 p^0 & p^2 p^4 & p^2 p^8 & p^2 p^{12} \\ p^3 p^0 & p^3 p^6 & p^3 p^{12} & p^3 p^{18} \end{bmatrix}
$$

$$
= \begin{bmatrix} p^0 & 0 & 0 & 0 \\ 0 & p^1 & 0 & 0 \\ 0 & 0 & p^2 & 0 \\ 0 & 0 & 0 & p^3 \end{bmatrix} \begin{bmatrix} p^0 & p^0 & p^0 & p^0 \\ p^0 & p^2 & p^4 & p^6 \\ p^0 & p^4 & p^8 & p^{12} \\ p^0 & p^6 & p^{12} & p^{18} \end{bmatrix} = \begin{bmatrix} p^0 \\ p^1 \\ p^2 \\ p^3 \end{bmatrix} \begin{bmatrix} p^0 & p^0 & p^0 & p^0 \\ p^0 & p^2 & p^4 & p^6 \\ p^0 & p^4 & p^8 & p^{12} \\ p^0 & p^6 & p^{12} & p^{18} \end{bmatrix}
\tag{3.99}
$$

のように変形できる.

一方, 式 3.98 右辺の係数行列の右下の部分行列は

$$
\begin{bmatrix} p^4 p^0 & p^4 p^8 & p^4 p^{16} & p^4 p^{24} \\ p^5 p^0 & p^5 p^{10} & p^5 p^{20} & p^5 p^{30} \\ p^6 p^0 & p^6 p^{12} & p^6 p^{24} & p^6 p^{36} \\ p^7 p^0 & p^7 p^{14} & p^7 p^{28} & p^7 p^{42} \end{bmatrix} = \begin{bmatrix} p^4 \\ p^5 \\ p^6 \\ p^7 \end{bmatrix} \begin{bmatrix} p^0 & p^8 & p^{16} & p^{24} \\ p^0 & p^{10} & p^{20} & p^{30} \\ p^0 & p^{12} & p^{24} & p^{36} \\ p^0 & p^{14} & p^{28} & p^{42} \end{bmatrix}
\tag{3.100}
$$

のように変形できる. 図 3.17 から分かるように, p のべき乗の循環性を利用すれば, p^i で $i \geq 8$ のときの p のべき乗の値は, すべて i から 8 の倍数を引いた残余である 0~7 のときの p のべき乗の値と同一になる. さらに

$$
p^0 = 1, \ p^2 = -j, \ p^4 = -1, \ p^6 = j
\tag{3.101}
$$

これらのことを, 式 3.98 右辺係数の左上部分行列すなわち式 3.99 右辺の行列, および式 3.98 右辺係数の左下部分行列すなわち式 3.100 右辺の行列に適用すれば, 次のように, これらの部分行列はいずれも 4 点 FFT における式 3.94 の行列 $[T_4]$ になる.

$$
\begin{bmatrix} p^0 & p^0 & p^0 & p^0 \\ p^0 & p^2 & p^4 & p^6 \\ p^0 & p^4 & p^8 & p^{12} \\ p^0 & p^6 & p^{12} & p^{18} \end{bmatrix} = \begin{bmatrix} p^0 & p^8 & p^{16} & p^{24} \\ p^0 & p^{10} & p^{20} & p^{30} \\ p^0 & p^{12} & p^{24} & p^{36} \\ p^0 & p^{14} & p^{28} & p^{42} \end{bmatrix} = \begin{bmatrix} p^0 & p^0 & p^0 & p^0 \\ p^0 & p^2 & p^4 & p^6 \\ p^0 & p^4 & p^0 & p^4 \\ p^0 & p^6 & p^4 & p^2 \end{bmatrix} = \begin{bmatrix} 1 & 1 & 1 & 1 \\ 1 & -j & -1 & j \\ 1 & -1 & 1 & -1 \\ 1 & j & -1 & -j \end{bmatrix} = [T_4]
$$

(3.102)

式 3.99〜3.102 を式 3.98 に代入し，上半分と下半分に分けて記せば

$$
\begin{Bmatrix} X_0 \\ X_1 \\ X_2 \\ X_3 \end{Bmatrix} = [T_4] \begin{Bmatrix} x_0 \\ x_2 \\ x_4 \\ x_6 \end{Bmatrix} + \begin{Bmatrix} p^0 \\ p^1 \\ p^2 \\ p^3 \end{Bmatrix} [T_4] \begin{Bmatrix} x_1 \\ x_3 \\ x_5 \\ x_7 \end{Bmatrix}
$$

$$
\begin{Bmatrix} X_4 \\ X_5 \\ X_6 \\ X_7 \end{Bmatrix} = [T_4] \begin{Bmatrix} x_0 \\ x_2 \\ x_4 \\ x_6 \end{Bmatrix} + \begin{Bmatrix} p^4 \\ p^5 \\ p^6 \\ p^7 \end{Bmatrix} [T_4] \begin{Bmatrix} x_1 \\ x_3 \\ x_5 \\ x_7 \end{Bmatrix}
$$

(3.103)

図 2.17 または式 3.77（$N=8$ と置く）から分かるように

$$
p^4 = -p^0, \ p^5 = -p^1, \ p^6 = -p^2, \ p^7 = -p^3
$$

(3.104)

ここで，4 点 FFT の場合の式 3.90 にならって，次のように y_0〜y_7，z_0〜z_3 と言う中間変数を導入する．

$$
\begin{Bmatrix} y_0 \\ y_1 \\ y_2 \\ y_3 \end{Bmatrix} = [T_4] \begin{Bmatrix} x_0 \\ x_2 \\ x_4 \\ x_6 \end{Bmatrix}, \quad \begin{Bmatrix} y_4 \\ y_5 \\ y_6 \\ y_7 \end{Bmatrix} = [T_4] \begin{Bmatrix} x_1 \\ x_3 \\ x_5 \\ x_7 \end{Bmatrix}
$$

(3.105)

$$
\begin{Bmatrix} z_0 \\ z_1 \\ z_2 \\ z_3 \end{Bmatrix} = \begin{Bmatrix} p^0 \\ p^1 \\ p^2 \\ p^3 \end{Bmatrix} \begin{Bmatrix} y_4 \\ y_5 \\ y_6 \\ y_7 \end{Bmatrix} = \begin{bmatrix} p^0 & 0 & 0 & 0 \\ 0 & p^1 & 0 & 0 \\ 0 & 0 & p^2 & 0 \\ 0 & 0 & 0 & p^3 \end{bmatrix} \begin{Bmatrix} y_4 \\ y_5 \\ y_6 \\ y_7 \end{Bmatrix}
$$

(3.106)

すなわち

$$
z_0 = p^0 y_4, \ z_1 = p^1 y_5, \ z_2 = p^2 y_6, \ z_3 = p^3 y_7
$$

(3.107)

式 3.103 に式 3.104〜3.106 を代入すれば

$$
\begin{Bmatrix} X_0 \\ X_1 \\ X_2 \\ X_3 \end{Bmatrix} = \begin{Bmatrix} y_0 \\ y_1 \\ y_2 \\ y_3 \end{Bmatrix} + \begin{Bmatrix} z_0 \\ z_1 \\ z_2 \\ z_3 \end{Bmatrix}, \quad \begin{Bmatrix} X_4 \\ X_5 \\ X_6 \\ X_7 \end{Bmatrix} = \begin{Bmatrix} y_0 \\ y_1 \\ y_2 \\ y_3 \end{Bmatrix} - \begin{Bmatrix} z_0 \\ z_1 \\ z_2 \\ z_3 \end{Bmatrix}
$$

(3.108)

すなわち

$$
X_i = y_i + z_i, \ X_{i+4} = y_i - z_i \quad (i = 0〜3)
$$

(3.109)

　必要なら式 3.95 を用いれば，当初の目的である $X_{-4}, X_{-3}, X_{-2}, X_{-1}, X_0, X_1, X_2, X_3$ $(i = -4, -3, -2, -1, 0, 1, 2, 3)$ が得られる．

　以上のことから 8 点 FFT は，式 3.105 に示す 2 回の 4 点 FFT を行った後に，式 3.107 と式 3.109 に示す少数の簡単な加減代数計算を行うだけで実行できることが分かる．このように $N = 2^3$ すなわち 8 点 FFT は，2 回の $N = 2^2$ すなわち 4 点 FFT に分解できる．説明は省略するが，同じく $N = 2^4$ すなわち 16 点 FFT は，2 回の 8 点 FFT，つまり $2^2 = 4$ 回の 4 点 FFT と，少数の簡単な加減代数計算に分解できる．これらの例のように，一般に $N = 2^m$ $(m \geq 4)$ のときの FFT は，4 点の FFT を $2^{m-2} = 2^m/4 = N/4$ 回行えば，後は簡単な代数計算ですむ．このように標本化点数 N を 2 のべき乗個に選べば，DFT が極めて簡単に実行できるのである．

　一般にコンピュータでは，乗除算は加減算の何倍もの時間がかかるので，計算時間は乗除算の回数にほぼ比例すると考えてよい．これまでの説明に記したように，DFT と FFT には除算がないので，両者間の乗算の数を比べてみる．

　まず $N = 2^2 = 4$ 点の場合：式 3.80 をそのまま計算する DFT では乗算は $4^2 = 16$ 回．式 3.94 で計算する FFT では乗算は 4 回すなわち $4 \times 2/2$ 回．次に $N = 2^3 = 8$ 点の場合：式 3.97 をそのまま計算する DFT では乗算は $8^2 = 64$ 回．FFT では乗算が，式 3.105 に示す 4 点 FFT を 2 回で $4 \times 2 = 8$ 回と，それに加えて式 3.107 中の 4 回で，計 12 回すなわち $8 \times 3/2$ 回．一般に $N = 2^m$ 点の場合：DFT では N^2 回．FFT では $N \times m/2$ 回．例えば $N = 2^{10} = 1024$ 点の場合には，DFT では $1024^2 = 1{,}048{,}576$ 回，FFT では $1024 \times 10/2 = 5{,}120$ 回であり，FFT は DFT のわずか $1/200$ の演算回数で同一の結果を得るのである．さらに FFT の計算手順の中には，単位実数 1 を乗じるという実際には実行しなくてもよい乗算が多数含まれている．このように，標本化点数 N が大きい場合には，計算時間に関しては FFT の方が通常の DFT よりもはるかに有利になる．

　FFT では，例えば 8 点 FFT で式 3.97 を式 3.98 に変えたように，時刻歴データの順序を変える必要がある．その際，コンピュータ内の演算が 2 進数で実行されることを利用すれば，ビット反転と言う方法で簡単に順序を変えることができる．また FFT の演算ソフトを作成する際には，バタフライ演算と呼ばれる便利な流れ線図を用いている．これらも FFT の高速化に貢献しているが，これらは実用ソフト構築上の技術なので，説明を省く．

３．４　誤差と時間窓

　解析者や実験者が未熟なために混入する誤差は技術・技能の向上によって軽減できるが，AD 変換や離散フーリエ解析の過程では，原理的に不可避な問題や誤差が発生する．そこで本節では，それらの正体を理解し，あらかじめ防止策や軽減策を講じておく．

　本節で対象にする主要な問題や誤差を図 3.18 に分類する．

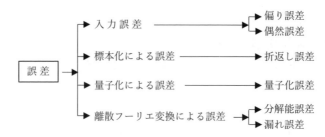

図3.18　離散フーリエ変換における誤差の種類

３．４．１　入力誤差

　入力データを得るための実験や計測中に混入する誤差は，**偏り誤差**と**偶然誤差**に大別できる．偏り誤差とは，主に実験者の技術不足，センサや処理機器の劣化や不良などに起因するもので，誤差として表面に現れ難いものもあるが，認知できる場合には特有の癖や傾向を有し原因を特定しやすいことが多い．入力時の偏り誤差は，混入後には除去が不可能であり，予め原因を除くより他に対策方法がない．これに対して偶然誤差は，周辺環境から混入する微小振動や騒音のように偶発的で原因を特定しにくい不規則誤差であり，統計処理によって減少または除去できることが多い．

　波形中に含まれる不規則雑音や不規則変動成分を除去し，波形の長期変動・大まかな変化傾向を見たいときには，平滑化を行う．その代表的な方法に，次の**移動平均**がある．

　誤差を含む離散信号 x_k （$k = \cdots, -2, -1, 0, 1, 2, \cdots$）が与えられるとき，注目する点 k の値 x_k を，その前後 m 個ずつの計 $2m+1$ 個の重み付き平均値 y_k に置き換える．

$$y_k = \sum_{l=-m}^{m} w_l x(t_{k+l}) \quad (k = \cdots, -2, -1, 0, 1, 2, \cdots) \tag{3.110}$$

重み定数 w_i は，通常は1とするがガウスの誤差関数（補章 A5.2 参照）などを用いることもある．

　図 3.19 は株価の例であり，左図がその原現象・右図が前後 1 週間（$m=3$）の移動平均であり，移動平均からは年間の長期変動がはっきり読み取れるようになる．偶然誤差の多くは短期

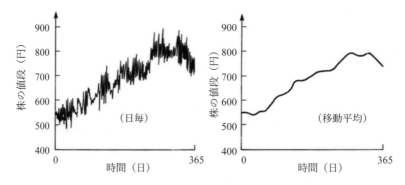

図3.19　時刻歴信号の平滑化の例（株価の移動平均）

ででたらめに変動する性質を有するから，平均移動が有力な場合が多い．一方移動平均は，原因抜きの形式的な平滑化方法であり，純音・電源周波数などの単一周波数成分や有意な卓越周波数成分が存在する場合には，それを変質または消去してしまう恐れがある．

　信号が本来周期波形で同期をとる（$t=0$の時間起点をそろえる）演算操作が可能な場合には，次の**同期平均**によって雑音を除去できる．図 3.20 のように，原信号 x_k が本来の周期成分 s_k と不規則な偶然誤差である雑音 n_k の和であるとする．同形の波を M（$m=1\sim M$）回繰り返して計測し，M 周期間の原信号を取得する．この時間内では s_k は同一であるが n_k は周期ごとに不規則に異なり，原信号 x_k は

$$x_k = s_k + n_k \quad (k = \cdots, -2, -1, 0, 1, 2, \cdots) \tag{3.111}$$

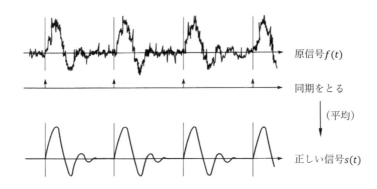

原信号 $f(t)$

同期をとる

（平均）

正しい信号 $s(t)$

図3.20　不規則な誤差を含む周期信号の周期平均

　M 個の原信号を，同期をとって加算し M で割って平均すれば，式 3.111 より

$$\frac{1}{M}\sum_{m=1}^{M} y_k(m) = \frac{1}{M}\sum_{m=1}^{M} s_k(m) + \frac{1}{M}\sum_{m=1}^{M} n_k(m) \tag{3.112}$$

　式 3.112 の右辺第 1 項は，同じ値 $s_k(m) = s_k$ を M 回加えて M で割るから，明らかに s_k である．一方，雑音 $n_k(m)$ は不規則誤差であり加え続けると多くが 0 に収束することが，統計学上分かっている．したがって右辺第 2 項は，M が大きくなると 0 に収束し，式 3.112 右辺には周期成分 $s(t)$ だけが残存する．この方法は，雑音などの偶然誤差の除去には有効だが，周期信号中に繰り返し混入する周期誤差の除去には無効である．

３．４．２　折返し誤差

　2.3.1 節で説明したように，信号処理で最初に必ず行う AD 変換は，標本化と量子化からなり，標本化は時刻歴波形の離散化と有限化からなる．本項では，このうち離散化によって生じる**折返し誤差**（エリアシング）（3.3.1（1）に前述）について説明する．

　時刻歴波形の離散化は，実現象の連続した波形を時間間隔 τ の線スペクトル（高さがこの波形の振幅に一致し面積を持たないスペクトル）の離散列として代理表現することである．ところが図 3.1 に示したインパルス列の例から分かるように，時間間隔 τ の線スペクトルの列は，

分解能周波数 $f_0 = 1/\tau$ の整数倍に等しい限りなく高周波数までの無限個の調和波の和として構成されている．これを裏返して言えば，この線スペクトルの列を通過する連続波形は，無限の高周波数までの無数通りが存在する．したがって本来，この線スペクトルの列で特定の1個の連続波形を表現することは不可能である．図3.21の例を用いてこのことを説明する．

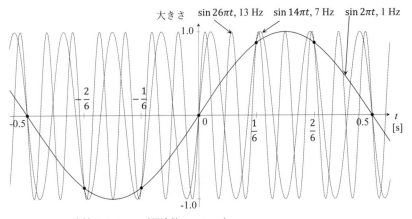

a. 実線：$\sin 2\pi t$　（周波数 $f_0 = 1\,\mathrm{Hz}$）
　点線：$\sin 14\pi t$　（周波数 $f = 1 \times f_s + f_0 = 1 \times 6 + 1 = 7\,\mathrm{Hz}$），
　　　　$\sin 26\pi t$　（周波数 $f = 2 \times f_s + f_0 = 2 \times 6 + 1 = 13\,\mathrm{Hz}$）

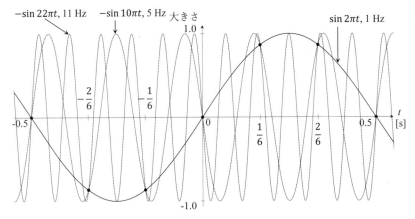

b. 実線：$\sin 2\pi t$　（周波数 $f_0 = 1\,\mathrm{Hz}$）
　点線：$-\sin 10\pi t$　（周波数 $f = 1 \times f_s - f_0 = 5\,\mathrm{Hz}$），
　　　　$-\sin 22\pi t$　（周波数 $f = 2 \times f_s - f_0 = 11\,\mathrm{Hz}$）

図3.21　振幅1の正弦波
黒丸：標本化点（標本化間隔 $\tau = 1/6\,\mathrm{s}$，標本化周波数 $f_s = 6\,\mathrm{Hz}$）

　図3.21内の実線は，調和波 $\sin 2\pi t$（周波数 $f = f_0 = 1\,\mathrm{Hz}$）を，時刻の原点 $t = 0$ を含む標本化周波数 $f_s = 6\,\mathrm{Hz}$（1秒間あたり6点，標本化間隔 $\tau(=1/f_s) = 1/6\,\mathrm{s}$）で標本化した例であり，黒丸がその標本化点である．ナイキストの標本化定理（3.3.1節）によれば，図3.21の標本化で正しく表現できる調和波の最高周波数は，$f_c = f_s/2 = 3\,\mathrm{Hz}$ になるから，周波数1Hzの調和波は正しく標本化できるはずであり，実際に正しく標本化できている．

　それでは $f_c = 3$ Hz より高い周波数の調和波は，この標本化ではどのようになるだろうか．

　まず第 1 の試みとして，図 3.21a に $\sin 14\pi t$（周波数 $f = 1 \times f_s + f_0 = 1 \times 6 + 1 = 7$ Hz）と $\sin 26\pi t$（周波数 $f = 2 \times f_s + f_0 = 2 \times 6 + 1 = 13$ Hz）の波を，原点 $t = 0$ における位相（初期位相）を $\sin 2\pi t$ の波と一致させて点線で書き入れてみる．そうすると 7 Hz と 13 Hz の波は，1 Hz の波のすべての標本化点を正確に通過している．

　次に第 2 の試みとして，図 3.21b に $-\sin 10\pi t$（周波数 $1 \times f_s - f_0 = 1 \times 6 - 1 = 5$ Hz）と $-\sin 22\pi t$（周波数 $2 \times f_s - f_0 = 2 \times 6 - 1 = 11$ Hz）の波（これらの高周波数成分は原点 $t = 0$ における位相（初期位相）を $\sin 2\pi t$（1 Hz）の波（実線）と逆転させているから振幅に負号がつく）を点線で書き入れてみる．そうすると 5 Hz と 11 Hz の波（負号付）は，1 Hz の波のすべての標本化点を正確に通過している．

　図 3.21 から次のことが分かる．標本化周波数 $f_s = 6$ Hz の標本化で有効な周波数の上限 $f_c = f_s / 2 = 3$ Hz より高周波数の調和波のうち同図 a と図 b に示した波は，$13 = 5f_c - 2 = 4f_c + 1$ Hz $\Leftrightarrow$ $11 = 4f_c - 1 = 3f_c + 2$ Hz $\Leftrightarrow$ $7 = 3f_c - 2 = 2f_c + 1$ Hz $\Leftrightarrow$ $5 = 2f_c - 1 = 1f_c + 2$ Hz $\Leftrightarrow$ $1 = 1f_c - 2 = 0f_c + 1$ Hz のように，ナイキスト周波数の整数倍の周波数 lf_c Hz（$l = 1, 2, 3, 4, 5, \cdots$ の整数）の両側（周波数の高い側と低い側）に，その周波数から等周波数距離の位置にある．そしてこの関係を有する高周波数波形は，周波数 lf_c Hz を対称周波数点として，鏡像のように，または紙を折り返すように，位相の正負を逆転させながら次々に低周波数に移り，最後にすべて 1 Hz の波に重なる．その結果，図 3.21 内の全標本化点において 1 Hz の波の大きさとして示されている線スペクトルは，これらすべての周波数成分を含み，上記のような相互関係にあるすべての高周波成分の代数和（位相の正・逆を考慮した和）となる．また，5, 7, 11, 13, ⋯ の高周波数波形も同一の大きさと認識される．もちろんこれらは誤認識である．すなわちこの $f_s = 6$ Hz の標本化では，1 Hz の波と同位相の 7, 13, ⋯ Hz の波，および逆位相の 5, 11, ⋯ Hz の高周波を分離して識別・区別することができないのである．

　図 3.21 の例を一般化すれば，周波数 f_0 の波に対する標本化点と高次周波数 $rf_s \pm f_0$（$r = 1, 2, 3, 4, \cdots$）（$f_s = 2f_c$ は標本化周波数，記号 ± 中の負号（−）は時刻原点 $t = 0$ における初期位相を逆転させた波形であることを示す）の標本化点はすべて同一点になり，この標本化ではこれらの周波数 $rf_s \pm f_0$（$r = 1, 2, 3, 4, \cdots$）の成分を区別できないことを意味する．

　このことを数式で表現する．周波数 $f = rf_s \pm f_0$（$r = 1, 2, 3, 4, \cdots$）の高周波数正弦波の標本化時点 $t = i\tau$（$i = 1, 2, 3, 4, \cdots$）（$\tau = 1/f_s$）における値（大きさ）は

$$\pm \sin(2\pi(rf_s \pm f_0)t) = \pm\sin(2\pi(rif_s\tau \pm f_0 i\tau)) = \pm\sin(2\pi ri \pm 2\pi f_0 i\tau) = \sin 2\pi f_0 i\tau \quad （複号同順）$$

$$(3.113)$$

のように，すべての標本化時点で周波数 f_0 Hz の正弦波と同一になる．そこで，周波数 f_0 Hz の時刻歴波を標本化周波数 f_s Hz で標本化しようとすれば，この時刻歴波に含まれる $rf_s + f_0$（$r = 1, 2, 3, 4, \cdots$）Hz の高周波数成分は位相を偶数回逆転させて，また $rf_s - f_0$ Hz の高周波数成分は位相を奇数回逆転させて，f Hz の低周波数成分に混入して加算され，これらす

べての代数和が f_0 Hz の周波数成分として誤認識される．同時に同じ代数和は，$rf_s + f_0$ Hz と $rf_s - f_0$ Hz のすべての周波数成分として誤認識される（図 3.14 参照）．

図 3.22 に方形パルスの周波数スペクトルの例を示す．この方形パルスには限りなく高周波成分が含まれていることは，式 3.57 から明らかである．これを，標本化周波数が無限大，（標本化間隔が無限小）で得た無限個のデータを用いて連続フーリエ変換すれば，方形パルスの正しい周波数スペクトルである標本化関数（図 3.8 と式 3.57）になる．しかし，標本化周波数 f_s $(=2f_c)$ で標本化し離散フーリエ変換すると，正しい周波数スペクトルを f_c, $2f_c$, $3f_c$, … で区切った高周波数成分がすべて，区切りごとに次々に位相が逆転し折り返された形で $0 \leq f \leq f_c$ の低周波数域に入り込んでくる．その結果，これらすべての代数和が低周波数域のスペクトルとして得られ，正しい周波数スペクトルではなくなる．例えば，周波数 f_e Hz の正しい周波数スペクトルは a であるが，標本化後の周波数スペクトルは $a-b+c-d+\cdots$ であると誤認識される．図 3.22 の $\oplus$ は同相，$\ominus$ は逆相で加算されることを示している．このように，紙を折り返して重ねていくように加算されることから，この現象を**折返し誤差**と言う．

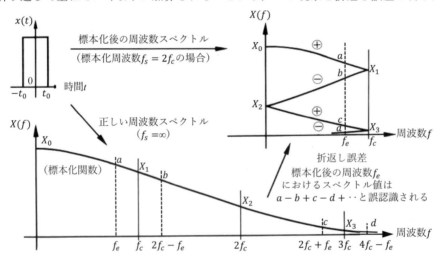

図3.22 方形パルスの標本化によって生じる折返し誤差

折返し誤差は，3.4.2 項で説明した標本化・離散フーリエ変換の基本性質（式 3.73 と式 3.74 参照）に基づいて発生する誤差現象であるから，高周波数成分が存在する時刻歴波をそのまま標本化する限り不可避であり，発生後にこの誤差を除去することも不可能である．そこで標本化以前に，低域通過フィルタ（ローパスフィルタ）を用いて，ナイキスト周波数 $f_c = f_s/2$ Hz 以上の高周波数成分を原連続時刻歴から除去しておかなければならない．

標本化以前のアナログ信号に使用する低域通過アナログフィルタはロールオフ特性（dB/oct）という遮断周波数の傾斜を有するから，カットオフ周波数 f_c 近傍の高周波数成分は完全には除去できず，それが低周波数成分に混入して微小な折返し誤差を生じる．そこで結果の信頼性を確保するために，通常カットオフ周波数の 0.8 倍までの低周波数域を FFT の対象周波数とする．

例えば，必要な対象周波数が $0 \sim 400\,\mathrm{Hz}$ の範囲である場合には，$f_c = 400/0.8 = 500$ Hz，$f_s = 2f_c = 1000$ Hz として標本化すればよい.

　図 3.23 は，実際の FFT 装置を用いて左図の方形波を離散フーリエ変換した事例である. 高周波数成分を除去する低域通過フィルタを用いない中央図では折返し誤差を生じているが，フィルタを用いる右図では折返し誤差を生じていない. 中央図から，有効周波数として表示されている最高周波数が折返し周波数 f_c の 0.8 倍までになっていることが見える. これは，標本化前に用いる低域通過フィルタは原則としてアナログフィルタでなければならないためである. アナログフィルタは有限のロールオフ特性（3.4.6 項 3 参照）を有し，折返し周波数のごく近傍の周波数では誤差が混入するので，それを防止するためである.

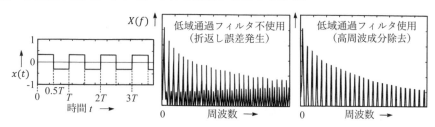

図3.23　方形波の離散フーリエ変換の事例

３．４．３　量子化誤差

　実時刻歴の連続値を離散値に変換する際に行う量子化（3.3.2 項）によって生じる誤差を**量子化誤差**と言う. 図 3.11 右図は量子化の例であり，離散フーリエ変換に用いるデジタル信号はすべて格子目上に存在しており，点線で示した連続波形を四捨五入して得られる近似値になっている. この四捨五入の近似によって混入する誤差が量子化誤差である. ただし，最近の信号処理に用いる諸機器の演算・記録容量は著しく大きく，高精度・詳細で連続波形に近い量子化を行うことができるので，量子化誤差は無視してよい.

３．４．４　分解能誤差

　離散フーリエ変換では，式 3.42 に必要な $-\infty \to t \to \infty$ に渡る無限長の時間積分を，有限の標本化時間 T 内の計測データを用いて行う. そのために図 3.13 のように，実現象時刻歴波（点線）のうち実計測で得られる $0 \le t \le T$ の有限時間間隔の区分データのみを採用し，この区間の波が永遠に繰り返すと仮定することによって得られる $-\infty \to t \to \infty$ の無限時間間隔の，実現象とは異なる時刻歴波形（実線）を用いてフーリエ変換を行う. この措置によって，計測時間の有限化による誤差と，繰返しの継ぎ目に実現象では存在しない不連続が出現することによる誤差が発生する. ここではまず前者について述べる.

　3.3.1 項で説明したように，計測時間有限化の措置では，有限時間 T の区間内で 1 周期が終了しないゆっくりした時刻歴波に対しては，1 周期中の一部分の時間内しか計測できず周期波と

は見なされないから，分解能周波数 $f_0 = 1/T$ より低い周波数成分は認知できない．また図3.13
の実線は，実現象の点線を構成する周期波成分のうち時間 T を周期とする f_0 の整数倍の周期成
分のみを忠実に再現しているから，実線を用いたフーリエ変換の結果は，f_0 ごとの飛び飛びの
周波数点における離散スペクトルだけが正しい値として得られ，それら以外の周波数のスペク
トル値は，それらの離散スペクトル間を単純につないで表示する，実際とは無関係な近似値に
なっている．時間領域の有限化は，周波数領域の離散化を生むのである．

　このように，f_0 の整数倍以外の周波数成分は正しく認識できていない．実現象の共振周波数
が f_0 の整数倍に正確に一致することはほとんどないので，図3.24に示すように，これにより周
波数応答関数で最も大切な共振点における値が正しく読めない，という重大な誤差を発生する．
また分解能周波数の整数倍以外の単一周波数成分が原波形に存在する場合には，それによって
生じる線スペクトルは正確には認識できない．これらの誤差を**分解能誤差**と言う．

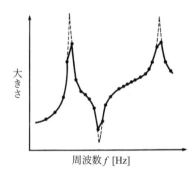

図3.24　離散周波数点による周波数応答関数
　　　　の表示（実線）
　　　　（点線が正しいスペクトル）

　分解能誤差は，周波数応答関数の共振点付近が不自然に切れたりゆがんだりすることで発見
されることが多い．このようなときには，重要な共振点の値が正しく表示されていない可能性
があるから，標本化時間 T をもっと長くして実験をやり直す必要がある．その際には，標本化
点数 N を同じにしたまま T を長くすると，標本化間隔 $\tau = T/N$ が増大して標本化が粗い時間
間隔で行われるために，有効な周波数帯域の上限であるナイキスト周波数 $f_c = 1/(2\tau)$ が減少し
て，それまでは計測できていた高周波数成分が計測できなくなることに，注意する必要がある．
このときは，N を T に比例させて増加させればよく，最近のメモリーは容量が十分大きいので，
このことは容易である．

３．４．５　漏れ誤差
（１）　現　　象

　図3.13に示したように，時刻歴波を標本化時間 T で切り取ると，切り取った断片波の始点と
終点の値は一般には異なるから，それを繰返し継いだ実線のような周期波を作れば，時間的に
連続している実現象には決して存在しない不連続が継ぎ目に生じ，それが標本化時間ごとに繰
り返す．この周期的不連続の発生により，周波数スペクトルには，実際には存在しない次の3
通りの誤現象が発生する．①線スペクトルや共鳴・共振ピークの大きさが減少する．②線スペ

クトルや共鳴・共振ピークの両周波数側になだらかに広がる裾が出現する．③それらの近傍で位相が複数回反転することにより乱れる．これらのうち①と②の誤現象は，あたかも周波数軸上で山頂を形成する振動エネルギーが山頂の低周波数側と高周波数側の両裾に漏れ落ちたような形に見えるので，これを**漏れ誤差**（リーケージ）と言う．

　図 3.25 の上図には，$f = 10\,\mathrm{Hz}$ と $f = 60.3\,\mathrm{Hz}$ の 2 個の周波数成分（両者は共に単位振幅 1）を合成した時刻歴波形を $-3\,\mathrm{s} \sim 3\,\mathrm{s}$ の時間幅に渡り示す．また同下左図（線形表示）と同下右図（dB 表示）には，この時刻歴波形を基本周期 $T = 1\,\mathrm{s}$（基本周波数 $f_0 = 1/T = 1\,\mathrm{Hz}$），標本化間隔 $\tau = 1/1000\,\mathrm{s}$（標本化周波数 $f_s = 1/\tau = 1000\,\mathrm{Hz}$，ナイキスト周波数 $f_c = f_s/2 = 500\,\mathrm{Hz}$，標本化点数 $N = T/\tau = 1000$ 個）で標本化し離散フーリエ変換した結果を示す．同下左図と同下右図から，時間間隔 T で正確に 10 回繰り返す $f = 10\,\mathrm{Hz}$ の調和波は線スペクトルとして正しく変換されているが，時間間隔 T で正確に繰り返さない $f = 60.3\,\mathrm{Hz}$ の調和波には上記の漏れ誤差が発生し，振幅が減少すると共に低周波数と高周波数の両域に広いすそ野が生じていることが分かる．

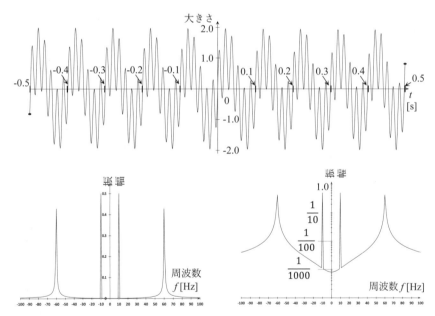

図3.25　漏れ誤差の例
上図は10Hzと60.3Hzの2個の正弦波（振幅1）を合成した時刻歴波形を-0.5〜0.5 sの間示す．
黒丸は始点・終点である．
下左図は上図をフーリエ変換し振幅を線形表示してある．10Hzの振幅は正しく算出されているが60.3Hzの振幅は低下している．下右図は振幅を対数表示してある．60.3Hzの線スペクトルの両周波数側になだらかに広がる裾が出現している．

（2）　発　生　機　構

　漏れ誤差の発生機構を，図 3.26 を用いて説明する．図 3.26a は，左側が時刻歴波形，右側がそれをフーリエ変換した周波数スペクトルであり，図 3.26a 左図は，振幅 1 で時間周期 T_1 の調和波 $\exp(j(2\pi/T_1)t)$，図 3.26a 右図（周波数領域）は，$f_1 = 1/T_1$ Hz の周波数点における高さ 1

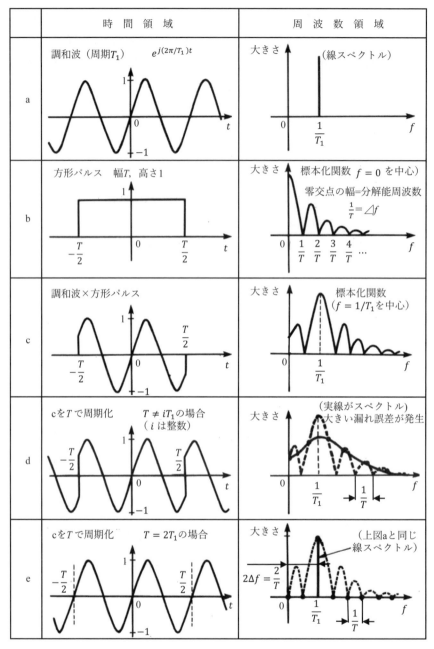

図3.26　方形パルスによる調和波の離散フーリエ変換の例
方形パルスの幅=標本化時間 = T，分解能周波数 $\Delta f = \frac{1}{T}$，調和波周期 $=T_1$

の線スペクトルになる.

　図 3.26b 左図は，高さ 1，時間幅 T の方形パルス（単発方形波）であり，その周波数スペクトルは標本化関数になることを，3.2.3 項の図 3.8 で説明した. 図 3.26b 右図は，図 3.8 の縦軸の値が負の部分を折り返して（位相を逆転させて）正にした図であり，この標本化関数の大きさ（絶対値）を示し，周波数 $f = 0$ Hz で最大値 1 をとりその左右が対称で零交点間の袖山の連

なりからなっている．図 3.7 に示した時間幅 $2a(=T)$ の方形波の標本化関数の零交点は $f_z = i/2a = i/T \quad (i = \cdots, -2, -1, 1, 2, \cdots)$ である（3.2.3 項）から，図 3.26b 左図に示す時間幅 T の方形波パルスの零交点は $f_z = i/T = if_0 \quad (i = -2, -1, 1, 2, \cdots)$ Hz であり，その周波数スペクトルの大きさは，最大値 1 となる $f = 0$ Hz から分解能周波数 $f_0 = \pm 1/T$ Hz の周波数間隔ごとに大きさが 0 となる．

　原信号である振幅 1 で周期 T_1 の調和波を標本化時間 T で標本化することは，図 3.26a 左図の原信号を時間幅 T で切り取ることであり，これを数学的に表現すれば，この原信号に図 3.26b 左図の単発方形波を乗じることである．フーリエ変換の性質の 1 つである周波数の移動を表す式 3.51 によれば，原調和波 $\exp(j(2\pi/T_1)t)$ に方形パルス（式 3.51 ではこの方形パルスを $x(t)$，原調和波の周波数を $f_d(=f_1 = 1/T_1)$ と表示している）を乗じることは，図 3.26b 右図に示す標本化関数の中央を，周波数が正の領域では図 3.26a 右図に示した線スペクトルの位置である $f_1 = 1/T_1$ Hz まで，周波数軸上右方に移動することに相当する（周波数が負の領域では正の領域と対称）．そこで，図 3.26a の原調和波を図 3.26b の方形パルスで切り取れば，時間領域では図 3.26c 左図のように区分内は調和波のまま，区分外は 0 になり，また周波数領域では，図 3.26c 右図のように，周波数 $f_1 = 1/T_1$ Hz で最大値 1 となり，その周波数点から分解能周波数 $f_0 = 1/T$ Hz ごとに 0（零交点）となる周波数スペクトルに変化する．

　次に離散フーリエ変換を行う．その際に用いる時刻歴波形は，図 3.26d 左図のように，標本化時間 T ごとに切断された図 3.26c 左図の有限時間 T の区分調和波（波長 T_1）が連結され続け無限時間に渡り繰り返す反復波である．一般には $T \neq mT_1$（m は整数）であるから，この区分調和波の反復波には，図 3.26d 左図に示すように，時間幅 T ごとの時刻 $(l+1/2)T$（l は整数）で不連続が周期的に生じる．時間軸上の有限化は周波数軸上では離散化になるから，この離散フーリエ変換の結果を周波数領域に示せば，図 3.26d 右図点線でつないだ周波数スペクトル（図 3.26c 右図の実線と同一の周波数スペクトル）上で，0 Hz から分解能周波数 $f_0 = 1/T$ Hz ごとの等距離点における離散値（図 3.26d 右図の黒丸）になる．コンピュータは，これらの黒丸間を最も滑らかに結んだ曲線（図 3.26d 右図中の実線）を見かけの周波数スペクトルとして出力する．そこでこの見かけの周波数スペクトルは，図 3.26c 右図には存在していた零交点が消えて，なだらかな単一の山裾を有するようになる．また $T \neq mT_1$ の場合には，標本化関数の頂点である $1/T_1$ Hz と分解能周波数 $f_0 = 1/T$ Hz の整数倍である離散周波数点（黒丸）は一致しないので，図 2.26d 右図の実線である見かけの周波数スペクトルの頂点の値は，標本化関数（点線）の頂点である 1 より大幅に減少する．このように，原調和波を方形パルスで切り取れば，図 3.26a 右図の線スペクトルが原波形より低い山頂となだらかな両裾野を有する緩やかな山の形に変身し，あたかも山頂のエネルギーが低周波数域と高周波数域の両裾野に漏れ落ちたような様相を呈するのである．これが**漏れ誤差の発生機構**である．

　次に位相を説明する．図 3.26b 右図は標本化関数の大きさ（絶対値）を示したものであり，本来の標本化関数は，図 3.8 に示したように，零交点を境に正値と負値を繰り返す．このこと

は，図 3.26b 右図では 1 つの突起ごとに位相が逆転していることを意味する．そこで図 3.26d 右図の黒点は，一般に位相が 180°だけ複数回逆転し続ける．図 2.26a 右図に示した原調和波の線スペクトルには位相の逆転は無いから，これは離散フーリエ変換の実行過程で生じた偽の現象である．このように離散フーリエ変換では，周波数スペクトル中心の近傍で位相が細かく 180°逆転し続けるという，漏れ誤差特有の偽現象を発生する．

標本化時間 T（方形パルスの時間幅）が原調和波の周期 T_1 の整数倍に等しいとき（$T = mT_1$（$m = 1, 2, 3, \cdots$））にはどうなるだろうか．これは周期 T_1 の原調和波をその周期の整数 m 倍に同調した時間幅 T で切り取ったことになり，これを再び繰返しつないでも，結果は元の原調和波に戻るだけであり，時刻歴の中に不連続は全く生じない．図 3.26e 左図は $T = 2T_1$（$m = 2$）の場合であり，原調和波の 2 周期に相当する $2T_1$ に等しい標本化時間 T で原調和波を切り取った後に再び繰返しつないでおり，図 3.26a 左図の原調和波に戻っている．この場合には $1/T_1 = 2/T$ であり，方形波の時間幅 T に原調和波がちょうど 2 周期分収まることになる．図 3.26e 右図のように，離散フーリエ変換で得られる周波数スペクトルは，分解能周波数 $f_0 = 1/T$ Hz の整数 m 倍の周波数点 mf_0 Hz（この場合には $m = 2$）に位置する離散周波数点に位置するが，図 3.26b 右図に示したように，零交点間の周波数距離は $1/T$ Hz であるから，これらの離散点は，黒丸のように，点線の頂点に一致する 1 点を除いてすべてがちょうど標本化関数の大きさが 0 になる零交点に一致する．そのため，離散点における線スペクトル値は，頂点である $1/T_1 = 2/T$ Hz を除いてすべて 0 になる．例外である頂点の 1 点は標本化関数の中心周波数 $1/T_1$ であり，これは図 3.26a 右図に示す原時刻歴波の線スペクトルに等しい．そこで周波数軸上でも，図 3.26e 右図のスペクトルは図 3.26a 右図の線スペクトルに戻るのである．この場合には，漏れ誤差は全く発生しない．

単一周波数の原調和波に対しては，図 3.26e のように分解能周波数 $f_0 = 1/T$ の整数倍を対象となる原調和波の周波数 $1/T_1$ に同調させることによって，漏れ誤差が発生しないようにすることができる．しかし通常，時刻歴波は多くの周波数成分から構成されているから，全周波数域の漏れ誤差を排除することは不可能である．また漏れ誤差は，時刻歴の有限化による波形の不連続化という不可避な操作による原因が生じる偏り誤差の 1 種であり，一旦発生後した後には完全に除去することは決してできない．また，標本化をやり直せばそれを実行する計測時刻が異なるから，時刻歴のつなぎ目の不連続量が前回の値とは無関係にでたらめに変化し，やり直しの際に生じる誤差は 1 回毎に異なり全く予知できない．そこで，平均化処理による誤差の消去は，漏れ誤差に対しては無効である．このように漏れ誤差は，再現性がなく，予測・予防できず，発生後は除去できない，最も厄介な誤差である．そこで漏れ誤差への対策は，可能な限りそれを軽減することになる．

（3）　軽減方法 1：標本化時間の増加

漏れ誤差を軽減する方法の 1 つとして，原時刻歴波を切り取る方形パルスの時間幅である標本化時間 T を長くすることが考えられる．そうすると，図 3.8 と図 3.9 に示した標本化関数の

零交点間の周波数幅である分解能周波数 $f_0 = 1/T$ （ただし中央点を挟む幅だけは $2f_0 = 2/T$）が小さくなり，裾が急減して図 3.26d 右図実線の山は高く急峻になり，図 3.26a 右図に示す原波形の線スペクトルに近くなる.

T を増加させる際に，標本化点数 N を一定にしたままにすれば，標本化間隔 $\tau (= T/N)$ が T に比例して増加し，有効周波数の上限であるナイキスト周波数 $f_c(= 1/(2\tau))$ が T に反比例して低下し，高周波数域の周波数スペクトルが計測できなくなる．このときは，N を T に比例させて増加させればよく，最近のメモリーは容量が大きいのでこのことが容易である.

（4）　軽減方法 2：ズーム処理

ズーム処理は，**ズーミング**とも呼ばれ，時刻歴波を構成する周波数成分のうちで特定の狭い周波数領域の部分だけを拡大して詳しく精度良く知りたいとき，軽減衰構造の漏れ誤差対策，接近した固有モードを分離抽出したいとき，特定の共振点における周波数と振幅の大きさを特に正確に求めたいときなどに用いることができる.

以下にズーム処理の原理と方法を簡単に説明する.

例として，100Hz〜110Hz の周波数スペクトルを詳しく知ることを考える．100Hz と 110 Hz の余弦波に 100 Hz の余弦波を乗じれば，三角関数の積の公式（式 A1.24〜A1.26）より

$$\cos^2(2\pi \cdot 100t) = \frac{1}{2} + \frac{\cos(2\pi \cdot 200t)}{2} \tag{3.114}$$

$$\cos(2\pi \cdot 100t) \cdot \cos(2\pi \cdot 110t) = \frac{\cos(2\pi \cdot 10t)}{2} + \frac{\cos(2\pi \cdot 210t)}{2} \tag{3.115}$$

式 3.113 は 100Hz の波に同じ 100Hz の波を乗じれば 0Hz の波（一定値）と 200Hz 波に，また式 3.114 は 110Hz の波に 100Hz の波を乗じれば 10Hz の波と 210Hz の波に，それぞれ振幅が等分されて分かれることを意味する．これらのことから，100Hz〜110Hz の周波数成分を有する波に 100Hz の波を乗じれば，その周波数スペクトルの形を変えることなくそのまま，0Hz〜10Hz と 200Hz〜210Hz の 2 つの周波数領域の成分に各振幅が元の 1/2 となり等分割されることが分かる.

これを一般化すれば，f_{az} Hz〜$f_{az} + f_{bz}$ Hz の周波数成分を有する波に f_{az} Hz の波を乗じれば，その周波数スペクトルの形を変えることなくそのまま，0 Hz〜f_{bz} Hz の低周波数領域と $2f_{az}$ Hz〜$2f_{az} + f_{bz}$ Hz の高周波数領域に振幅が半分に等分割されることになる．ズーム処理はこのことを利用する方法である.

以下にズーム処理の実行手順を示す.

① ズーム処理を行う周波数領域を決め，その帯域の最低周波数 f_{az} と帯域幅 f_{bz} を与える.

② f_{az} Hz〜$f_{az} + f_{bz}$ Hz の帯域通過フィルタに原時刻歴波を通過させて，該当する周波数領域以外の成分を除去する（図 3.27 上段左図）.

③ 振幅が 2 で周波数が f_{az} の余弦波 $2\cos 2\pi f_{az}t$ を発生させ，上記②で得られた時刻歴波を乗

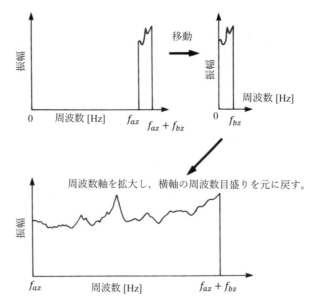

図3.27　ズーム処理における周波数スペクトルの移動と拡大

じる．これにより，f_{az} Hz～$f_{az}+f_{bz}$ Hz の周波数成分からなる波は，周波数スペクトルの大きさと形を変えることなくそのまま 0 Hz～f_{bz} Hz の低周波数領域と $2f_{az}$ Hz～$2f_{az}+f_{bz}$ Hz の高周波数領域に等分割される．

④　カットオフ周波数を f_{bz} Hz より少し大きい値に設定した低域通過フィルタに上記③で得られた時刻歴を通過させ，$2f_{az}$ Hz～$2f_{az}+f_{bz}$ Hz の高周波数成分を除去する（図 3.27 上段右図）．

⑤　$1/(2f_{bz})$ 秒より少し短い標本化間隔 τ で標本化時間 $T = N\tau$ の標本化を行い，FFT を実行する．これにより，0 Hz ～ f_{bz} Hz の低周波数領域の精確・詳細な周波数スペクトルが得られる．これをそのまま f_{az} Hz ～ $f_{az}+f_{bz}$ Hz の周波数スペクトルとして図示すればよい（図 3.27 下段）．

　最近は，コンピュータは大容量で処理速度が速くなり，極めて短い標本化間隔 τ と膨大な数の標本化点数 N を容易に採用し瞬時処理できるから，広い周波数領域にわたる詳細な周波数スペクトルを得ることができる．したがって，ズーム処理はほとんど用いられない．

３．４．６　時　間　窓

　漏れ誤差を軽減するもう一つの方法として，時間間隔 T の中央値を 1 とし，始端と終端の両端に向って除々に小さく絞っていき，始点と終点の両端を共に 0 または 0 に近い小さい値にするような重み付けのための時間関数を，図 3.25b 左図に示した方形パルスの代りに用い，これで原波形を切り取ると同時に加工する方法がある．そうすれば，これを再び連結しても，離散フーリエ変換のためのデータには不連続が全くまたはほとんど生じない．

　このような時間軸上の重み関数を**窓関数**と呼ぶ．窓関数としては，図 3.28a に示す**ハニング窓**が最もよく使われる．これは，$\cos 2\pi t/T$ $(-T/2 \leq t \leq T/2)$ で定義され，中央の時刻 $t=0$ で最大値 1，両端の時刻 $t=\pm T/2$ で大きさと傾きが共に 0 になる時刻歴関数である．ハニング窓自身の周波数スペクトルは，図 3.28b のようになる．

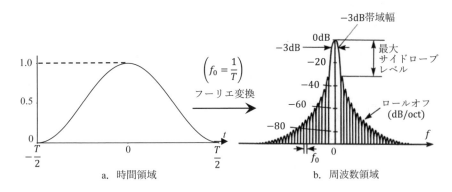

図3.28　ハニング窓とその周波数スペクトル

　一般に窓関数の特性は，図 3.28b の例に示す以下の 3 種類の量で評価される．

１．**−3 dB 帯域幅**：　メインローブと呼ばれる中央の袖が，ピークレベルから−3dB すなわち山項の $1/\sqrt{2}$（エネルギー比で$1/2$）の大きさまで下降した点における周波数幅を，バンド B（1Bは分解能周波数 $f_0 = 1/T$ Hz）で表示したものである．これは検出周波数の分解能を示し，これ以上狭い周波数範囲内に別のピークが原波形に存在しても識別できないので，この特性が小さいほど周波数分解能が良い．これは，原信号を標本化時間で切り取る際の波形の加工が少ないほど小さく，無加工の方形波（図 3.25b 左図）が最も小さくなる．

　２．**最大サイドローブレベル**：　メインローブ山項とその両隣のサイドローブ山項とのレベル差を dB で表示したものである．これは検出周波数のレベル精度を示し，これ以上のレベル差が原波形に存在しても周波数スペクトルに表示できないので，この特性が大きいほどレベル精度が良い．

　３．**ロールオフ特性**：　頂点の両側に広がる裾の傾斜を dB/oct すなわち 1 オクターブ（周波数が 2 倍になる帯域の大きさ）あたり何 dB 降下するかで表示したものである．これは，ピーク周辺の周波数分離精度を示し，原波形の主ピークの周辺にこれ以上のレベル差を有する別のピークがあっても識別・表現できないので，この特性が大きいほどピークの分離制度が良い．一般にこのロールオフ特性が，上記 3 特性のうちで最も重要である．

　図 3.28 に示したハニング窓は，ロールオフ特性が大きく両裾が急峻な特徴を有し，他の特性も無難な値をとるので，通常よく使われる．図 3.29 は，周波数 f_0 の線スペクトルを有する原調和波を離散フーリエ変換した例である．同図上段は，原調和波の 1 周期の整数倍に一致する標本化時間 $T_1 = n/f_0$（n は整数）の方形窓を用いて FFT した結果であり，漏れ誤差を全く生じていない．同図中段は，それに一致しない標本化時間 $T_2 \neq n/f_0$ の方形窓を用いて FFT した結果

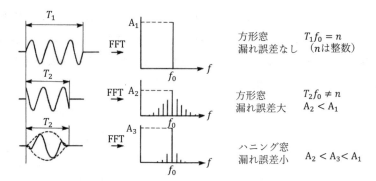

図3.29 方形窓とハニング窓を用いた調和波の離散フーリエ変換
原時刻歴波　$x(t) = \sin 2\pi f_0 t$

であり，大きい漏れ誤差を生じている．同図下段は，ハニング窓を用いて離散フーリエ変換を行った例であり，図3.28 右図の周波数特性を有するハニング窓の使用自体に起因する小さい漏れ誤差が生じている．

図 3.30 と図 3.31 は，それぞれ方形窓とハミング窓に関する，図 3.28（ハニング窓）と同様な時刻歴と周波数スペクトルを示す．これらを図 3.28 と比較すれば，上記 3 特性の違いが分かる．

代表的な窓関数の数式表現と上記 3 特性値を表 3.1 に示す．方形窓は，原時刻歴波を標本化時間幅で切り取るだけで加工しないので -3 dB 帯域幅が最も狭いが，最大サイドローブレベ

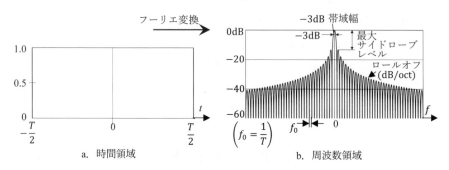

図3.30 方形窓とその周波数スペクトル

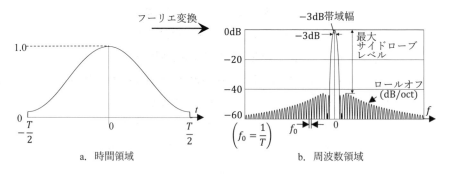

図3.31 ハミング窓とその周波数スペクトル

表3.1　代表的な窓関数とその特性

名称	時刻歴の形状	数式表現	-3dB帯域幅 [B]	最大サイドローブレベル[dB]	ロールオフ [dB/oct]
方形	0 ～ T	$1 \ (0 \leqq t \leqq T)$	0.89	−13	−6
三角形	0 ～ T	$2t/T \quad (0 \leqq t \leqq T/2)$ $2(T\text{-}t)/T \ (T/2 \leqq t \leqq T)$	1.28	−27	−12
余弦	0 ～ T	$\cos \dfrac{\pi(2t-T)}{2T}$	1.17	−23	−12
ハニング	0 ～ T	$\cos^2 \dfrac{\pi(2t-T)}{2T}$	1.44	−32	−18
ハミング	8%立上り 0 ～ T	$0.92\cos^2 \dfrac{\pi(2t-T)}{2T} + 0.08$	1.30	−43	−6
ガウス (3σ)	$T=6\sigma$ 0 ～ T	$\exp\left\{-\dfrac{18(t-T/2)^2}{T^2}\right\}$	1.55	−55	−6

ルとロールオフ特性が共に際立って小さいという欠点がある．窓関数を用いないというのは，この方形窓を用いる場合であり，このとき生じる大きい漏れ誤差は方形窓の小さいロールオフ特性に起因する（図 3.30b 参照）．

３．４．７　フーリエ変換と誤差

図 3.32 に，フーリエ変換の際に生じる誤差の関係をまとめて示す．同最上 1 段左図は原時刻歴，同右図はそれをそのまま連続フーリエ変換した周波数スペクトルである．

同 2 段左図は，原時刻歴をいったん標本化時間 T で区切って切り取り，それを繰り返し連結した時刻歴である．同 2 段右図は，それをフーリエ変換したものであり，分解能周波数 $f_0 = 1/T$ ごとの離散スペクトルである．このように，時間領域を有限化すれば，周波数領域は離散化される．

同 3 段左図は，標本化時間 T を同 2 段左図の半分に短縮して原波形を切り取り，繰り返し連結した時刻歴である．同 3 段右図は，それをフーリエ変換したものであり，分解能周波数 f_0 が同 2 段右図の 2 倍である粗い離散スペクトルになる．

同 4 段左図は，同最上 1 段左図の原時刻歴波を標本化間隔 τ で標本化した離散時刻歴である．同 4 段右図は，無限長の標本化時間に渡る無限個の離散時刻歴を用いてそれをフーリエ変換した周波数スペクトルであり，分解能周波数が 0 の連続スペクトルになる．しかし，周波数 rf_c（$r = 1, 2, 3, \cdots$）（$f_c = f_s/2$ ：$f_s = 1/\tau$ は標本化周波数）ごとに繰返し位相を逆転させて折り返し繋いだ繰返しスペクトルになっている．低域通過フィルタを使用して標本化前のアナログデータから $f \geqq f_c$ の高周波数成分を予め除去しておけば，同 4 段右図の周波数スペクトルのうち $0 < f < f_c$ の低周波数成分には，それより高周波数成分が折り返し混入することはないから，

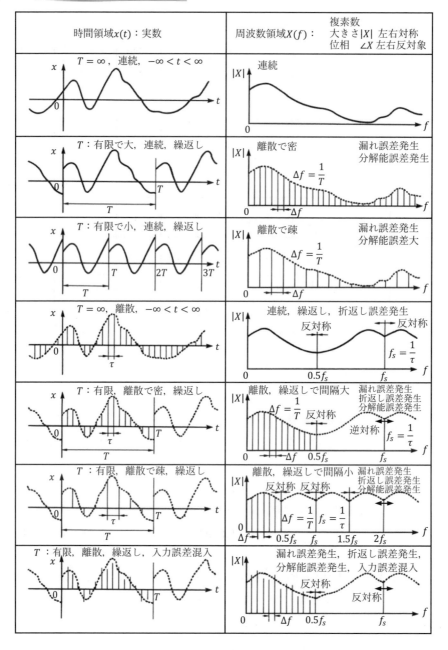

図3.32　フーリエ変換と誤差の関係

折返し誤差は発生せず，この範囲内では正しい周波数スペクトルが得られる．このように，時間領域を離散化すれば周波数領域は有限化される．もし，低域通過フィルタを使用しないままで原アナログデータを標本化すれば，折返し誤差が発生し，得られた周波数スペクトルは全周波数域ででたらめになる．

　同5段左図は，原波形を標本化時間Tで切り取って繰り返し連結した時刻歴を，標本化間隔τで標本化した離散時刻歴である．同5段右図は，それを離散フーリエ変換したものであり，

時間領域を有限化したため，周波数スペクトルが離散化されている．低域通過フィルタを用い
ない場合には，折返し誤差が発生し全周波数域ででたらめになる．低域通過フィルタを用いる
場合には，$0 < f < f_c$ の低周波数域のみで折返し誤差のない周波数スペクトルが得られる．

　同 6 段左図は，標本化間隔 τ を同 5 段左図の 2 倍に大きくした粗い時刻歴である．同 6 段右
図はそれを離散フーリエ変換した離散スペクトルであり，有効周数領域 $0 < f < f_c$ が同 5 段右
図の半分に減少している．

　同最下 7 段左図は時刻歴波の入力に誤差（雑音）が混入したものであり，同右図の周波数ス
ペクトルにも入力誤差が混入している．

第4章 フーリエ解析の転延

4．1 合成積（畳み込み演算）

　屋内で続けて音叉を叩いてみよう．ある位置に立っている人が聞く音は，音叉から直接耳に届く音とそれ以前に音叉から出た音が壁に反射した後に耳に届く音が重なり合い，時間の経過と共に波形が変動する．このようにある時刻 t において耳に届く音は，それ以前に音叉から出た音の影響を受けることになる．これを数学表現するのが**合成積**（**畳み込み演算**とも言う）である．合成積は，音響学のみならずシステム論や制御理論などでも重要な役目を果たしている．

4．1．1 インパルス応答

　時間幅が無限小・大きさ（高さ）が無限大・面積が単位量1の瞬時時刻歴である**単位インパルス**（ディラックの**衝撃関数**または**デルタ関数**）は，時間幅 $2a$・高さ $1/2a$ の方形波において $a \to 0$ とした時刻歴として定義される（3.1.2 項(1)・3.2.3 項・補章 A5.5 節参照）．機械振動・波動伝達・電気回路などの分野における線形伝達系に単位インパルスを入力するときの出力を**インパルス応答**と言う．図 3.9 と式 3.61 に示したように，単位インパルスは，すべての周波数において単位量1である線スペクトルから構成されているから，系に単位インパルスを入力することは $0 \sim \infty$ Hz の全周波数領域に渡り単位量1を入力することに等しい．したがって，この入力に対する出力であるインパルス応答は，系の**伝達関数**（＝出力/入力の比）をそのまま周波数の関数として表現した**周波数応答関数**[1)2)]に等しくなる．このように，"**時間領域におけるインパルス応答は周波数領域では伝達関数そのもの**"なのである．そこで，インパルス応答と系に入力する時刻歴波形が分かれば，系からの出力の時刻歴波形を求めることができる．そのための演算が入力波形とインパルス応答との合成積（畳み込み演算）である．

4．1．2 合成積の原理
（1） 離 散 系
　まず，実際の数値計算に直結する離散系について述べる．
　図4.1に模式図として示す線形伝達系の入力端に対し，$t = 0$ の時点に単位インパルス（図4.1a）を入力すると，$0 \leq t$ の各時点に出力端からインパルス応答 $h(t)$ が出力される．この出力を標本

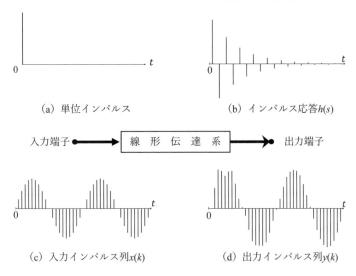

(a) 単位インパルス　　　　　　　　(b) インパルス応答 $h(s)$

入力端子　→　線　形　伝　達　系　→　出力端子

(c) 入力インパルス列 $x(k)$　　　　　(d) 出力インパルス列 $y(k)$

図4.1　伝達系の模式図
（単位インパルスが入力されればインパルス応答が出力される）

化すれば，インパルス応答が，入力時点 $t=0$ を始点とする標本化間隔 τ で標本化時間 $T=M\tau$ に渡る M 個の離散線スペクトル列 $h(s)$（$s=0,1,2,\cdots,M-1$）として得られる（図 4.1b）．実インパルス応答が長時間に渡り継続する場合には，インパルス応答の大きさが無視できる程度に減衰した時点（例えばその時点の振幅値（＝線スペクトルの大きさ）が最大値の $1/1000$）で計測を打ち切り，インパルス応答の標本化時間 T を有限にする．一方，現実の伝達系は必ず因果律が成立する因果系であり，単位インパルスが入力する時点以前に応答が出力されることはないから，単位インパルスを入力する時点を始点 $t=0$ とすれば，インパルス応答は $t<0$ では必ず 0 になる．

　この伝達系の入力端子に実際に入力する時刻歴 $x(t)$ もインパル応答の出力と同一の標本化間隔 τ で標本化し，図 4.1c のように離散線スペクトル列で表現する．入力を表現する線スペクトル自体は無限小幅（線）で高さが有限であるから面積（＝エネルギー）を持たないが，各線スペクトルが入力する時点にこの高さに標本化間隔 τ を乗じた面積に相当するエネルギーを有するインパルスが次々に系に入力すると考え，入力をインパルス列とする．

　この入力インパルス列 $x(k)$（$k=0,1,2,\cdots,N-1$）のうち最初の入力インパルス $x(k=0)$ に起因する出力は，その形状がインパルス応答 $h(s)$（$s=0,1,2,\cdots,M-1$）と同じで，大きさはその入力インパルス（線スペクトル）$x(k=0)$ の大きさに比例し，その入力時点に始まりそれより後に続く．次の標本化時点の入力インパルス $x(k=1)$ に起因する出力は，やはり形状はインパルス応答と同じで，大きさは 2 番目の入力インパルス $x(k=1)$ の振幅に比例し，1 番目の入力インパルスに起因する出力よりも 1 標本化間隔 τ だけ時間的に遅れて，前出力の 2 つ目以降のインパルスに重なりながら後に続く．伝達系が線形系である場合には，各時点で重なった出力インパルス振幅は個々の出力インパルス振幅の代数和（正負を考慮した和）になる．

　出力の開始または計測開始時点を時間の原点 $t=0$ として，出力インパルス列（列数 N（列番号：$k=0,1,2,\cdots,N-1$））を計算する式を作る．上記の考えに従えば，最初の出力インパルスには最初の時点より $M-1$ 点以前までに系に入力したインパルスに起因する出力が残存・混入し，他方最後の出力インパルスには最後の時点に入力するインパルスに起因する最初の出力の線スペクトルが混入している．したがって入力インパルス列としては，出力の開始時点（$t=0$）より $M-1$ 個以前の時点を示す $-(M-1)$ を始点とし列数 $N+M-1$ 個の列数 $(k=-M+1,\cdots,-1,0,1,\cdots,N-1)$ が必要になる．例えば，インパルス応答がインパルスの入力時点から 4 時点（$M=4$：$q=0,1,2,3$）に渡り継続するとき，7 時点（$N=7$：$k=0,1,2,3,4,5,6$）に渡る出力を計算する場合には，入力は -3~$+6$ に渡る10時点のインパルス列が必要になる．

　以上から，入力インパルス列 $x(k)$ に対する出力インパルス列 $y(k)$ は

$$y(k)=\textstyle\sum_{q=0}^{M-1}x(k-q)\,h(q) \qquad (k=0,1,2,\cdots,N-1) \tag{4.1}$$

式 4.1 において $k-q$ を改めて q' と置けば，$q=k-q'$，$q=M-1$ のとき $q'=k-q=k-M+1$，$q=0$ のとき $q'=k-q=k$ であるから，和の実行順序を逆転させて式 4.1 を記せば

$$y(k)=\textstyle\sum_{q'=k-M+1}^{k}x(q')h(k-q') \qquad (k=0,1,2,\cdots,N-1) \tag{4.2}$$

式 4.1 と式 4.2 は，表現方法を変えた（和 Σ の実行順序を逆転した）同一の式であり，共に離散系における合成積を表現する式である．

（2）　連　続　系

　次に，連続系の合成積について述べる．

　入力を $x(t)$・出力を $y(t)$・インパルス応答を $h(t)$ の連続時間関数とする．この場合には，式 4.1 右辺と式 4.2 右辺の離散関数の和は，インパルス応答の長さが $T(=N\tau)$ で，標本化間隔 τ が無限に狭くなり標本化点数 N が無限に大きくなった極限として，それぞれ次の連続関数の積分に書き換えられる．

$$y(t)=\int_0^T x(t-t')h(t')dt' \tag{4.3}$$

$$y(t)=\int_{t-T}^t x(t')h(t-t')dt' \tag{4.4}$$

式 4.3 と式 4.4 では $h(t)$ にインパルス応答という物理的な意味を持たせているので，積分区間がそれぞれ 0~T（式 4.3）および $t-T$~t（式 4.4）になっているが，合成積（畳み込み演算）を一般的な数式表現と考える場合には，$h(t)$ がインパルス応答でなければならないことはなく，t が時間でなければならないこともない（例えば後述 4.3.4 項では t に相当する量は周波数）．そう考えると，因果系という制約は余計なものであり，合成積の一般式として以下の 2 式が用いられることもある．

$$y(t)=\int_{-\infty}^{+\infty}x(t-t')h(t')dt' \tag{4.5}$$

$$y(t)=\int_{-\infty}^{+\infty}x(t')h(t-t')dt' \tag{4.6}$$

　式 4.3 と式 4.4 および式 4.5 と式 4.6 は，それぞれ表現方法を変えた同一式であり，連続系に

おける合成積を表現する一般式である．

　上記のように合成積の表現式には和記号や積分記号が必要であるが，これらの記号をいちいち書くのは少々面倒である．そこで合成積を次式のように略記する．

$$y(k) = x(k) * h(k) \qquad （離散系） \tag{4.7}$$

$$y(t) = x(t) * h(t) \qquad （連続系） \tag{4.8}$$

関数 f・関数 g・関数 h 間の合成積には，次の2つの性質が存在する．

　（1）　$f*g = g*f \tag{4.8a}$

　（2）　$(f*g)*h = f*(g*h) \tag{4.8b}$

４．１．３　合成積のフーリエ変換

　ここではまず，連続関数の合成積のフーリエ変換について説明する．フーリエ変換（FT と略記）の定義式 3.42 に式 4.5 を代入して

$$Y(f) = \text{FT}\{y(t)\} = \text{FT}\{x(t)*h(t)\} = \int_{-\infty}^{+\infty}(\int_{-\infty}^{+\infty}x(t-t')h(t')dt')\exp(-2\pi jft)dt \tag{4.9}$$

$u = t-t'$ と置けば $t = u+t', dt = du$ となるので，$x(t)$ と $h(t)$ が共に既知でフーリエ変換が可能であれば

$$\begin{aligned}\text{FT}\{x(t)*h(t)\} &= \int_{-\infty}^{+\infty}(\int_{-\infty}^{+\infty}x(u)h(t')dt')\exp(-2\pi jf(u+t'))dt \\ &= \int_{-\infty}^{+\infty}(\int_{-\infty}^{+\infty}x(u)\exp(-2\pi jfu)h(t')\exp(-2\pi jft')du)dt' \\ &= \int_{-\infty}^{+\infty}x(u)\exp(-2\pi jfu)du\int_{-\infty}^{+\infty}h(t')\exp(-2\pi jft')dt'\end{aligned} \tag{4.10}$$

式 4.10 右辺の 2 つの積分項は互いに独立であり，各々が FT の計算式になっているので，再び式 3.42 を参照すれば，式 4.9 と式 4.10 から

$$Y(f) = \text{FT}\{y(t)\} = \text{FT}\{x(t)*h(t)\} = X(f)H(f) \tag{4.11}$$

式 4.11 は，インパルス応答 $h(t)$ のフーリエ変換の結果である $H(f)$ が出力 $Y(f)$ と入力 $X(f)$ の比である周波数応答関数（周波数 f の関数として定義された伝達関数）になるという，4.1.1 節の記述を裏付けている．

　式 4.9〜4.11 をフーリエ逆変換（IFT と略記）する形に書き換えれば，フーリエ逆変換の定義式 3.41 によって

$$y(t) = \text{IFT}\{Y(f)\} = \text{IFT}\{X(f)H(f)\} = \int_{-\infty}^{+\infty}\{X(f)H(f)\}\exp(2\pi jft)df = x(t)*h(t) \tag{4.12}$$

　フーリエ変換とフーリエ逆変換は，式 3.41 と式 3.42 のように互いに対称・双対性を有するので，次式に示すように，2 つの時間関数の積はそれら各々のスペクトルの合成積のフーリエ逆変換になる（式 4.12 の対称対）．この式は上記と同様の手順で容易に導くことができる．

$$x(t)h(t) = \int_{-\infty}^{+\infty}\{X(f)*H(f)\}\exp(2\pi jft)df = \text{IFT}\{X(f)*H(f)\} \tag{4.13}$$

当然次式も成立する．

$$\text{FT}\{x(t)h(t)\} = \int_{-\infty}^{+\infty}x(t)h(t)\exp(-2\pi jft)dt = X(f)*H(f) \tag{4.14}$$

　積と合成積の間の以上の関係は連続関数の場合に関して明らかにしたが，入力やインパルス

応答が離散化されたインパルス列として得られる場合にも，もちろん成立する．この場合には，式 4.1 の標本化時間 $T = \tau N$ に渡る離散フーリエ変換（DFT）を行うことになるが，標本化の長さ（点数）N は既存のインパルス応答の長さ（点数）M よりも長く（大きく）しなければならないので，既存のインパルス応答の後に $M \sim N - 1$ 番目の離散値を 0 として追加し，長さ N のインパルス応答を新しく作成する．これにより式 4.1 は

$$y(k) = \sum_{s=0}^{N-1} x(k-s)h(s) \ (= x(k) * h(k)) \tag{4.15}$$

になる．式 3.67 と式 3.72 を参照して式 4.15 の DFT を行えば

$$Y(i) = \text{DFT}(x(k) * h(k)) = \sum_{k=0}^{N-1} \sum_{s=0}^{N-1} x(k-s)h(s)\exp(-2\pi j\frac{ik}{N}) \tag{4.16}$$

ここで，$q = k - s$ $(q = 0 \sim N - 1)$ と置けば，$k = q + s$ であるから，式 4.16 は

$$Y(i) = \sum_{q=0}^{N-1} \sum_{s=0}^{N-1} x(q)h(s)\exp(-2\pi j\frac{i(q+s)}{N})$$
$$= \sum_{q=0}^{N-1} x(q)\exp(-2\pi j\frac{iq}{N})\sum_{p=0}^{N-1} h(s)\exp(-2\pi j\frac{is}{N}) \tag{4.17}$$

式 4.17 右辺の 2 つの積和は互いに独立であり，それぞれが DFT の計算式なので

$$Y(i) = \text{DFT}(x(k) * h(k)) = X(i)H(i) \tag{4.18}$$

以上から，離散時刻歴 $x(k)$ と離散時刻歴 $h(k)$ の合成積 $y(t)$ の DFT である $Y(i)$ が $x(k)$ の DFT である $X(i)$ と $h(k)$ の DFT である $H(i)$ の積になるという，連続時刻歴の場合の式 4.11 と同様な結果が導かれた．

離散フーリエ変換と離散フーリエ逆変換も式 3.69 と式 3.72 のように互いに対称・双対性を有するので，2 つの時間関数の積はそれらの周波数スペクトルの合成積の離散フーリエ逆変換になる（式 4.18 の対称対）．このように，積と合成積は時間領域と周波数領域を跨いで互いに対称・双対の関係を有しているので，どちらか可能で便利な一方を求めれば，フーリエ変換対を介して他方を得ることができる．

音響の分野では入力とインパルス応答の離散データ数が大量になることが多い（例えば周波数領域が数万 Hz の可聴域全般に渡るにもかかわらず音楽ホールの残響時間や楽器の振動が十分減衰するまで数秒以上かかる場合）．そのような場合には，合成積を式 4.1 または式 4.2 を用いて時間領域で直接実行するのは計算量が膨大になり現実的ではない．そこで通常上記の方法で，時間領域における合成積を周波数領域におけるインパルス応答と入力の両周波数スペクトル間の単なる積に変えて実行することが行われている．そのためにはフーリエ変換とフーリエ逆変換が必要になる．このことは，3.3.3 項で説明した FFT が登場する以前には，フーリエ変換自体が膨大な計算を必要とするので実施が困難であった．しかし現在は，FFT の算法を使うことにより，時間領域での演算よりもはるかに短い時間でフーリエ変換を実施でき，時間領域における合成積と同等の演算結果を得ることができる．その詳細は入門書の域を超えるので，本書では説明を省略する．

４．２　相関関数とスペクトル密度

４．２．１　相 関 関 数
（１）　実 関 数

　２つのベクトルがどれだけ類似しているかを知りたいとき，両者が離れて置かれていると比べ難いから，まず始点を同一点（０点）に置き，次に両者をそれぞれ自身の大きさで割って単位量１にした後に，内積を求めるとよい．そうすると両者間の内積は，同じ向きのベクトル同士では１，両者が直交していれば０（例えば平面上の x 軸と y 軸の単位ベクトル：x 軸からそれと直交する y 軸を作り出すことは決してできないので両者は無相関），同じ大きさで逆向きのベクトル同士では－１となる．直交してはいないが方向が異なる場合には内積は－１と１の間の値（一方を構成する成分のうち他方に平行な成分だけが他方と同一のベクトルを作成できるので両者間には少しは相関がある）になる．

　実現象は実数なので，時刻歴波形は実関数である．２つの時刻歴波形間の類似の程度を調べたい場合には，まずそれらから平均値を差し引いて中央値（電流なら直流成分）を０とする．これは，上記でベクトルの始点を０とすることに相当する．平均値は，波形と時間軸が囲む面積の代数和（正負を考慮した和）を時間幅 T （離散波形の場合には $T = N\tau$：T は標本化時間・N は標本化点数・τ は標本化間隔）で割れば得られる．平均値については別途比較すればよいので，ここでは平均値を予め０とした２つの波形を対象にする．

　次に，同一形状の波形でも大きさが異なれば差を生じ（例えば $100\sin t$ と $\sin t$ の差は $99\sin t$ であるが $3\sin t$ と $\sin t$ の差は $2\sin t$），両者の差の２乗和は個々の波形の大きさに依存するので，大きさに影響されない指標を作るためには，両波形を予めそれらの大きさで割って単位量としておくことが必要である．これを，波形を**正規化**すると言う．そうすると大きさの区別や変化の度合いが分からなくなるが，それらは別途調べればよい．

　波形の大きさの指標として，次式で定義される**標準偏差**と言う量を導入する．波形が連続関数の場合には

$$\sigma_x = \sqrt{\frac{1}{T}\int_0^T x(t)^2\, dt}, \quad \sigma_y = \sqrt{\frac{1}{T}\int_0^T y(t)^2\, dt} \tag{4.19}$$

　波形が離散数列の場合には，$T \to N\tau,\ dt \to \tau,\ t = k\tau\ (k = 0 \sim N-1)$ として上式の積分を代数和に変えると

$$\sigma_x = \sqrt{\frac{1}{T}\sum_{k=0}^{N-1} x(k)^2 \tau} = \sqrt{\frac{1}{N}\sum_{k=0}^{N-1} x(k)^2}, \quad \sigma_y = \sqrt{\frac{1}{N}\sum_{k=0}^{N-1} y(k)^2} \tag{4.20}$$

　上記の理由から，ここで議論する時刻歴波形 $x(t)$ と $y(t)$ は共にすでに，平均値を０とし，さらに標準偏差で割って（＝正規化して＝大きさを単位量１として）ある，とする．

数列 $x(t)$ とそれから時間 t_m だけずれた数列 $y(t+t_m)$ 間の類似度を数量化するには，両者の差の2乗の時間平均を求めればよい．連続波形の場合には，

$$e_m{}^2 = \frac{1}{T}\int_0^T (x(t)-y(t+t_m))^2\,dt = \frac{1}{T}\int_0^T (x(t)^2 + y(t+t_m)^2 - 2x(t)\,y(t+t_m))\,dt$$
$$= 2(1-\frac{1}{T}\int_0^T x(t)\,y(t+t_m)\,dt) \tag{4.21}$$

式 4.21 内の第3の等号は，両関数がすでに正規化されており，大きさが共に単位量1であることに起因する．式 4.21 右辺かっこ内の第2項を形成する式

$$\gamma_{xy}(t_m)(= 1 - \frac{e_m{}^2}{2}) = \frac{1}{T}\int_0^T x(t)\,y(t+t_m)\,dt \tag{4.22}$$

は，両波形間に時間のずれがない $t_m = 0$ のとき，波形 $x(t)$ と波形 $y(t)$ が同一・同符号の場合には最大値1，無関係な（**直交**する）場合には0，同一・逆符号の場合には最小値（負の最大値）−1となり，上記に述べた両波形間の相互関係の深さを表す指標として最適である．

波形が離散数列である場合には，式 4.22 右辺の積分は和となり，数列 $x(k)$ とそれから m 離散時点（$m\tau = t_m$）ずらした数列 $y(k+m)$ 間の関係の深さを表す指標は

$$\gamma_{xy}(m) = \frac{1}{N}\sum_{k=0}^{N-1} x(k)\,y(k+m) \tag{4.23}$$

のように，離散時間点差 m の関数となる．2つの時刻歴波形（離散関数の場合には時刻歴数列）の相互間係の深さすなわち類似度を表す式 4.22 または式 4.23 の関数を**相関関数**と言う．相関関数は，$x(k)$ と $y(k)$ の両関数列が別物である場合には**相互相関関数**，同一（自身）である場合には**自己相関関数**呼ぶ．

自己相関関数は，時間のずれが無い $t_m = 0 (m=0)$ で最大値1をとる．このことは，同一時間の同一波形は自分自身であり完全な相関を有することから，明らかである．また自己相関関数は，$t_m = 0 (m=0)$ を中心に時間差 m に関して，図 4.2 のように正負の時間領域間で対称になる．

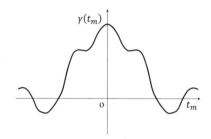

図4.2　自己相関関数 $\gamma(t_m)$
（t_m は時間のずれ）

ある信号 $x(t)$ に周期性があるか否かを調べる方法としては，3章で学んできたフーリエ変換が使われる．しかしもっと直接的に，信号の時間間隔 t_m を変えて自己相関関数を調べることも，原理的には可能である．例えば，$t_m = T, 2T, 3T, \cdots$ で自己相関関数が特に大きいとすれば，$x(t)$ は周期 T の成分を大きく含んでいることになる．

（2）　複 素 関 数

$x(t)$ と $y(t)$ の時刻歴波形が共に複素数からなる複素関数である場合について説明する．この場合にも，両波形はすでにその平均値を0にしてあるとする

まず，波形の大きさを表す標準偏差について述べる．波形が連続関数である場合には

$$\sigma_x = \sqrt{\frac{1}{T}\int_0^T x(t)\overline{x}(t)\,dt}, \quad \sigma_y = \sqrt{\frac{1}{T}\int_0^T y(t)\overline{y}(t)\,dt} \tag{4.24}$$

ここで，関数の上添横線はその共役複素数を示す．式4.24は，複素数 $z = a + jb$ の大きさ $\|z\|$（実数）が次式で定義されることから理解できる（後述式 A2.15～A2.17 参照）．

$$\|z\| = \sqrt{z\overline{z}} = \sqrt{(a+jb)(a-jb)} = \sqrt{a^2 - j^2 b^2} = \sqrt{a^2 + b^2} \tag{4.25}$$

波形が離散関数である場合には

$$\sigma_x = \sqrt{\frac{1}{N}\sum_{k=0}^{N-1} x(k)\overline{x}(k)}, \quad \sigma_y = \sqrt{\frac{1}{N}\sum_{k=0}^{N-1} y(k)\overline{y}(k)} \tag{4.26}$$

次に相関関数について述べる．複素関数の場合にも，時刻歴波形 $x(t)$ と $y(t)$ は共に，すでに平均値を0とし，また標準偏差で割って大きさを単位量1としてあるとする．波形が連続関数である場合の相関関数は

$$\gamma_{xy}(t_m) = \frac{1}{T}\int_0^T x(t)\overline{y}(t+t_m)\,dt \tag{4.27}$$

波形が離散関数である場合の相関関数は

$$\gamma_{xy}(m) = \frac{1}{N}\sum_{k=0}^{N-1} x(k)\overline{y}(k+m) \tag{4.28}$$

複素関数の場合にも実関数と同様に，自己相関関数は，時間のずれが無い $t_m = 0(m = 0)$ で最大値1をとり，また $t_m = 0(m = 0)$ を中心に時間差 m に関して正負で対称になる．したがって図4.2は，複素指数関数の場合にも有効である．

これまで2個の複素関数間の相関について論じてきたが，実関数と複素関数間の場合には，実関数を虚部が0の複素関数と見なし，両複素関数間の相関とすればよい．

その例として，$x(t)$ が音響の実測値（実関数），$y(t) = \exp(2\pi jft)$（複素表示した振動数 f の調和関数），$t_m = 0$（時間ずれが無く同時）とする．$\overline{y}(t) = \exp(-2\pi jft)$ であるから，$x(t)$ と $y(t)$ 間の相関関数は式4.27（積分範囲を $-T/2 \leq t \leq T/2$ と記す）より

$$\gamma_{xy}(0) = \frac{1}{T}\int_{-T/2}^{T/2} x(t)\overline{y}(t)\,dt = \frac{1}{T}\int_{-T/2}^{T/2} x(t)\exp(-2\pi jft)\,dt \tag{4.29}$$

式4.29は，複素指数関数で表示したフーリエ変換式3.42と同形である．これから，信号の一方を振動数 f の調和関数（単一振動数の関数）に選んだときの時間ずれが無い場合の相関関数は，もう一方の信号のフーリエ変換と同形になることが分かる．言い換えれば，**時刻歴関数 $x(t)$ のフーリエ変換は，その関数と調和関数の相関関数と同等である**．このようにフーリエ変換は，相関関数の1種類なのである．

４．２．２　スペクトル密度

（１）　パワースペクトル密度

　時刻歴波形 $x(t)$ に含まれる周波数 f の周期成分である周波数スペクトルを $X(f)$ とする. $X(f)$ は，大きさと位相を有する複素数として表現される. $X(f)$ の大きさの自乗 $\|X(f)\|^2$ は，波形全体のパワー（単位時間あたりのエネルギー）ではなく単一周波数成分のパワーになると言う意味で**パワースペクトル密度**と呼ばれ，この周期成分のパワーの無限時間（実際には十分に長時間）に渡る平均値を意味する. 式4.25に示したように，複素数の大きさの自乗はその複素数と共役複素数の積になる. 波形の時間間隔 T が十分大きい場合には，$T \to \infty$ と見なし，パワースペクトル密度 $W_{xx}(\omega)$ は，次式で定義される.

$$W_{xx}(f)\ (=\|X(f)\|^2) = \frac{1}{T}X(f)\overline{X(f)} \tag{4.30}$$

　信号は実現象であり実数であるから，$\overline{x(t)} = x(t)$. そこで，フーリエ変換式3.42より

$$\overline{X(f)} = \overline{\int_{-T/2}^{T/2}x(t)\exp(-2\pi jft)dt} = \int_{-T/2}^{T/2}\overline{x(t)}\,\overline{\exp(-2\pi jft)}dt = \int_{-T/2}^{T/2}x(t)\exp(2\pi jft)dt \tag{4.31}$$

式3.42と式4.31を式4.30に代入すれば

$$W_{xx}(f) = \frac{1}{T}\left(\int_{-T/2}^{T/2}x(t')\exp(-2\pi jft')dt'\right)\left(\int_{-T/2}^{T/2}x(t)\exp(2\pi jft)dt\right) \tag{4.32}$$

式4.32右辺左側の積分は，元々時間 T が十分長いから，変数 t' の代りに変数 t_m を導入し，両者の関係を $t' = t + t_m$, $dt' = dt_m$ としても変らないと見なすことができる. そこで式4.32は

$$W_{xx}(f) = \frac{1}{T}\left(\int_{-T/2}^{T/2}x(t+t_m)\exp(-2\pi jf(t+t_m))dt_m\right)\left(\int_{-T/2}^{T/2}x(t)\exp(2\pi jft)dt\right)$$
$$= \int_{-T/2}^{T/2}(\frac{1}{T}\int_{-T/2}^{T/2}x(t)x(t+t_m)dt)\exp(-2\pi jft_m)dt_m \tag{4.33}$$

式4.33右辺の前部小かっこ内は，式4.22で $y = x$ とし，また積分範囲を $-T/2 \leq t' \leq T/2$ にとった式に他ならない. したがって式4.33は

$$W_{xx}(f) = \int_{-T/2}^{T/2}\gamma_{xx}(t_m)\exp(-2\pi jft_m)dt_m \tag{4.34}$$

式4.34を式3.42と比較すれば，自己相関関数のフーリエ変換がパワースペクトル密度であることが分かる. またその逆である

$$\gamma_{xx}(t_m) = \frac{1}{2\pi}\int_{-f_c}^{f_c}W_{xx}(f)\exp(2\pi jft_m)df \tag{4.35}$$

も同様に証明できる. 式4.35は明らかに式4.34と対称・双対関係にあり，式3.41と式3.42が対称・双対関係にあることを参照すれば，パワースペクトル密度のフーリエ逆変換が自己相関関数であることが分かる. 「**自己相関関数とパワースペクトル密度のうち一方が分かれば他方を導くことができる**」と言うこの関係を，**ウイナー・ヒンチンの定理**と言う.

（２）　クロススペクトル密度

　2個の時刻歴信号 $x(t)$，$y(t)$ に含まれる周波数 f の周期成分である周波数スペクトルをそれ

それ $X(f)$, $Y(f)$ とする. $X(f)$ と $Y(f)$ は, 大きさと位相を有する複素数として表現される. 信号の継続時間 T が十分大きい場合には, これらから導かれる式

$$W_{xy}(f) = \frac{1}{T}\overline{X(f)}Y(f) \tag{4.36}$$

で定義される量を**クロススペクトル密度**と言う. クロススペクトル密度は, 一般には複素数であり, 次式の共役関係を有する.

$$W_{yx}(f) = \frac{1}{T}\overline{Y(f)}X(f) = \frac{1}{T}\overline{\overline{X(f)}Y(f)} = \overline{W_{xy}(f)} \tag{4.37}$$

　パワースペクトル密度に関して式4.31〜4.35で説明したように, クロススペクトル密度と相互相関関数の間にも, 次のような**ウイナー・ヒンチンの定理**が成立する. この証明は, パワースペクトル密度の場合と同様であるから, 省略する.

$$W_{xy}(f) = \int_{-T/2}^{T/2}\gamma_{xy}(t_m)\exp(-2\pi f t_m)dt_m \tag{4.38}$$

$$\gamma_{xy}(t_m) = \frac{1}{2\pi}\int_{-f_c}^{f_c}W_{xy}(f)\exp(2\pi j f t_m)df \tag{4.39}$$

式4.38はクロススペクトル密度が相互相関関数のフーリエ変換であることを示し, 式4.39はその逆を示しており, 両者は互いに対称・双対関係にある.

４．２．３　周波数応答関数とコヒーレンス

　系への入力を $x(t)$, 系からの出力を $y(t)$ とする. ただしこれらは共に, 予め平均値を0とした上で, 標準偏差で割って大きさを単位量1にしてあるとする. それらの周波数スペクトル密度をそれぞれ $X(f)$, $Y(f)$ とする.

　4.2.1節以下のこれまでの説明では, 系は線形であるとし, また入力と出力は共に誤差を含まないとしてきた. そしてその場合には, 式4.11に示したように, インパルス応答 $h(t)$ のフーリエ変換結果である $H(f)$ が出力 $Y(f)$ と入力 $X(f)$ の比である周波数応答関数（周波数 f の関数として定義された伝達関数）になることが判明した. しかし実現象では, これら両者共に必ず何らかの誤差が混入している.

　今, 入力には誤差が混入せず, 出力のみに入力と無関係な不規則誤差（雑音）が混入しているとする. そして, 誤差が混入していないときの正しい出力を $v(t)$, 出力に混入する誤差を $n(t)$ とし, それらの周波数スペクトルをそれぞれ $V(f)$, $N(f)$ とする. そうすれば, 時間領域と周波数領域で次式が成立する.

$$y(t) = v(t) + n(t) \tag{4.40}$$

$$Y(f) = V(f) + N(f) \tag{4.41}$$

　簡単のために, 式4.36で定義されるクロススペクトル密度を $W_{xy} = \overline{X(f)}Y(f)/T = \overline{X}Y$ と表記し, 他にも同様な表現方法を適用する. 式4.41に前から $\overline{X(f)}$ を乗じれば

$$\overline{XY} = W_{xy} = \overline{XV} + \overline{XN} \tag{4.42}$$

出力に含まれる不規則誤差は入力と無相関だから，$\overline{XN} = 0$．したがって，式4.42は

$$W_{xy} = \overline{XV} = W_{xv} \tag{4.43}$$

誤差を除いた出力 $V(f)$ を入力 $X(f)$ で割った正しい周波数応答関数を

$$H_1(f) = \frac{V}{X} \tag{4.44}$$

と記す．式4.44右辺の分子と分母に前から $\overline{X(f)}$ を乗じて分母を実数にし（式A2.15参照），式4.43を代入する．入力のパワースペクトル密度を $\overline{XX} = W_{xx}$ と記せば

$$H_1(f) = \frac{\overline{XV}}{\overline{XX}} = \frac{W_{xv}}{W_{xx}} = \frac{W_{xy}}{W_{xx}} \tag{4.45}$$

このように，出力のみに誤差が混入するときの周波数応答関数は，入力と出力間のクロススペクトル密度を入力のパワースペクトル密度で割れば求めることができる．こうすれば，出力に誤差や雑音が混入していても，その誤差は統計処理（平均化）により自動的に取除かれ，正しい周波数応答関数を推定できる．式4.45を周波数応答関数の H_1 **推定**と言う．

式4.45を式4.44に代入すれば，正しい出力の周波数スペクトルは

$$V = XH_1 = X\frac{W_{xy}}{W_{xx}} \tag{4.46}$$

こうして，入力の周波数スペクトル $X(f)$，入力のパワースペクトル密度 W_{xx}，入出力間のクロススペクトル密度 W_{xy} が与えられれば，式4.46を用いて誤差を除いた正しい出力の周波数スペクトル $V(f)$ を，平均化処理を用いて求めることができる．

誤差を除いた正しい出力 $v(t)$ のパワースペクトル密度 W_{vv} と誤差を含んだ出力 $y(t)$ のパワースペクトル密度 W_{yy} の比を $\gamma^2(f)$ と記せば，式4.46より

$$\gamma^2(f) = \frac{W_{vv}}{W_{yy}} = \frac{\overline{VV}}{W_{yy}} = \frac{\overline{XH_1}XH_1}{W_{yy}} = \frac{\overline{H_1}\overline{XX}H_1}{W_{yy}} = \frac{\overline{H_1}W_{xx}H_1}{W_{yy}} \tag{4.47}$$

式4.47に式4.45を代入して

$$\gamma^2(f) = \frac{(\overline{W_{xy}}/\overline{W_{xx}})W_{xx}(W_{xy}/W_{xx})}{W_{yy}} = \frac{\overline{W_{xy}}W_{xy}}{W_{yy}\overline{W_{xx}}} \tag{4.48}$$

入力と出力のパワースペクトルは共に，それらの大きさの自乗として定義されている（式4.30）．両波形はすでに正規化されており周波数 f に関係なく大きさが1であるから，$W_{xx} = \overline{W_{xx}} = \|X\|^2 = 1$，$W_{yy} = \|Y\|^2 = 1$．複素数とその共役複素数の積は複素数の大きさの自乗である（式4.25）から，$\overline{W_{xy}}W_{xy} = \|W_{xy}\|^2$．これらを式4.48に代入すれば

$$\gamma^2(f) = \frac{\|W_{xy}\|^2}{\|X\|^2\|Y\|^2} = (\frac{\|W_{xy}\|}{\|X\|\|Y\|})^2 = \|W_{xy}\|^2 \tag{4.49}$$

式4.49によって周波数領域で定義される $\gamma^2(f)$ を，**コヒーレンス**と呼ぶ．

式4.49を式4.27と対比すれば，$\gamma(f)$ は入力 $X(f)$ と出力 $Y(f)$ という2個の周波数スペクトル

密度間の相関関数（周波数領域で定義されている）と見なせることが分かる．すなわちコヒーレンスは，周波数領域で定義された相関関数の自乗なのである．前述のように，相関関数は $-1 \leq \gamma_{xy} \leq 1$ の値をとるので

$$0 \leq \gamma^2(f) \leq 1 \tag{4.50}$$

コヒーレンスは，入力と出力の関係の強さを表す．両者が全く無相関で $\overline{X}V = 0$ なら，式4.42 と $\overline{X}N = 0$（出力に混入する誤差は入力とは無関係だから）より $W_{xy} = 0$ であるから，$\gamma^2(f) = 0$ になる．反対に，出力に誤差や入力以外の外乱の影響が全く混入せず，出力が入力だけによって一義的に決定されるなら，$\|W_{xy}\| = \overline{W_{xy}W_{xy}} = \overline{XYXY} = \overline{Y}\,\overline{X}XY = \|X\|\overline{Y}Y = \|X\|\|Y\| = 1$ である（入力・出力共に予め正規化されているので）から，$\gamma^2(\omega) = 1$ になる．そして次の場合等には，$\gamma^2(f)$ は1より小さくなる．

① 系が線形でない場合．信号処理は線形理論に基づくから，非線形系の信号処理は正しくは行われない．非線形の存在は入力を変質させ，あたかも入力以外の原因により発生したかに見える動現象を生じ，それが入力以外の外乱の混入と同じ効果を出力に及ぼす．

② 計測・処理中に対象以外からの外乱や機器自身が発生する雑音が混入する場合．

③ 計測の対象である入力 $f(t)$ とは別の入力も存在し，出力が両者の影響を受ける場合．

④ 漏れ誤差（3.4.5項）が生じる場合．

⑤ 入出力の大きさがセンサー・処理機器のダイナミックレンジ（3.3.1項（2）：耐ノイズ性と線形性が共に保証される許容範囲）の下限を下回るかまたは上限を越える場合．

これまでは，出力のみに誤差が混入する場合について述べてきた．次に，入力のみに不規則誤差が混入する場合について考えよう．このとき，入力 $x(t)$ は次式で定義される．

$$x(t) = u(t) + n'(t) \tag{4.51}$$

ここで，$u(t)$ は誤差が無いときの正しい入力，$n'(t)$ は入力に混入する不規則誤差である．これをフーリエ変換すれば

$$X(f) = U(f) + N'(f) \tag{4.52}$$

式4.52の共役複素数に後から出力 $Y(f)$ を乗じれば，式4.36の定義より入出力間のクロススペクトル密度になる．一方，入力誤差 $n'(t)$ は不規則であり統計処理（平均化）により取除かれるから，出力と入力誤差間のクロススペクトル密度は $\overline{N'}Y = 0$ になる．

$$\overline{X}Y = W_{xy} = \overline{U}Y + \overline{N'}Y = \overline{U}Y = W_{uy} \tag{4.53}$$

入力のみに不規則誤差が存在するときの周波数応答関数 $H_2(f)$ は，出力 $Y(f)$ と正しい入力 $U(f)$ の比で与えられ，$H_2(f) = Y/U$ で定義される．式4.36 と式4.53 を用いれば

$$H_2(f) = \frac{Y\overline{Y}}{U\overline{Y}} = \frac{W_{yy}}{\overline{W_{uy}}} = \frac{W_{yy}}{\overline{W_{xy}}} \tag{4.54}$$

このように，入力のみに不規則誤差が混入するときの周波数応答関数は，出力のパワースペクトル密度を出力と入力間のクロススペクトル密度の共役複素数で割れば求められる．これを周波数応答関数の H_2 推定と言う．

　ここで注意すべきは，上記の理論が有効なのは入出力に混入する誤差が統計処理によって除くことができる偶然誤差（不規則誤差）に限られることである．それが困難な種類の誤差（例えば偏り誤差[2]：3.4.1項参照）が存在すれば，上記の理論は正確には成立せず，周波数応答関数の推定精度は低下する．

　$H_1(f)$ と $H_2(f)$ の比をとってみよう．式4.45，式4.54，式4.37，式4.48より

$$\frac{H_1(f)}{H_2(f)} = \frac{W_{xy}W_{yx}}{W_{xx}W_{yy}} = \frac{W_{xy}\overline{W_{xy}}}{W_{xx}W_{yy}} = \gamma^2(f) \tag{4.55}$$

このように，周波数応答関数 H_1 と H_2 の比はコヒーレンスになる．$0 < \gamma^2(f) \leq 1$ であるから

$$H_1(f) \leq H_2(f) \tag{4.56}$$

コヒーレンス $\gamma^2(f)$ が低下することは，入力と出力間の関連が減少することであり，出力に誤差が混入することを意味する．このとき H_1 は減少し，H_1 と H_2 の差が大きくなる．入出力共に誤差が混入しない場合には $\gamma^2(f) = 1$ すなわち $H_1 = H_2$ になるから，H_1 と H_2 のどちらを用いて周波数応答関数を推定してもよい．入力と出力の両方に誤差が混入するときの周波数応答関数は，近似的に $H_3 = (H_1 + H_2)/2$ と推定することがある．

４．３　変動・変化するスペクトルの解析

　フーリエ変換の実行式 3.42 における時間積分では，周波数 f が時間 t に無関係に一定であることを暗黙の了解事項としている．このことから分かるように，フーリエ変換では時刻歴波形を構成する周波数が，時間に影響されない定常値であることを前提にしている．元来フーリエ変換は，定常状態の波形を対象にする変換なのである．そこで，周波数自体や波形を構成する周波数成分が変動・変化する場合には，付加的な工夫が必要になる．以下にその一部を紹介する．

４．３．１　短い波形の分析

　ここまでの議論は，フーリエ解析の対象となる波形の時刻歴が時間に無関係に一定を保つ定常波形であるという前提に基づいて行われていた．しかし一般に音の時刻歴波形は変化・変動するものであり，その変化・変動自体を解析することにより，音響学上の重要な知見を得られる場合が多い．

　ここではまず，衝撃振動や打撃音のように瞬時で終わる波形や，振幅や周波数が素早く変化したり構成成分が短時間で入れ変わったりする波形のように，十分な長さの標本化時間 T や標本化点数 N を取得・設定することが困難な場合について述べる．

　このような場合には，時刻歴が定常と見なされる短時間だけの計測値を採用して残りの時間には 0 のデータを継ぎ足すことによって，標本化時間 T と標本化点数 N を必要な量まで増加させてフーリエ解析を行う方法がある．

　周波数が1,000Hzの純音の音波波形にちょうどその12周期分に等しい時間幅（0.012s）の方形窓（窓による波形の修正は無し）をかけて得られた波形の測定値をFFTした結果の周波数スペクトル（振幅の絶対値）の概念図を，図4.3に示す．同図左側が入力する波形と方形窓，右側が結果として得られた周波数スペクトルである．同図aは，波形が一定のまま方形波の時間幅より長く継続し，時間窓内では定常波形と見なせる場合である．方形窓の時間長は音の波形の1周期間の整数倍（12倍）に等しいから，同図aには方形波をかけることに起因する漏れ誤差（3.4.5項参照）は生じず，得られたaの周波数スペクトルは正しい線スペクトルになっている．同図b～dは，波形の継続時間が短く方形窓の時間長の一部にしか達しない場合である．得られた波形は使用する方形窓の中央に置き，その両側のデータが存在しない時間部分には0のデータを加えて，FFTする．継続波形の波数は，同図bが7波，同図cが3波，同図dが1波である．これらのように，継続時間が短い場合には波形の周期性はぼやけ，本来の線スペクトルはあたかも標本化関数の連続スペクトルのように幅を持った形になる．そして，継続時間が短くなるほどぼやけの程度は大きく，幅は広くなる．

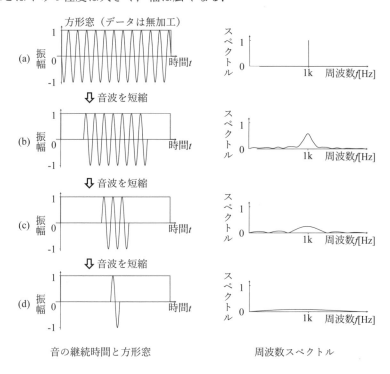

図4.3　音の継続時間と周波数スペクトルの関係
（波形を中央に置いて方形窓をかけるときの概念図）

　図4.4aは，16Hz，32Hz，48Hz，64Hzの4個の周波数成分を同図上段の表に記すような振幅と位相に従って合成して作成した定常波形を，標本化点数$N=256$で標本化し（標本化時間$T=1[\,s\,]$）FFTした結果の周波数スペクトル（対数目盛dB表示）を示す（使用した時間窓は方形窓（無加工））．後半3個の高周波数成分は基本周波数16Hz成分の整数倍（2倍・3倍・4

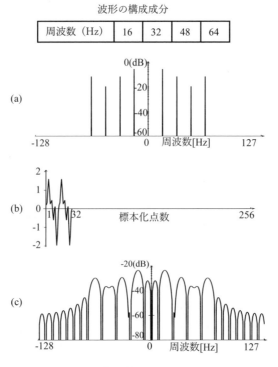

図4.4　短い音のスペクトル
（波形を左端に置いて方形窓をかける場合の計算図）

倍）であり，また標本化点数 $N = 256$ は基本周波数のちょうど16倍であるから，この FFT による漏れ誤差は全く発生せず，すべての成分のパワースペクトルは線スペクトルになり，与えられた波形を構成するすべての周波数を容易に読み取ることが出来る.

　図 4.4b は，上記の波形を初期1/8秒間（標本化点数 $N = 32$ ＝基本周波数成分の2周期分）だけ入力し，続く7/8秒間のデータとして0を追加した時刻歴波形を示す. 図 4.4c はそのデータを，$T = 1$秒，標本化点数 $N = 256$ で標本化し（方形窓使用），256 点 FFT したパワースペクトル（dB 表示）を示す.

　図 4.3 と図 4.4 に示すように，標本化時間より短い時間間隔の波形を使用し，残りの時間間隔の波形を0として作成したデータを FFT して得られる周波数スペクトルとパワースペクトルは，線スペクトルではなくあたかも複数の山を持つ連続スペクトルのようになり，頂上の周波数がぼやけて読みにくくなることが分かる.

４．３．２　スペクトログラム

　フーリエ変換の実行時には必ず有限時間内の離散データしか用いることができないので，得られるのはあくまで有限長の時間窓によって切り取られた一部の時刻歴波形の周波数特性に限られる. 音が時間と共に変化する場合に時々刻々変動する周波数特性を調べるには，この時間窓を少しずつずらしながら周波数分析を繰り返す必要がある.

　その際に用いられるのが**スペクトログラム**である．スペクトログラムは，時間窓を少しずつずらしながら周波数分析を行い，横軸を時間・縦軸を周波数とした平面座標内に周波数特性を濃淡表示した図である．周波数分析の精度は，時間を区切る際に採用する時間窓の長さ Δt によって決まる．周波数を区切る周波数間隔 Δf は

$$\Delta f = \frac{1}{\Delta t} \tag{4.57}$$

　Δt を小さくすると時間を細かく区切って周波数特性の時間変動を詳細に調べることができるので，Δt は時間分解能を表す．一方，Δf を小さくすると周波数を細かく区切って周波数特性の構造を詳細に調べることができるので，Δf は周波数分解能を表す．式 4.57 は Δt と Δf が反比例の関係にあることを示すから，周波数特性の時間変動の様相を詳細に調べようとすると周波数特性の構造はあいまいになり，周波数特性の構造を詳細に調べようとすると周波数特性の時間変動はあいまいになる．これは時間分解能と周波数分解能を同時に向上させるのは不可能であることを意味し，量子力学におけるハイゼンベルグの不確定性原理と同種の**不確定性原理**に他ならない．

　時間分解能を重視し時刻歴波形を細かく区切ると，周波数分解能が粗くなる．これは帯域通過フィルターの帯域幅を広く設定することに相当するから，このスペクトログラムを**広帯域スペクトログラム**と呼ぶ．反対に周波数分解能を重視し時刻歴波形を粗く区切ると，周波数分解能は向上するが時間分解能が低下する．これは帯域通過フィルターの帯域幅を狭く設定することに相当するから，**狭帯域スペクトログラム**と呼ぶ．

　図 4.5 は，1 秒ごとに周波数が 400Hz ずつ大きくなっていく正弦調和波の周波数分析（ハニング窓使用）結果を示すスペクトログラムである．図 4.5a は時間窓の大きさを 2ms にした広帯域スペクトログラムであり，周波数の変動時刻ははっきり読み取れるが，周波数の大きさの値がぼやけている．一方，図 4.5b は時間窓の大きさを 20ms にした狭帯域スペクトログラムであり，周波数の大きさの値ははっきり読み取れるが，周波数の時間変動の時刻がぼやけている．

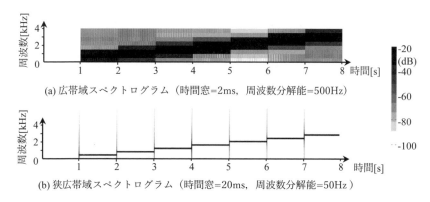

(a) 広帯域スペクトログラム（時間窓=2ms，周波数分解能=500Hz）

(b) 狭広帯域スペクトログラム（時間窓=20ms，周波数分解能=50Hz）

図4.5　スペクトログラムの例
（1秒ごとに周波数が400Hz大きくなる正弦調和波）

このように，広帯域スペクトログラムは周波数特性の構造を詳細に知ることは苦手であるが周波数特性の時間変動の様相を詳細に知ることには威力を発揮し，狭帯域スペクトログラムはその逆である．

４．３．３　ケプストラム解析

（１）ケプストラム解析とは

本書ではここまで，時刻歴波形をフーリエ変換してそれを形成する周波数スペクトルを求める，という立場をとってきた．しかし，フーリエ変換の対象は時刻歴波形に限らなければならないことはない．スペクトルを有する波形の原因が何であるかにかかわらず，そのスペクトル自体が周波数軸に沿って周期的に変化する成分を有する場合には，そのスペクトルをさらにフーリエ変換すれば，そのスペクトルの変化の周期を示す，スペクトルのスペクトルに相当するものが得られるはずである．それを読むことによってそのスペクトル変化の周期が分かれば，それは波形の成因・スペクトル自体に周期性を有する成分が生じる理由・観測している事象の原因などの解明に際し，有力な手掛かりになることが期待される．そこで本節では，スペクトルの対数をとってそれをフーリエ変換するという，少し奇妙な手法を紹介する．これが**ケプストラム解析**である

フーリエ変換の対象が時刻歴波形でそれを表現する横軸が時間であれば，それをフーリエ変換して得られるスペクトルの横軸は時間の逆数である周波数になる．これをフーリエ逆変換すれば，その結果の横軸は周波数の逆数である時間に戻る．しかし，時刻歴波形をフーリエ変換して得られたスペクトルをさらにフーリエ変換した結果の横軸は，スペクトルが有する周波数軸上の変化の周波数に相当する．これは周波数の逆数である時間の次元を持つが，それをそのまま時間というわけにはいかない．そこでこの手法を提唱したBogertはこれを，横軸をfrequency（周波数）の綴りのfreとqueを逆に入れ換えたquefrency（**ケフレンシー**）と呼ぶことにし，上記の手法にspectrumの綴りのspecを逆順にしたcepstrum（**ケプストラム**）という造語をあてた．

ケフレンシーは周波数の周波数であるから，その次元は周波数の逆数の逆数であり時間に相当する．そして，ケフレンシーが小さいことは時間が短いことにあたり，大きいことは時間が長いことにあたる．そこで，周波数は低い・高いと言うのに対して，ケフレンシーは短い・長いと言う．ただし，ケフレンシーが短いことは波形から得られたスペクトルの周波数軸上に沿っての周期変化が緩やかなことになり，長いことはそれが急であることになる．

周期信号をフーリエ変換すれば，周期の逆数を基本周波数とする線スペクトル構造のスペクトルが得られて，信号の周期はその基本周波数の逆数として容易に得られる．しかし，信号に大きい雑音が混入していたり，信号にそれよりも大きい多種多様の高周波数成分が併存したりすると，基本周波数がそれらに埋もれてしまい，フーリエ変換の結果から基本周波数成分を求めることが困難になる．

このような場合でも，フーリエ変換して得られたスペクトルに基本周波数の整数倍の成分が

線スペクトルとして並んでいれば，スペクトルには基本周波数を周期とする周期構造が確かに存在する．その周期を求めるには，スペクトルの周波数軸を時間軸のように見なしてフーリエ変換すれば，すなわちケプストラム解析を使えば，信号の基本周期が求められると思われる．

（2）　手法の数式説明

ケプストラムの解析手法が提案されたのは，石油探索のために地表面で励起した弾性波が地中の不連続面から反射して地表に到達するまでの時間を測定するためであった．そこで図4.6のように，1個の信号源から発信された同一の時刻歴波形の直接波 $x(k)$ に反射波 $rx(k-d)$ が混じった信号 $y(k)$ が観測され，その観測信号から反射による伝達遅れの時間（離散時間 d：整数）を知りたい，という場合を想定し，この手法を数式説明する．これは，反射波の混入に限らず，一般に原信号が同一で伝搬時間の異なる別々の経路を通ってきた複数の波形が重なって観測されるときの2経路間の伝搬時間の差を求める場合と考えてもよい．

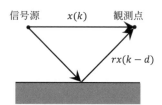

図4.6　直接波に時間 d 遅れた
反射波が重なった観測波
（r は反射率：$0 \leq r \leq 1$）

ここでは離散フーリエ解析（DFT）を使うので，時間 t と周波数 f は離散時間 k と離散周波数 i の形で表現しており

$$t=k\tau,\ t_d=d\tau,\ f=i\Delta f=i/(N\tau) \quad （\tau は標本化間隔，N は標本化点数） \tag{4.58}$$

観測信号 $y(k)$ は次式で表現される．

$$y(k)=x(k)+rx(k-d) \tag{4.59}$$

反射率 r は周波数に依存して変化するのが普通であるが，ここでは説明を簡単にするため周波数にかかわらず一定であるとする．

原信号 $x(k)$ がインパルスであれば，$y(k)$ は時間 d だけ離れた2個のインパルスになって d は容易に決定できるが，$x(k)$ が連続信号の場合にはそう簡単ではない．しかしフーリエ変換の基本性質（3.2.2項（3））によれば，ある時間だけ遅れた波形のスペクトルは元の波形のスペクトルに遅れ時間と周波数の積に比例する位相遅れが生じたものになる．そこで，$x(k)$ のスペクトルと $x(k-d)$ のスペクトルは，大きさ（絶対値）の形状が同じで後者のみに位相回転が加わるだけの違いとなり，これら両者の和である $y(k)$ のスペクトルは，周波数軸に沿って周期的に変化する成分を含むはずである．原波形 $x(k)$ のDFT値が $X(i)$（i は離散周波数）ならば，それが d 遅れた波形 $x(k-d)$ のDFT値には，周波数と時間遅れの積 $ft_d=di/N$（式4.58より）に比例する位相遅れが生じ，式3.49より

$$\mathrm{DFT}(x(k-d))=X(i)\exp(-2\pi jft_d)=X(i)\exp(-2\pi j\frac{di}{N}) \tag{4.60}$$

式4.59と式4.60より（整数 i は離散周波数，整数 k は離散時間）

$$Y(i) = \mathrm{DFT}(y(k)) = \mathrm{DFT}(x(k) + x(k-d)) = X(i)(1 + r\exp(-2\pi j\frac{di}{N})) \tag{4.61}$$

式4.61の右辺最終項は，その指数が 2π を1周期とする周期関数である複素指数関数（3.1.3項）である．これは周波数 i の変化につれて $di/N = 1$ すなわち $i = N/d$ 毎に1周期（2π rad）だけ変化することに相当するので，観測信号 $y(k)$ の周波数スペクトル $Y(i)$ には周波数軸に沿って周期的に変化する成分が内蔵されていることになる．実際の観測信号のスペクトルからそれが含む周期成分を認知できて，それが1周期だけ変化する周波数 i の間隔値がいくらであるか，という周波数軸に沿った周期 I_d を読み取ることができれば，標本化点数 N は既知なので

$$d = \frac{N}{I_d} \tag{4.62}$$

の関係から時間遅れ d が分かる．

　観測信号の周波数スペクトル $Y(i)$ をさらにフーリエ変換すれば，スペクトルの周期 I_d の逆数に相当する点に線スペクトルに相当する鋭いピークが生じ，それから I_d が読み取れる．しかし式4.61は複素数であるから，このままでは扱いにくい．そこで，$Y(i)$ そのものではなく絶対値の2乗（実数）である次式のパワースペクトルを使うことにする．式4.61と式3.26と $\exp(0) = 1$ より

$$
\begin{aligned}
P_{YY}(i) &= \overline{Y(i)}Y(i) = \overline{X(i)}X(i)(1 + r\exp(2\pi j\frac{di}{N}))(1 + r\exp(-2\pi j\frac{di}{N})) \\
&= |X(i)|^2 (1 + r\exp(2\pi j\frac{di}{N}) + r\exp(-2\pi j\frac{di}{N}) + r^2\exp(2\pi j\frac{di}{N} - 2\pi j\frac{di}{N})) \\
&= |X(i)|^2 (1 + r(\cos 2\pi\frac{di}{N} + j\sin 2\pi\frac{di}{N}) + r(\cos 2\pi\frac{di}{N} - j\sin 2\pi\frac{di}{N}) + r^2) \\
&= |X(i)|^2 (1 + r^2 + 2r\cos 2\pi\frac{di}{N}) = P_{XX}(1 + r^2 + 2r\cos 2\pi\frac{di}{N})
\end{aligned}
\tag{4.63}
$$

　観測信号 $y(i)$ パワースペクトル P_{YY} である式4.63は，原信号 $x(i)$ のパワースペクトルである P_{XX} と，原信号には無関係であり周波数軸に沿って周期的に変化する成分の積から成っている．前者は当然原信号の性質に依存するから，観測信号は原信号の影響を受ける．

　原信号（例えば加振機械によって励起された連続波形）のパワー P_{XX} は，通常低周波数成分が主であり，高周波数域では極めて小さくほとんど0になる．そして，観測信号のパワースペクトル P_{YY} に含まれる周波数軸に沿った周期的変化の成分（式4.63右辺の最終余弦項）は，高周波数域では P_{XX} を乗じることによって著しく縮小された上に雑音に埋もれるから，それをそのままフーリエ変換しても，周波数軸に沿った周期 I_d をほとんど検知できない．

　一般に，振幅が小さい範囲を調べるためには対数をとればよいことは，dB尺度を説明した1.2.2項ですでに述べた．この記述のように，対数をとれば値が小さい部分が拡大され観察しやすくなるので，i が大きい高周波数領域で P_{XX} により縮小された周期的変化も拡大表示され，上記の問題を軽減できることが予想される．そこで，P_{YY}（式4.63）の対数をとると，次式のようになる．

$$\log P_{YY}(i) = \log P_{XX}(i) + \log(1 + r^2 + 2r\cos 2\pi \frac{di}{N}) \tag{4.64}$$

　式4.64を式4.63と比較すれば，対数には，"2つの関数の積の対数がそれぞれの対数の和になる"という，もう1つの重要な性質があることが分かる．iが大きい高周波数域になればP_{XX}が減少しその対数はiの増加と共に負の方向に移動していくだけである．一方，式4.63右辺のカッコ内の項は，P_{XX}には無関係にiの増加に伴って一定周期で変化するだけであるから，対数をとれば，その周期性は，非常に小さい$P_{XX}(i)$を乗じることで縮小・消去されてしまうことにはならない．そこで式4.64ように，異なる性質を持つものを加え合わせても，それぞれの性質は失われることはない．

　式4.64をフーリエ変換すれば

$$C(q) = \mathrm{DFT}(\log P_{YY}(i)) = \mathrm{DFT}(\log P_{XX}(i)) + \mathrm{DFT}(\log(1 + r^2 + 2r\cos 2\pi \frac{di}{N})) \tag{4.65}$$

　式4.65の$C(q)$が観測信号のケプストラム解析結果である．またケフレンシーqは，周波数軸に沿って周期変化するスペクトルの周波数に相当し時間の次元を有する横軸の目盛である．$\log P_{YY}(i)$のiによる変化が緩やかならばそのDFTである式4.65右辺第1項は短ケフレンシー域に集中する．一方同式右辺第2項は周波数i軸に沿って一定周期N/dで変化する関数のDFTであるから，その逆数のd/Nにピークを生じ，このピークを読めば時間遅れdが分かる．

　2つの関数の一方が周波数により緩やかに変化し，他方が細かい周期的な変化をするならば．DFTの結果は短ケフレンシー成分と長ケフレンシー成分に分離される，というのがケプストラム解析の骨子である．

　そして本書の例の場合，ケプストラム解析によって反射波の遅れ時間が分かるのは，反射波のスペクトルが周波数と遅れ時間の積に比例する位相回転をして（フーリエ変換の基本性質：3.2.2項（3）の式3.49）原信号に加わり，観測信号のパワースペクトルに周期を持った変化が生じているためである．

（3）　音声の声道伝達関数の推定

　日本語音声の主体をなす母音は肺からの排気によって声帯が自励振動を起こし発生された**声帯音**（1.3.2項（2）参照）が，声帯から口腔を経て唇に至る**声道**と呼ばれる音響フィルターを通ることによって特色づけられ，5母音\<a\>，\<i\>，\<u\>，\<e\>，\<o\>のどれかになる．声帯音は三角形に近い波形であり，3.1.2項(3)ののこぎり波の例で示したように，多数の高調波成分からなる．一方声道フィルターの伝達関数はほぼ100～3000Hzの間に3～4個程度の共振周波数を持ち，これらの周波数軸に沿った変化は比較的なめらかである．これらの共振周波数を，周波数の低い方から順に第1，第2，第3の**フォルマント**と呼ぶ．

　母音波形のケプストラム解析を行う．

　声帯音を$x(k)$，声道のインパルス応答を$h(k)$と記せば，式4.7と同様に，母音$v(k)$はこれら両者の合成積（畳み込み積分）として表現できる．

$$v(k) = x(k) * h(k) \tag{4.66}$$

声帯音 $x(k)$ のDFTを $X(i)$, インパルス応答 $h(k)$ のDFTである声道伝達関数（＝周波数応答関数）を $H(i)$ と記せば, 式4.11のように合成積が積に変って（4.1.3項参照）, 母音のDFTである $V(i)$ は

$$V(i) = X(i)H(i) \tag{4.67}$$

式4.67は複素数である. ケプストラム解析ではパワースペクトル（実数）の対数をとるから

$$\log(\overline{V(i)}V(i)) = \log(\overline{X(i)}X(i)) + \log(\overline{H(i)}H(i)) \tag{4.68}$$

声帯音と声道伝達関数のそれぞれの絶対値を使えば, 式4.68は

$$\log|V(i)| = \log|X(i)| + \log|H(i)| \tag{4.69}$$

式4.66〜4.69は, 時間領域で2変数の合成積になっているものが, パワースペクトルを求めて対数をとることによって, それらの絶対値の対数の和になることを示している. 式4.69のDFTを行えば, 母音のケプストラムが求められる.

$$C(q) = \mathrm{DFT}(\log|V(i)|) = \mathrm{DFT}(\log|X(i)|) + \mathrm{DFT}(\log|H(i)|) \tag{4.70}$$

式4.70右辺第1項は信号源（声帯波）のみ, 同第2項は声道伝達関数のみによって決定される. 声帯波はその基本周波数の整数倍の多数の高周波成分を含むので, その性質はケフレンシー値の中央付近に鋭いピークとして現れる. これに比べれば声道伝達関数の周波数による変化は穏やかなため, その性質はケフレンシー値の短い部分に集中して現れる. このように, これら2つがケフレンシー軸上で別の領域に収まり, 両者を分離できる. そこで, ケフレンシー軸上の短ケフレンシー領域のみにケフレンシー窓と呼ばれる周波数窓（方形窓では漏れ誤差が過大になるので通常ハニング窓（図3.28a）を用いる）を乗じて, 前者が存在するケフレンシー領域を0として後者のみを残し, それをIDFTすれば, 声帯伝達関数のみのパワースペクトル $\log|H(i)|$ になる. その共振周波数を読めば, フォルマントの周波数の値が判明する. 以上がケプストラム解析を適用して声帯伝達関数を分析する方法の概略である.

4．3．4　ヒルベルト変換

　上記4.3.3項では周波数スペクトルが周波数 f 軸に沿って周期的に変化する場合を扱った. これに対して本項では, 周波数スペクトルが時間と共に緩やかに変動する場合を取り上げることにより, **ヒルベルト変換**を説明する.

　時刻歴波形を, 複素平面上の原点を始点とするベクトルの回転で表現することを試みる. 時刻 t の経過に沿って変動する変位として私達が認識・記述する時刻歴波形は, 実現象であるからもちろん実数であり, 図3.5のように, 複素平面上の原点の回りを角速度 $2\pi f$ で回転するベクトルの横軸（実軸）への投影である. そして時間は複素平面内の回転の角度 $\theta = \omega t = 2\pi ft$ として表現される.

　時刻歴波形が複素平面上を回転するベクトルとして表現されると, その半径（＝回転ベクトルの長さ）が時間の経過と共に緩やかに変動するならば, その変動の時間経過を表現するための新しい時間軸を複素平面と直交する軸上にとれば, 回転ベクトルは, 図4.7に示すように, 時

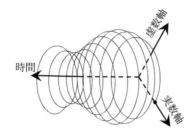

図4.7 振幅が時間と共に緩やかに変化する
余弦調和波の回転ベクトルによる表現

計回りに回転しながらその新しい時間軸に沿って右ねじをねじ込むように進行する時間変動波
形となり，その先端の軌跡を包絡線波形として描くことができる．

式3.26（オイラーの公式）を再記すれば

$$\exp(2\pi jft) = \cos(2\pi ft) + j\sin(2\pi ft) \tag{3.26} \quad (4.71)$$

$\sqrt{\sin^2(2\pi ft) + \cos^2(2\pi ft)} = 1$（式A1.8）の関係から，式4.71は，図3.5に示したように，単位半径（＝1）
の調和波（単一の周波数を有する正弦波・余弦波）が複素平面上を時間 t と共に周波数 f Hzの
速度で反時計回りに回転していることを示している．また同式は，余弦調和波が実現象を表現
する実部，正弦調和波が虚部であることを意味する．この例のように波形を，複素平面上を回
転する複素ベクトルで表すためには，複素ベクトルの長さを知る必要があり，そのためには，
この波形（実現象を表現しているから実数でありこれを実部とする）と直交する波形（複素数
の虚部）を求めておくことが必要になる．その手段としては，波形に $-j$（単位複素数の負値）
を乗じればよいように思われる．例えば，式4.71で表現される波形に $-j$ を乗じれば，$j^2 = -1$ で
あるから

$$-j\exp(2\pi jft) = \sin(2\pi ft) - j\cos(2\pi ft) \tag{4.72}$$

式4.72の実部は，式4.71の実部である実現象 $\cos(2\pi ft)$ と直交した（位相が $\pi/2$ だけ遅れた）時
刻歴である $\sin(2\pi ft)$ になっており（$\sin\theta = \cos(\theta - \pi/2)$），式4.72が式4.71と直交する波形の複
素数表現であることを示している．

しかし3.1.3項で述べたように，周波数には負の周波数（f が負）という仮想の概念が使用さ
れている．負の周波数領域では時間が複素平面上で時計回りの回転となり，波形が式4.71の負
値として複素数表現される．

$$-\exp(2\pi jft) = -\cos(2\pi ft) - j\sin(2\pi ft) \tag{4.73}$$

式4.73に $+j$ を乗じれば式4.72になり，上記と同様に，実現象と直交した時刻歴である $\sin(2\pi ft)$
が実部になる新しい波形の複素数表現が得られる．これらをまとめれば，複素数表現した実波
形と直交する新しい波形は，その波形に $-j\,\mathrm{sgn}(f)$（**符号関数**と呼ばれる sgn は後続カッコ内（こ
の場合には周波数 f）の符号（正または負）のみを採用するという意味の関数記号）を乗じれ
ば得られることになる．

式4.72で複素数表現される波形は，時間 $t = 0$ の初期には複素平面（図3.5参照）の縦軸下方 $-j$
に位置する波形であるから，式4.71で複素数表現され同初期に横軸右方 1 に存在する波形より

位相が $90° = \pi / 2 \,\mathrm{rad}$ だけ遅れている（時間は反時計回りが正であるから）．このように，**時刻歴波形に $-j\,\mathrm{sgn}(f)$ を乗じることはその位相を $90°$ 遅らせること**，を意味する．

　以上は，単一周波数を有する調和関数の時刻歴波形について述べた事項であるが，フーリエ級数（式3.1）によれば調和関数ではないどのような波形も調和関数の時刻歴波形の和として表現できるので，上記の事項は調和関数以外の一般の任意波形についても成立する．

　時刻歴波形 $x(t)$（実数）の周波数スペクトルが $X(f)$（振幅と位相を有する複素数）のとき，その周波数成分の位相を $\pi / 2 \,\mathrm{rad}$ だけ遅らせるためには，周波数スペクトルに $-j\,\mathrm{sgn}(f)$ を乗じた後にフーリエ逆変換（IFT）すればよいことになる．その結果，$x(t)$ と直交する波形 $x_\perp(t)$ は，IFTの式3.41より

$$x_\perp(t) = \int_{-\infty}^{\infty} (X(f)(-j\,\mathrm{sgn}(f)))\exp(2\pi jft)\,df \tag{4.74}$$

　式4.74は2つの周波数領域関数の積のIFTになっており，式4.12によればこれは，2つ周波数領域関数の合成積であることが分かる．したがって式4.74は，$X(f)$ のフーリエ逆変換と $-j\,\mathrm{sgn}(f)$ のフーリエ逆変換の合成積として計算される．前者は $x(t)$ であるから，後者を

$$h_s(t) = \mathrm{IFT}(-j\,\mathrm{sgn}(f)) \tag{4.75}$$

とおけば，式4.12と式4.6と式4.74より

$$x_\perp(t) = x(t) * h_s(t) = \int_{-\infty}^{+\infty} x(t')h_s(t-t')\,dt' \tag{4.76}$$

　式4.76を実行して具体的な結果を得るためには，$-j\,\mathrm{sgn}(f)$ のフーリエ逆変換である式4.75の $h_s(t)$ が必要である．

　その準備のため，まず時間領域の符号関数 $\mathrm{sgn}(t)$ のフーリエ変換（FT）を行う．図4.8aに示すように符号関数 $\mathrm{sgn}(t)$ は，$t<0$ では -1，$t>0$ では 1 という関数である．そのフーリエ変換をそのまま公式通りに演算しようとすると，被積分項内に値が不定である時刻 $t=0$ が含まれることと $t=\infty$ における被積分項の値が不定であるため，積分が収束せず結果が得られない．しかしこれは，この符号関数を近似し図4.8bに示す指数関数の時間積分である次式において $\sigma \to 0$ とした極限，として求めることができる（式3.42参照）．

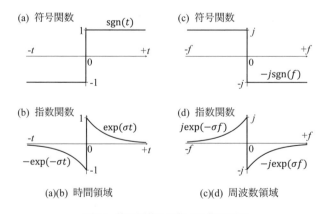

(a) 符号関数　　　　　　(c) 符号関数

(b) 指数関数　　　　　　(d) 指数関数

(a)(b) 時間領域　　　　　(c)(d) 周波数領域

図4.8　符号関数を近似する指数関数

$$\int_{-\infty}^{0} -\exp(\sigma t)\exp(-2\pi jft)\,dt + \int_{0}^{+\infty} \exp(-\sigma t)\exp(-2\pi jft)\,dt$$

$$= \left[-\frac{1}{\sigma-2\pi jf}\exp((\sigma-2\pi jf)t) \right]_{-\infty}^{0} + \left[\frac{1}{-\sigma-2\pi jf}\exp((-\sigma-2\pi jf)t) \right]_{0}^{+\infty} \tag{4.77}$$

$$= -\frac{1}{\sigma-2\pi jf} + \frac{1}{\sigma+2\pi jf} = \frac{-4\pi jf}{\sigma^2+(2\pi f)^2}$$

式4.77において $\sigma \to 0$ の極限をとれば，時刻歴関数 $\mathrm{sgn}(t)$ のフーリエ変換（FT）は

$$\mathrm{FT}(\mathrm{sgn}(t)) = \frac{-j}{\pi f} = \frac{1}{\pi jf} \tag{4.78}$$

次に式4.77を参照しながら，周波数領域の符号関数 $-j\,\mathrm{sgn}(f)$ のフーリエ逆変換を行う．図4.8c に示すように符号関数 $-j\,\mathrm{sgn}(f)$ は，$f<0$ では j，$f>0$ では $-j$ という関数である．そのフーリエ逆変換をそのまま公式通りに演算しようとすると，上記と同様，積分が収束せず結果が得られない．しかし式3.41を参照すれば，これを近似し図4.8dに示す指数関数の周波数積分である次式において，$\sigma \to 0$ とした極限として求めることができる．

$$\int_{-\infty}^{0} j\exp(\sigma f)\exp(2\pi jft)\,df + \int_{0}^{+\infty} -j\exp(-\sigma f)\exp(2\pi jft)\,df$$

$$= \left[\frac{j}{\sigma+2\pi jt}\exp((\sigma+2\pi jt)f) \right]_{-\infty}^{0} + \left[\frac{-j}{-\sigma+2\pi jt}\exp((-\sigma+2\pi jt)f) \right]_{0}^{+\infty} \tag{4.79}$$

$$= \frac{j}{\sigma+2\pi jt} + \frac{j}{-\sigma+2\pi jt} = \frac{-4\pi t}{-(\sigma^2+(2\pi t)^2)}$$

式4.79において $\sigma \to 0$ の極限をとれば，関数 $-j\,\mathrm{sgn}(f)$ のフーリエ逆変換（IFT）は

$$h_s(t) = \mathrm{IFT}(-j\,\mathrm{sgn}(f)) = \frac{1}{\pi t} \tag{4.80}$$

式4.80を式4.76に代入して

$$x_\perp(t) = \frac{1}{\pi}\int_{-\infty}^{+\infty}\frac{1}{t-t'}x(t')\,dt' \tag{4.81}$$

式4.81は，**ヒルベルト変換**の公式として知られる関係式である．

簡単な例として，余弦調和波 $x(t)=\cos(2\pi f_0 t)$ のヒルベルト変換を行ってみよう．この式を式 4.81に代入すると

$$x_\perp(t) = \frac{1}{\pi}\int_{-\infty}^{+\infty}\frac{\cos(2\pi f_0 t')}{t-t'}\,dt' \tag{4.82}$$

ここで $z=t-t'$ とおけば，$dt'=-dz$ である．式4.82内の積分範囲は $-\infty<t<\infty$ である．三角関数の加法定理（式A1.18）より式4.81は

$$x_\perp(t) = -\frac{1}{\pi}\int_{-\infty}^{+\infty}\frac{\cos(2\pi f_0 t-2\pi f_0 z)}{z}\,dz = -\frac{1}{\pi}\int_{-\infty}^{+\infty}\frac{\cos(2\pi f_0 t)\cos(2\pi f_0 z)+\sin(2\pi f_0 t)\sin(2\pi f_0 z)}{z}\,dz$$

$$= -\frac{\cos(2\pi f_0 t)}{\pi}\int_{-\infty}^{+\infty}\frac{\cos(2\pi f_0 z)}{z}\,dz - \frac{\sin(2\pi f_0 t)}{\pi}\int_{-\infty}^{+\infty}\frac{\sin(2\pi f_0 z)}{z}\,dz$$

$$\tag{4.83}$$

式4.83右辺は，第1項は被積分項が奇関数（分子 $\cos(2\pi f_0 z)$ が偶関数・分母 z が奇関数）なので 0になり，第2項は被積分項が偶関数（分子 $\sin(2\pi f_0 z)$ と分母 z が共に奇関数）なので残る．残った被積分項内には分子と分母が共に0になる $z=0$ の点が含まれており，積分が発散してしまう．そこで，この積分表現を以下のように変えることにより，この問題を回避する（後述式A6.2参照）.

$$x_\perp(t) = -\frac{\sin(2\pi f_0 t)}{\pi}\lim_{\Delta\to 0}(\int_{-\infty}^{-\Delta}\frac{\sin(2\pi f_0 z)}{z}dz + \int_{+\Delta}^{+\infty}\frac{\sin(2\pi f_0 z)}{z}dz) = -2\frac{\sin(2\pi f_0 t)}{\pi}(-\frac{\pi}{2}) = \sin(2\pi f_0 t)$$

(4.84)

$x(t) = \cos(2\pi f_0 t)$ であるから式4.84の $x_\perp$ は，$\sin(2\pi f_0 t) = \cos(2\pi f_0 t - \pi/2)$ （右辺が左辺より $\pi/2$ の位相遅れ）という，明白な直交関係を示している．

　以上の例から類推できるように，**ヒルベルト変換は，波形に $-j\,\mathrm{sgn}(f)$ を乗じ波形を構成するすべての周波数成分の位相を $\pi/2$ 遅らせることによって，この波形と直交する波形を求める変換である**．そこで，**位相を $\pi/2$ 進ませる変換はヒルベルト逆変換になる**．したがって，$x_\perp(t)$ のフーリエ変換に $j\,\mathrm{sgn}(f)$ を乗じてフーリエ逆変換すれば，すべての周波数成分の位相が $x_\perp(t)$ より $\pi/2$ 進んだ時間関数，すなわち $x(t)$ になることは明らかである．これを上述と同じ手順で時間領域の式として実行すると，**ヒルベルト逆変換の公式**として次式が得られる．

$$x(t) = -\frac{1}{\pi}\int_{-\infty}^{+\infty}\frac{1}{t-t'}x_\perp(t')\,dt'$$

(4.85)

　このように，**ヒルベルト逆変換はヒルベルト変換とは符号が逆になるだけの同一の変換**である．このことは，上記の例と $-\sin(2\pi f_0 t) = \cos(2\pi f_0 t + \pi/2)$ （$\pi/2$ の位相進み）の明白な関係から容易に類推できる．ヒルベルト変換とヒルベルト逆変換を合わせて**ヒルベルト変換対**と呼ぶ．

　時刻歴波形 $x(t)$ の振幅が時間と共に緩やかに変化するとき，ヒルベルト変換（式4.81）によってそれから位相が $\pi/2$ 遅れた直交波形 $x_\perp(t)$ を作成し，これら両者の2乗和の平方根を求めれば，波形 $x(t)$ が有する緩やかな振幅変化を表現する新しい時刻歴波形を得ることができる．これが，図4.7に示した包絡線の時刻歴波形である．

　次に，因果律に従うすべての時間関数のスペクトルの実部と虚部の間にはヒルベルト変換対が成り立つことを述べる．その1例として，4.1.1項で述べ図4.1に示したインパルス応答 $h(t)$ を取り上げる．物理的に実現可能な伝達系はすべて因果律に従い，入力を加える時刻以前にその入力による応答が出力されることはないから，インパルス応答は $t<0$ の時間領域では $h(t)=0$ でなければならない．一方式4.11で述べたように，インパルス応答 $h(t)$ のフーリエ変換はそのまま伝達関数（周波数応答関数）$H(f)$ になる．

　ここで，$h(t)$ を偶関数 $h_E(t)$ と奇関数 $h_O(t)$ の和とする．

$$h(t) = h_E(t) + h_O(t)$$

(4.86)

　式4.86は，$t>0$ では $h_E(t) = h_O(t) = (1/2)h(t)$，$t<0$ では $h_E(t) = -h_O(t) = (1/2)h(t)$，とおくことを意味する．これによって $t<0$ の時間領域では $h(t)=0$ となり，時間 t の変域を制限する必要は

なくなる．3.2.2項(2)で述べたようにフーリエ変換は線形変換であるから，式3.42より

$$H(f) = \int_{-\infty}^{+\infty} h(t)\exp(-2\pi ft)\,dt = \int_{-\infty}^{+\infty} h_E(t)\exp(-2\pi ft)\,dt + \int_{-\infty}^{+\infty} h_O(t)\exp(-2\pi ft)\,dt$$
$$= H_E(f) + H_O(f) \tag{4.87}$$

式4.87中に含まれる式である $H_E(f) = \int_{-\infty}^{+\infty} h_E(t)\exp(-2\pi ft)\,dt$ は，偶関数 $h_E(t)$ のフーリエ変換である．同式右辺において変数 f と変数 t を入れ換え，関数名 h_E を H_E と記せば，その結果は $\int_{-\infty}^{+\infty} H_E(f)\exp(-2\pi tf)\,df$ となる．これは周波数 f を変数とする関数 $H_E(f)$ のフーリエ変換である．しかし式3.41と式3.42から分かるように，フーリエ逆変換とフーリエ変換は t の符号を変えただけの同形であるから，この数式項で $t \to -t$ と書き換えた $\int_{-\infty}^{+\infty} H_E(f)\exp(2\pi tf)\,df$ は，$H_E(f)$ のフーリエ逆変換になり，その結果は当然 $h_E(-t)$ である．ところが $h_E(t)$ は偶関数であるから，$h_E(-t) = h_E(t)$ である．偶関数 $h_E(t)$ に $\mathrm{sgn}(t)$ を乗じれば，負の時間範囲の符号のみが反転し，その結果は次式の奇関数 $h_O(t)$ となる．

$$h_O(t) = \mathrm{sgn}(t)\,h_E(t) \tag{4.88}$$

これにより $h_O(t)$ のフーリエ変換 $H_O(t)$ は，式4.88のフーリエ変換として

$$H_O(f) = \int_{-\infty}^{+\infty} \mathrm{sgn}(t)\,h_E(t)\exp(-2\pi jft)\,dt \tag{4.89}$$

これは2つの時間関数の積のフーリエ変換であるから，式4.74～4.81と同様にして，次式が導かれる．

$$H_O(f) = -\frac{1}{\pi}\int_{-\infty}^{+\infty} \frac{1}{f-\phi} H_E(\phi)\,d\phi \tag{4.90}$$

　以上により，因果律を満たす時間関数のスペクトルの実部と虚部の間にヒルベルト変換対が成り立つことが明らかになった．この関係を使えば，伝達関数の実部または虚部の一方だけからインパルス応答を求めることができる．

第5章 ラプラス変換

5．1 ラプラス変換とは

　本章では，因果関係を満足する信号すなわち負の時間（$t<0$）で0である信号（**因果信号**と言う）を考える．$t \geq 0$で定義される時間tの関数を$x(t)$とするとき，sの関数

$$X(s) = \int_0^{+\infty} \exp(-st)x(t)\,dt \tag{5.1}$$

を$x(t)$の**ラプラス変換**と言い，$\mathcal{L}[x(t)]$または$\mathcal{L}[x]$と書く（$\mathcal{L}[x(t)] = X(s)$）.

　ラプラス変換の初歩を理解するため，ここではまずsを実数とする．$s>0$, $x(t)>0$の場合,式5.1右辺内の非積分項$\exp(-st)x(t)$ $(t \geq 0)$は，関数$x(t)$（図5.1左図）に指数関数$\exp(-st)$を乗じることによって，$x(t)$を圧縮する感じになる（図5.1中央図）．これを$t=0 \to \infty$に渡って積分するラプラス変換$X(s) = \mathcal{L}[x(t)]$は，図5.1右図の灰色部分のように，曲線$\exp(-st)x(t)$と横軸tに挟まれた部分の面積になる．ただし$X(s)$は無限積分で定義されているので，この面積が収束しない場合には$x(t)$のラプラス変換は存在しない．すなわち，ラプラス変換が存在するためには，関数$x(t)$に対して

$$|x(t)| \leq M \exp(\alpha t) \tag{5.2}$$

を満足する定数M, αが存在しなければならない．式5.2の条件は，時間tが増加するに従って，$x(t)$がある指数関数$\exp(\alpha t)$よりも急速に増大してはならないことを意味する．この条件を満たす関数$x(t)$を**指数オーダーの関数**と言う．$x(t)$が$\sin(2\pi ft)$, $\cos(2\pi ft)$, $\exp(\alpha t)$, t^nのような指数オーダーの関数のときにはラプラス変換が存在するが，$\exp(t^2)$, $\tan(2\pi ft)$のようなときには存在しない．私たちが音響工学で通常扱う信号に対しては，ラプラス変換が存在すると考

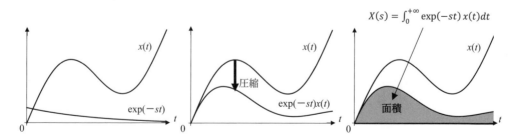

図5.1　ラプラス変換式内の被積分項の概念図
（$x(t) > 0$, sが実数で正の場合）

えてよい.

　図5.1では s を実数としたが，一般には s は複素数であり，これを $s=\sigma+j\omega$（波動を表現する場合には $\omega=2\pi f$: ω は角周波数， f は周波数）とおき，図5.2に示し s 平面と呼ばれる複素平面上に表現する．ラプラス変換は，式5.1を用いて t 領域（通常は時間領域）の関数 $x(t)$ を s 領域（ラプラス領域とも言う）の関数 $X(s)$ に変換するものである.

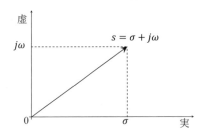

図5.2　S平面（複素平面）

　本書では，フーリエ変換・ヒルベルト変換・ラプラス変換などと，いくつかの［変換］について論じてきた．ケプストラム解析も周波数領域からケフレンシー領域への［変換］と見なすことができる．この［変換］という言葉の意味について，ラプラス変換を例にとり説明する．ラプラス変換では，t 領域の関数 $x(t)$（無数に存在する）から s 領域の関数 $X(s)$（関数 $x(t)$ に1対1で対応して無数に存在する）を作っている．また，［逆変換］は［変換］の逆方向の操作を意味する．このように［**変換**］・［**逆変換**］とは，**異なる領域の関数間の対応を規定する規則である**，と見なすことができる.

５．２　よく使われる関数のラプラス変換

　表5.1は，よく使われる関数のラプラス変換である．表5.1の中の上付きドット（点）は時間微分を，$\sin h, \cos h$ は双曲線関数を，$\delta(t)$ はディラックの衝撃関数（＝デルタ関数＝単位インパルス）を，$U(t)$ はヘヴィサイドの単位関数（＝単位ステップ関数）を，$r(t)$ は単位ランプ関数を，$\Gamma(p)$ はガンマ関数を表現する（これらの関数に関しては，補章A5節参照）.

　表5.1のうち基本的なものを以下に導く.

（1）　$\mathcal{L}[\delta(t)]=1$　　　（補章式A5.25参照）　　　　　　　　　　　　　　　　　　　(5.3)

　　　　$\mathcal{L}\left[\delta(t)\right]=\int_0^{+\infty}\delta(t)\exp(-st)\,dt=\exp(0)=1$　　　　　　　　　　　　　(5.4)

（2）　$\mathcal{L}\left[U(t)\right]=\dfrac{1}{s}$　　　（補章式A5.24参照）　　　　　　　　　　　　　　　(5.5)

　　　　$\mathcal{L}\left[U(t)\right]=\int_0^{+\infty}\exp(-st)\,dt=\left[\dfrac{\exp(-st)}{-s}\right]_0^{+\infty}=0-(\dfrac{1}{-s})=\dfrac{1}{s}$　　　　(5.6)

（3）　$\mathcal{L}\left[r(t)\right]=\dfrac{1}{s^2}$　　　（$r(t)=tU(t)$: 補章式A5.26参照）　　　　　(5.7)

　　部分積分（補章式A4.7参照）を使用して

表5.1 ラプラス変換表

	$x(t)$	$X(s) = \mathcal{L}[x(t)]$		$x(t)$	$X(s) = \mathcal{L}[x(t)]$
1	$\delta(t)$	1	13	$\exp(at)\cos(bt)$	$\dfrac{s-a}{(s-a)^2+b^2}$
2	$\delta(t-k\tau)$	$\exp(-k\tau s)$ （kは整数）	14	$\exp(at)\sin(bt)$	$\dfrac{b}{(s-a)^2+b^2}$
3	$U(t)$	$\dfrac{1}{s}$	15	$t\cos(at)$	$\dfrac{s^2-a^2}{(s^2+a^2)^2}$
4	$U(t-a)$	$\dfrac{\exp(-as)}{s}$	16	$t\sin(at)$	$\dfrac{2as}{(s^2+a^2)^2}$
5	$r(t)$	$\dfrac{1}{s^2}$	17	$\cosh(at)$	$\dfrac{S}{s^2-a^2}$
6	$t^\alpha(\alpha>-1)$	$\dfrac{\Gamma(\alpha+1)}{s^{\alpha+1}}$	18	$\sinh(at)$	$\dfrac{a}{s^2-a^2}$
7	$\dfrac{1}{(n-1)!}t^{n-1}$	$\dfrac{1}{s^n}$ （$n=1,2,3,\cdots$）	19	$\dot{x}(t)$	$sX(s)-x(0)$
8	t^n （nは自然数）	$\dfrac{n!}{s^{n+1}}$	20	$\ddot{x}(t)$	$s^2X(s)-sx(0)-\dot{x}(0)$
9	$\exp(at)$	$\dfrac{1}{s-a}$	21	$\dddot{x}(t)$	$s^3X(s)-s^2x(0)-s\dot{x}(0)-\ddot{x}(0)$
10	$t^n\exp(at)$ （nは自然数）	$\dfrac{n!}{(s-a)^{n+1}}$	22	$\exp(at)x(t)$	$X(s-a)$
11	$\cos(at)$	$\dfrac{s}{s^2+a^2}$	23	$t\,x(t)$	$-\dfrac{d}{ds}X(s)$
12	$\sin(at)$	$\dfrac{a}{s^2+a^2}$			

$$\mathcal{L}\big[r(t)\big]=\int_0^{+\infty}t\exp(-st)\,dt=\left[t\frac{\exp(-st)}{-s}\right]_0^{+\infty}-\int_0^{+\infty}\frac{\exp(-st)}{-s}=-\left[\frac{\exp(-st)}{s^2}\right]_0^{+\infty}=\frac{1}{s^2}$$

$$(5.8)$$

（4）　$\mathcal{L}\big[t^\alpha\big]=\dfrac{\Gamma(\alpha+1)}{s^{\alpha+1}}\quad(\alpha>-1)$　　　　　　　　　　　(5.9)

　　$st=u$ とおけば，$t=u/s$，$dt=(1/s)du$であり，また$t\to+\infty$で$u\to+\infty$であるから，ガンマ関数の定義である補章式A5.10においてxをu，pを$\alpha+1$と書きかえた式を用いて

$$\mathcal{L}\big[t^\alpha\big]=\int_0^{+\infty}t^\alpha\exp(-st)\,dt=\int_0^{+\infty}(\frac{u}{s})^\alpha\exp(-u)\frac{1}{s}\,du=\frac{1}{s^{\alpha+1}}\int_0^{+\infty}u^{(\alpha+1)-1}\exp(-u)\,du=\frac{\Gamma(\alpha+1)}{s^{\alpha+1}}$$

$$(5.10)$$

（5）　$\mathcal{L}\big[t^n\big]=\dfrac{n!}{s^{n+1}}$　　　　　（n は自然数）　　　　　　　(5.11)

　　式5.9において$\alpha=n$とおき，ガンマ関数の性質である式A5.17を用いて

$$\mathcal{L}\big[t^n\big]=\frac{\Gamma(n+1)}{s^{n+1}}=\frac{((n+1)-1)!}{s^{n+1}}=\frac{n!}{s^{n+1}}$$

$$(5.12)$$

（6）　$\mathcal{L}\left[\exp(at)\right] = \dfrac{1}{s-a}$ (5.13)

$$\mathcal{L}\left[\exp(at)\right] = \int_0^{+\infty} \exp(-st)\cdot\exp(at)\,dt = \int_0^{+\infty} \exp(-(s-a)t)\,dt = \left[\frac{\exp(-(s-a)t)}{-(s-a)}\right]_0^{+\infty} = \frac{1}{s-a}$$ (5.14)

表5.1を用いて簡単な関数のラプラス変換を求める例を示す.

（1）　$\mathcal{L}[t^2]$

（解）　表5.1の8の t^n の $n=2$ の場合なので

$$\mathcal{L}\left[t^2\right] = \frac{2!}{s^{2+1}} = \frac{2}{s^3}$$ (5.15)

（2）　$\mathcal{L}[\sqrt{t}]$

（解）　表5.1の6の t^{α} の $\alpha=1/2$ の場合（$\sqrt{t}=t^{1/2}$）なので，ガンマ関数に関する式A5.11と式A5.21より

$$\mathcal{L}\left[\sqrt{t}\right] = \frac{\Gamma(1/2+1)}{s^{1/2+1}} = \frac{(1/2)\Gamma(1/2)}{s^{3/2}} = \frac{\sqrt{\pi}}{2s\sqrt{s}}$$ (5.16)

（3）　$\mathcal{L}[\sin(2t)]$

（解）　表5.1の12の $\sin(at)$ の $a=2$ の場合なので

$$\mathcal{L}\left[\sin(2t)\right] = \frac{2}{s^2+2^2} = \frac{2}{s^2+4}$$ (5.17)

（4）　$\mathcal{L}[\cos(t/3)]$

（解）　表5.1の11の $\cos(at)$ の $a=1/3$ の場合なので

$$\mathcal{L}\left[\cos(t/3)\right] = \frac{s}{s^2+(1/3)^2} = \frac{9s}{9s^2+1}$$ (5.18)

（5）　$\mathcal{L}[\exp(-t)]$

（解）表5.1の9の $\exp(at)$ の $a=-1$ の場合なので

$$\mathcal{L}\left[\exp(-t)\right] = \frac{1}{s-(-1)} = \frac{1}{s+1}$$ (5.19)

５．３　ラプラス変換の性質

ラプラス変換が持つ性質を以下に述べる.

（1）　線　形　性

任意の定数 a，b について，次式が成立する.

$$\mathcal{L}\left[ax(t)+by(t)\right] = a\,\mathcal{L}\left[x(t)\right] + b\,\mathcal{L}\left[y(t)\right]$$ (5.20)

（証明）

定義式5.1より

$$\mathcal{L}\big[ax(t)+by(t)\big]=\int_0^{+\infty}\exp(-st)(ax(t)+by(t))\,dt=a\int_0^{+\infty}\exp(-st)x(t)\,dt+\,b\int_0^{+\infty}\exp(-st)y(t)\,dt$$

$$=a\,\mathcal{L}\big[x(t)\big]+b\,\mathcal{L}\big[y(t)\big] \tag{5.21}$$

（例）

式A5.1と式5.20と表5.1の9を参照して

$$\mathcal{L}[\sinh(at)]=\mathcal{L}\left[\frac{1}{2}(\exp(at)-\exp(-at))\right]=\frac{1}{2}\mathcal{L}[\exp(at)-\exp(-at)]$$

$$=\frac{1}{2}(\mathcal{L}[\exp(at)]-\mathcal{L}[\exp(-at)])$$

$$=\frac{1}{2}(\frac{1}{s-a}-\frac{1}{s+a})=\frac{a}{s^2-a^2}\quad (a\geq 0) \tag{5.22}$$

$$\mathcal{L}[\cosh(at)]=\mathcal{L}\left[\frac{1}{2}(\exp(at)+\exp(-at))\right]=\frac{1}{2}\mathcal{L}[\exp(at)+\exp(-at)]$$

$$=\frac{1}{2}(\mathcal{L}[\exp(at)]+\mathcal{L}[\exp(-at)])$$

$$=\frac{1}{2}(\frac{1}{s-a}+\frac{1}{s+a})=\frac{s}{s^2-a^2}\quad (a\geq 0) \tag{5.23}$$

（2）　相　似　性

$\mathcal{L}[x(t)]=X(s)$ のとき，正の定数 a に対して次式が成立する．

$$\mathcal{L}\big[x(at)\big]=\frac{1}{a}X(\frac{s}{a}) \tag{5.24}$$

（証明）

式5.1において $t=(1/a)u$ とおけば，$dt=(1/a)\,du$ であり，また $t\to\infty$ で $u\to\infty$ であるから

$$\mathcal{L}\big[x(at)\big]=\int_0^{+\infty}\exp(-st)x(at)\,dt=\frac{1}{a}\int_0^{+\infty}\exp(-(\frac{s}{a})u)x(u)\,du=\frac{1}{a}X(\frac{s}{a}) \tag{5.25}$$

（3）　時間領域移動

$\mathcal{L}[x(t)]=X(s)$ のとき，定数 $a\ (a>0)$ について次式が成立する．

$$\mathcal{L}\big[x(t-a)\big]=\exp(-as)X(s) \tag{5.26}$$

（証明）

$t-a=u$ とおけば，$t=u+a$，$dt=du$，$t=0$ で $u=-a$，$-a\leq u(=t-a)<0$ で下式の被積分項 $=0$（x は因果関数であるから，独立変数が負の領域では0），$t=a$ で $u=0$，$t\to+\infty$ で $u\to+\infty$ となるから，定義式5.1より

$$\mathcal{L}\big[x(t-a)\big]=\int_0^{+\infty}\exp(-st)x(t-a)\,dt=\int_{-a}^{+\infty}\exp(-s(u+a))x(u)\,du=\int_0^{+\infty}\exp(-s(u+a))x(u)\,du$$

$$=\exp(-as)\int_0^{+\infty}\exp(-su)x(u)\,du=\exp(-as)X(s) \tag{5.27}$$

（説明）

　フーリエ変換の性質（3）（3.2.2項参照）と同様に，ラプラス変換の時間領域移動は時間領域（t は必ずしも時間である必要はないが，音響工学では時間 t の関数である波動を対象にすることが多いので，ここでは t を時間とする）において時間 a だけ進む（時間軸上を正の方向（左から右へ）に移動していく波が $t=0$（今）の時点ですでに元の波の $t=-a$ の時点の波動現象（時

間 a 後に初めて時間軸上の原点 $t=0$ に到達すべき波動現象）を生じている）ことが，s 領域では $\exp(-\lambda s)$ を乗じることに対応することを，式5.26は意味する．

（例）

表5.1の8の $x(t)=t^n$（n は自然数）において $n=2$ とすれば $X(s)=2!/s^{2+1}=2/s^3$ であるから，式5.26で $a=2$ とおいて

$$\mathcal{L}\left[(t-2)^2\right]=\exp(-2s)\frac{2!}{s^3}=\exp(-2s)\frac{2}{s^3} \tag{5.28}$$

（4） s 領域移動

$\mathcal{L}[x(t)]=X(s)$ のとき，次式が成立する．

$$\mathcal{L}\left[\exp(at)x(t)\right]=X(s-a) \tag{5.29}$$

（証明）

定義式5.1のより

$$\mathcal{L}\left[\exp(at)x(t)\right]=\int_0^{+\infty}\exp(-st)\cdot\exp(at)x(t)\,dt=\int_0^{+\infty}\exp(-(s-a)t)x(t)\,dt=X(s-a) \tag{5.30}$$

（説明）

s 領域移動は，t（ここでは時間）領域の関数 $x(t)$ に指数関数 $\exp(at)$ を乗じるということが，ラプラス変換した側（s 領域）では $X(s)$ を a だけ s 領域の正（右）の方向に平行移動することに相当することを示している．

（例）

表5.1の11と12（$a\to a'$ と置く）より

$$\mathcal{L}\left[\exp(at)\cos(a't)\right]=\frac{s-a}{(s-a)^2+a'^2} \tag{5.31}$$

$$\mathcal{L}\left[\exp(at)\sin(a't)\right]=\frac{a'}{(s-a)^2+a'^2} \tag{5.32}$$

式5.32において $a=-1, a'=3$ とおけば

$$\mathcal{L}\left[\exp(-t)\sin(3t)\right]=\int_0^{+\infty}\exp(-st)\exp(-t)\sin(3t)\,dt=\int_0^{+\infty}\exp(-(s+1)t)\sin(3t)\,dt=\frac{3}{(s+1)^2+9} \tag{5.33}$$

（説明）

時間領域移動は，s 領域移動の逆であり，t 領域の関数 $x(t)$ を a だけ平行移動させることが，ラプラス変換した側（s 領域）では $X(s)$ に $\exp(-as)$ を乗じることに相当することを示している（式5.26）．このようにラプラス変換の前と後では，互いに平行移動が指数関数倍に対応することが分かる．

（5） 時間微分1

$x(t)$ は連続関数で時間微分可能とする．このとき時間微分 $\dot{x}(t)=x^{(1)}=dx(t)/dt$ が連続であれば，次式が成立する．

$$\mathcal{L}\big[\dot{x}(t)\big]=\mathcal{L}\big[x^{(1)}(t)\big]=s\,\mathcal{L}\big[x(t)\big]-x(0) \tag{5.34}$$

（証明）

定義式5.1を用いて部分積分（積の積分：補章式A4.7）を行えば

$$\mathcal{L}\big[\dot{x}(t)\big]=\int_0^{+\infty}\exp(-st)\dot{x}(t)\,dt=\big[\exp(-st)x(t)\big]_0^{+\infty}-\int_0^{+\infty}(-s\exp(-st))x(t)\,dt$$

$$=-\exp(0)x(0)+s\int_0^{+\infty}\exp(-st)x(t)\,dt=s\,\mathcal{L}\big[x(t)\big]-x(0)=sX(s)-x(0) \tag{5.35}$$

（6）　時間微分2

$t\geq0$において$x(t),\,x^{(1)}(t),\,x^{(2)}(t),\,\cdots,\,x^{(n-1)}(t)$がすべて連続で微分可能とすれば，次式が成立する．ここで，上添え字$(1),(2),\cdots,(n-1)$のカッコ内の数字は微分の階数を表す．

$$\mathcal{L}\big[x^{(n)}(t)\big]=s^n\,\mathcal{L}\big[x(t)\big]-s^{n-1}x(0)-s^{n-2}x^{(1)}(0)-\cdots-s^2x^{(n-3)}(0)-sx^{(n-2)}(0)-x^{(n-1)}(0) \tag{5.36}$$

$n=1$の場合には，式5.36は式5.34の等しい．

（証明）

式5.34を2回繰り返して用いれば

$$\mathcal{L}\big[x^{(2)}(t)\big]=s\,\mathcal{L}\big[x^{(1)}(t)\big]-x^{(1)}(0)=s(s\,\mathcal{L}\big[x(t)\big]-x(0))-x^{(1)}(0)=s^2\big[x(t)\big]-sx(0)-x^{(1)}(0)$$

$$\tag{5.37}$$

同様にして式5.34をn回繰り返して用いれば，式5.36が得られる．

（説明）

$\mathcal{L}[x(t)]=X(s)$とおくと，時間微分2の式5.36は

$$\mathcal{L}\big[x^{(n)}(t)\big]=s^nX(s)-s^{n-1}x(0)-\cdots-sx^{(n-2)}(0)-x^{(n-1)}(0) \tag{5.38}$$

となるが，この式5.38は，"tの世界"において"微分する"という関数の操作が"sの世界"では"sの多項式を作る"という関数の操作になっている，ことを意味している．これにより，ラプラス変換を用いて線形微分方程式を代数方程式に変えることができる．

（7）　時　間　積　分

$x(t)$は$t\geq0$で連続でラプラス変換が存在する（式5.2が成立する）とき，次式が成立する．

$$\mathcal{L}\Big[\int_0^t x(u)\,du\Big]=\frac{1}{s}\,\mathcal{L}\big[x(t)\big]=\frac{1}{s}X(s) \tag{5.39}$$

（証明）は略

（例）

①　時間積分の式5.39と表5.1の12（$a=2$）より

$$\mathcal{L}\Big[\int_0^t\sin(2u)\,du\Big]=\frac{1}{s}\mathcal{L}\big[\sin(2t)\big]=\frac{2}{s(s^2+4)} \tag{5.40}$$

②　時間積分の式5.39（この式では$x(u)=\exp(u)\cos(3u)$とおく）と表5.2のs領域移動（この式では$a=1$，$x(t)=\cos(3t)$とおく）と表5.1の11（$a=3$とおく）より

$$\mathcal{L}\left[\int_0^t \exp(u)\cos(3u)\,du\right] = \frac{1}{s}\mathcal{L}\left[\exp(t)\cos(3t)\right] = \frac{1}{s}\cdot\frac{s-1}{(s-1)^2+3^2} = \frac{s-1}{s((s-1)^2+9)} \tag{5.41}$$

（説明）

式5.39は，"時間tの世界"において"関数を積分する"という操作が"sの世界"では"sで割る"という操作になる，ことを意味している．

（8）　時間t^n積

$x(t)$は$t \geq 0$において連続であるとする．このとき$\mathcal{L}[t^n x(t)]$が存在し，$\mathcal{L}[x(t)] = X(s)$とおけば，次式が成立する．

$$\mathcal{L}\left[t^n x(t)\right] = (-1)^n \frac{d^n X(s)}{d^n s} \quad (n=1, 2, 3, \cdots) \tag{5.42}$$

（証明）は略

（例）

式5.42で$n=1$とおけば，次式になる．

$$\mathcal{L}\left[t\,x(t)\right] = -\frac{dX(s)}{ds} \tag{5.43}$$

（説明）

式5.42（式5.43を含む）は，"tの世界"において"関数をt^n倍する"という関数の操作が"sの世界"では"関数をn階微分して$(-1)^n$倍する"という操作になる，ことを意味している．

次に合成積（畳み込み演算）について述べる．

$x(t)$と$y(t)$は共に$t \geq 0$で連続であるとする．このとき$x(t)$と$y(t)$の合成積は，式4.4より次式で定義される．

$$(x*y)(t) = \int_0^t x(u)\,y(t-u)\,du \tag{5.44}$$

合成積では，次の2つの関係が成立する．

　（a）合成積における順序交換1　　（式4.8a参照）

$$x*y = y*x \tag{5.45}$$

　（b）合成積における順序交換2　　（式4.8b参照）

$$(x*y)*z = x*(y*z) \tag{5.46}$$

合成積のラプラス変換は，フーリエ変換の場合（4.1.3項参照）と同様に，次の性質を有する．

（9）　合成積に関する性質

$x(t)$と$y(t)$は共に$t \geq 0$で連続であり式5.2を満足する場合には，$\mathcal{L}[x(t)] = X(s)$，$\mathcal{L}[y(t)] = Y(s)$とするとき，$\mathcal{L}[(x*y)(t)]$が存在し，次式が成立する．

$$\mathcal{L}\left[(x*y)(t)\right] = X(s)Y(s) \tag{5.47}$$

（証明）

上記（式5.2を満足する）により，$|x(t)| \leq M\exp(at)$，$|g(y)| \leq M\exp(at)$（Mは定数）と書ける．このとき，合成積の定義式4.4より次式が成立する．

$$\left|(x*y)(t)\right| = \left|\int_0^t x(u)\cdot y(t-u)\,du\right| \le \int_0^t |x(u)|\cdot|y(t-u)|\,du \le \int_0^t M\exp(\alpha u)\cdot M\exp(\alpha(t-u))\,du$$

$$= M^2\int_0^t \exp(at)\,du = M^2\exp(at)\int_0^t 1\,du = M^2\exp(at)\left[u\right]_0^t = M^2\cdot t\exp(\alpha t) \tag{5.48}$$

表5.1の10（$n=1$，$a=\alpha$とおく）より$\mathcal{L}[t\exp(at)]$は存在するので，式5.48より$\mathcal{L}[(x*y)(t)]$も存在し，合成積の定義式5.1と式4.6と因果律の成立により

$$\mathcal{L}\left[(x*y)(t)\right] = \int_0^{+\infty}\exp(-st)(x*y)(t)\,dt = \int_0^{+\infty}\exp(-st)\left(\int_0^t x(u)\,y(t-u)\,du\right)dt \tag{5.49}$$

ここで，2重積分の順序を交換する．$0\le u\le t$の範囲でu積分を行いその後に$0\le t\le+\infty$の範囲でt積分を行うことは，$u\le t\le+\infty$の範囲でt積分を行いその後に$0\le u<+\infty$の範囲でu積分を行うことに相当するから，式5.49は

$$\mathcal{L}\left[(x*y)(t)\right] = \int_0^{+\infty}x(u)\left(\int_u^{+\infty}\exp(-st)\,y(t-u)\,dt\right)du \tag{5.50}$$

式5.50右辺のかっこ内の積分において$t-u=v$の変数変換を行うと，$t=u+v$，$dt=dv$，$t=u\to+\infty$で$v=0\to+\infty$となるから，式5.50は

$$\mathcal{L}\left[(x*y)(t)\right] = \int_0^{+\infty}x(u)\left(\int_0^{+\infty}\exp(-s(u+v))\,y(v)\,dv\right)du = \int_0^{+\infty}\exp(-su)x(u)\left(\int_0^{+\infty}\exp(-sv)\,y(v)\,dv\right)du$$

$$= \left(\int_0^{+\infty}\exp(-su)x(u)\,du\right)\left(\int_0^{+\infty}\exp(-sv)y(v)\,dv\right) = X(s)\cdot Y(s) \tag{5.51}$$

（注意）

$x(t)$と$y(t)$の単なる積のラプラス変換については，$\mathcal{L}[x(t)\cdot y(t)] \ne \mathcal{L}[x(t)]\cdot\mathcal{L}[y(t)]$である．合成積（畳み込み演算）を通常の単なる積と混同しないように，注意が必要である．

（例）

$x(t)=t$，$y(t)=\sin(t)$とするとき，それらの合成積は，定義式5.44と部分積分の式A4.7より

$$(x*y)(t) = \int_0^t u\sin(t-u)\,du = \left[u\cos(t-u)\right]_0^t - \int_0^t \cos(t-u)\,du = t + \left[\sin(t-u)\right]_0^t = t-\sin(t) \tag{5.52}$$

次に，式5.52をラプラス変換する．表5.1の8（$n=1$とおく）12（$a=1$とおく）より

$$\mathcal{L}\left[t\right] = \frac{1}{s^2}, \qquad \mathcal{L}\left[\sin(t)\right] = \frac{1}{s^2+1} \tag{5.53}$$

であるから，式5.52と表5.2の線形性より

$$\mathcal{L}\left[(x*y)(t)\right] = \mathcal{L}\left[t-\sin(t)\right] = \mathcal{L}\left[t\right] - \mathcal{L}\left[\sin(t)\right] = \frac{1}{s^2} - \frac{1}{s^2+1} = \frac{1}{s^2(s^2+1)} \tag{5.54}$$

（１０）　ガウスの誤差関数に関する性質

ガウスの誤差関数（補章A5.2 参照）は次式で定義されている（補章式A5.6参照）．

$$\mathrm{Erf}(t) = \frac{2}{\sqrt{\pi}}\int_0^t \exp(-x^2)\,dx \tag{5.55}$$

この関数のラプラス変換に関して，以下の性質が成立する．

$$\mathcal{L}\left[\exp(t)\,\mathrm{Erf}(\sqrt{t})\right] = \frac{1}{\sqrt{s}\,(s-1)} \tag{5.56}$$

（証明）は略

以上のラプラス変換の性質を表5.2に示す．

表5.2　ラプラス変換の性質

	$x(t) = \mathcal{L}^{-1}[X(s)]$	$X(s) = \mathcal{L}[x(t)]$
線形性	$ax(t) + by(t)$	$aX(s) + bY(s)$
相似性	$x(at)$	$\dfrac{1}{a}X\left(\dfrac{s}{a}\right)$
時間領域移動	$x(t - a)$	$\exp(-as)\,X(s)\quad(a > 0)$
s領域移動	$\exp(at)\,x(t)$	$X(s - a)$
時間微分1	$\dot{x}(t) = x^{(1)}(t)$	$sX(s) - x(0)$
時間微分2	$x^{(n)}(t)$	$s^n X(s) - s^{n-1}x(0) - \cdots$ $-sx^{(n-2)}(0) - x^{(n-1)}(0)$
時間積分	$\displaystyle\int_0^t x(u)\,du$	$\dfrac{1}{s}X(s)$
時間t^n積	$t^n x(t)$	$(-1)^n X^{(n)}(s)\quad(n=1,2,3,\cdots)$
合成積	$x(t) * y(t)$	$X(s)\,Y(s)$
誤差関数	$\exp(t)\mathrm{Erf}(\sqrt{t})$	$\dfrac{1}{\sqrt{s}(s-1)}$

　ここまではラプラス変換を用いて，t関数の$x(t)$からs関数の$X(s)$を求めてきた．これとは逆に後者から前者を求める変換を，**ラプラス逆変換**と言い，これを$\mathcal{L}^{-1}[X(s)]$と記す．ラプラス逆変換はラプラス変換と対称・双対となる変換操作であり，両者を合わせて**ラプラス変換対**と言う．ラプラス逆変換の性質は，これまで述べてきたラプラス変換の性質を逆にすれば求められる．

　以下に，表5.1と5.2を用いるラプラス逆変換の実行例を示す．

（例1）　表5.2の線形性と表5.1の9（$a = 2, -3$）を用いて

$$\mathcal{L}^{-1}\left[\frac{1}{s^2 + s - 6}\right] = \mathcal{L}^{-1}\left[\frac{1}{s-2} + \frac{1}{s+3}\right] = \mathcal{L}^{-1}\left[\frac{1}{s-2}\right] + \mathcal{L}^{-1}\left[\frac{1}{s+3}\right] = \exp(2t) + \exp(-3t)$$

(5.57)

（例2）　表5.1の11（$a = \sqrt{2}$）を用いて

$$\mathcal{L}^{-1}\left[\frac{s}{s^2 + 2}\right] = \mathcal{L}^{-1}\left[\frac{s}{s^2 + (\sqrt{2})^2}\right] = \cos(\sqrt{2}t)$$

(5.58)

（例3）　表5.2の線形性と表5.2のs領域移動と表5.1の22（$a = -2$）と表5.1の12（$a = 3$）を用いて

$$\mathcal{L}^{-1}\left[\frac{1}{(s+2)^2 + 9}\right] = \frac{1}{3}\,\mathcal{L}^{-1}\left[\frac{3}{(s+2)^2 + 3^2}\right] = \frac{1}{3}\exp(-2t)\,\mathcal{L}^{-1}\left[\frac{3}{s^2 + 3^2}\right] = \frac{1}{3}\exp(-2t)\sin(3t)$$

(5.59)

（例4）　表5.2の線形則と表5.2の時間領域移動と表5.1の18（$a = 2$）を用いて

$$\mathcal{L}^{-1}\left[\frac{\exp(-3s)}{s(s^2 - 4)}\right] = \frac{1}{2}\,\mathcal{L}^{-1}\left[\frac{\exp(-3s)}{s}\frac{2}{s^2 - 2^2}\right] = \frac{1}{2}U(t-3)\sinh(2t)$$

(5.60)

　ラプラス変換をフーリエ変換と比較する．s が純虚数 $s = j\omega t = 2\pi jft$（この式の ω は角周波数で f は周波数）の場合には，ラプラス変換の定義式5.1はフーリエ変換の定義式3.42と同形の式となる（積分範囲は異なるが）．また，ラプラス変換の線形性・時間領域移動・s 領域移動は，フーリエ変換の線形性・時間領域移動・周波数移動（3.2.2項の（2）・（3）・（4）参照）とそれぞれ酷似している．このようにラプラス変換は，フーリエ変換と極めて近い親戚関係にある．両者間の主な違いは，4.3節の冒頭で述べたように，フーリエ変換は基本的には波形と周波数が時間に無関係に一定である定常状態の波を対象とする変換であるのに対し，本5章のラプラス変換は過渡状態の波にも威力を発揮する変換である．この意味でラプラス変換は，フーリエ変換をより広いクラスの信号に適用できるように拡張した変換であると見ることができる．

５．４　微分方程式への応用

　以下に説明するように，ラプラス変換は微分方程式の初期値問題を解くのに非常に有効である．

　$x(t)$ を未知数とする定係数2階線形常微分方程式

$$\ddot{x} + a\dot{x} + bx = f(t) \qquad （上付きドットは時間 t よる微分） \tag{5.61}$$

を初期条件

$$x(0) = c_0, \quad \dot{x}(0) = c_1 \tag{5.62}$$

の下で解くことを考えよう．表5.2の線形性を用いて，式5.61をラプラス変換すると

$$\mathcal{L}[\ddot{x} + a\dot{x} + bx] = \mathcal{L}[\ddot{x}] + a\mathcal{L}[\dot{x}] + b\mathcal{L}[x] = \mathcal{L}[f(t)] \tag{5.63}$$

　表5.2の時間微分2において $n = 1$ と $n = 2$ の場合を考え，式5.62を用いると

$$\mathcal{L}[\dot{x}] = s\mathcal{L}[x] - x(0) = s\mathcal{L}[x] - c_0, \quad \mathcal{L}[\ddot{x}] = s^2\mathcal{L}[x] - sx(0) - \dot{x}(0) = s^2\mathcal{L}[x] - sc_0 - c_1$$
$$\tag{5.64}$$

式5.64を式5.63に代入すれば

$$(s^2 + as + b)\mathcal{L}[x] - (s + a)c_0 - c_1 = \mathcal{L}[f(t)] \tag{5.65}$$

ここで

$$\mathcal{L}[x(t)] = X(s), \quad \mathcal{L}[f(t)] = F(s), \ P(s) = s^2 + as + b, \ Q(s) = (s + a)c_0 + c_1 \tag{5.66}$$

とおけば

$$P(s)X(s) = F(s) + Q(s) \quad すなわち \quad X(s) = \frac{Q(s)}{P(s)} + \frac{F(s)}{P(s)} \tag{5.67}$$

式5.67のラプラス逆変換を求めれば，表4.2の線形性より

$$x(t) = \mathcal{L}^{-1}[X(s)] = \mathcal{L}^{-1}\left[\frac{Q(s)}{P(s)}\right] + \mathcal{L}^{-1}\left[\frac{F(s)}{P(s)}\right] \tag{5.68}$$

式5.68が微分方程式5.61と式5.62の解である．

このように，**微分方程式を解く際にラプラス変換対を用いると，一般解を求めることなく初期条件を満たす解を得ることができる**．そして，"ラプラス変換は，t 領域における微分方程式を s 領域における代数方程式に変える"，ので，簡単・便利であり応用上のメリットが多い．

（例1） 2階線形常微分方程式

下記の微分方程式（初期条件付）を解く．

$$\ddot{x}(t) - 3\dot{x}(t) + 2x(t) = \exp(-t) \qquad 初期条件 \quad x(0) = 0, \ \dot{x}(0) = 1 \tag{5.69}$$

式5.69をラプラス変換する．表5.2の線形性と表5.1の9（$a = -1$）より

$$\mathcal{L}\big[\ddot{x}(t) - 3\dot{x}(t) + 2x(t)\big] = \mathcal{L}\big[\ddot{x}(t)\big] - 3\mathcal{L}\big[\dot{x}(t)\big] + 2\mathcal{L}\big[x(t)\big] = \mathcal{L}\big[\exp(-t)\big] = \frac{1}{s+1} \tag{5.70}$$

$\mathcal{L}[x(t)] = X(s)$ とおけば，表5.2の時間微分2（$n = 1, \ n = 2$）と式5.69の初期条件より

$$\mathcal{L}\big[\dot{x}(t)\big] = sX(s) - x(0) = sX(s), \qquad \mathcal{L}\big[\ddot{x}(t)\big] = s^2 X(s) - sx(0) - \dot{x}(0) = s^2 X(s) - 1 \tag{5.71}$$

式5.71を式5.70に代入して

$$(s^2 - 3s + 2)X(s) - 1 = (s-1)(s-2)X(s) - 1 = \frac{1}{s+1} \tag{5.72}$$

式5.72より

$$X(s) = \frac{1}{(s-1)(s-2)} + \frac{1}{(s-1)(s-2)(s+1)} \tag{5.73}$$

ここで，式5.73右辺第2項を部分分数展開する．

$$\frac{1}{(s-1)(s-2)(s+1)} = \frac{A}{s-1} + \frac{B}{s-2} + \frac{C}{s+1} \tag{5.74}$$

とおく．式5.74右辺を通分すれば，その分子は左辺の分子である1に等しいから

$$1 = A(s-2)(s+1) + B(s-1)(s+1) + C(s-1)(s-2) = s^2(A+B+C) - s(A+3C) + (-2A-B+2C) \tag{5.75}$$

式5.75から

$$A + B + C = 0, \ A + 3C = 0, \ -2A - B + 2C = 1 \tag{5.76}$$

式5.76を解いて

$$A = -\frac{1}{2}, \ B = \frac{1}{3}, \ C = \frac{1}{6} \tag{5.77}$$

式5.73右辺第1項も同様に部分分数展開する．その結果と式5.77を式5.74に代入した結果とを式5.73に代入すれば

$$X(s) = \left(-\frac{1}{s-1} + \frac{1}{s-2}\right) + \left(-\frac{1}{2}\frac{1}{s-1} + \frac{1}{3}\frac{1}{s-2} + \frac{1}{6}\frac{1}{s+1}\right) = -\frac{3}{2}\frac{1}{s-1} + \frac{4}{3}\frac{1}{s-2} + \frac{1}{6}\frac{1}{s+1} \tag{5.78}$$

表5.1の9（$a = 1, 2, -1$）を用いて式5.78をプラス逆変換すれば

$$x(t)(= \mathcal{L}^{-1}\big[X(s)\big]) = -\frac{3}{2}\exp(t) + \frac{4}{3}\exp(2t) + \frac{1}{6}\exp(-t) \tag{5.79}$$

このようにして，微分方程式5.69（初期条件付）を直接解くことなく代数計算のみで，その解である式5.79を求めることができた．

（例2）　1自由度力学系

図5.3に示す1自由度力学系の運動方程式（下記：初期条件付き）を解く．

$$M\ddot{x}(t) + Kx(t) = 0 \quad (M は質量，K は剛性) \qquad 初期条件 \quad x(0) = x_h, \ \dot{x}(0) = 0$$

$$(5.80)$$

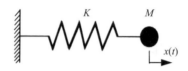

図5.3　1自由度力学系

固有角振動数を $\omega_n = \sqrt{K/M}$ とおけば，式5.80は

$$\ddot{x}(t) + \omega_n^2 x(t) = 0 \tag{5.81}$$

いま，$X(s) = \mathcal{L}[x(t)]$ と記し，表5.1の20を用いれば，式5.80の初期条件より

$$\mathcal{L}[\ddot{x}(t)] = s^2 X(s) - sx(0) - \dot{x}(0) = s^2 X(s) - sx_h \tag{5.82}$$

式5.81をラプラス変換する．表5.2の線形性と式5.82を用いれば

$$\mathcal{L}[\ddot{x}(t) + \omega_n^2 x(t)] = \mathcal{L}[\ddot{x}(t)] + \omega_n^2 \mathcal{L}[x(t)] = (s^2 + \omega_n^2)X(s) - sx_h = 0 \tag{5.83}$$

すなわち

$$X(s) = x_h \frac{s}{s^2 + \omega_n^2} \tag{5.84}$$

表5.1の11（$a = \omega_n$）を用いて式5.84をラプラス逆変換すれば

$$x(t) = \mathcal{L}^{-1}[X(s)] = x_h \cos(\omega_n t) \tag{5.85}$$

（例3）　1自由度電気系

図5.4 に示す1自由度電気系の回路方程式（下記：初期条件付き）を解く．

$$L\frac{di(t)}{dt} + Ri(t) = E \ \ (t > 0) \qquad 初期条件 \quad i(0) = 0 \quad (L はインダクタンス，R は抵抗)$$

$$(5.86)$$

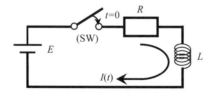

図5.4　1自由度電気系

$\mathcal{L}[i(t)] = I(s)$ と記せば，表5.1の19と初期条件より $\mathcal{L}[di(t)/dt] = sI(s) - i(0) = sI(s)$ であるから，式5.86をラプラス変換して（下式中の $U(t)$ は単位ステップ関数：補章式A5.24参照）表5.1の3を用いれば

$$\mathcal{L}\left[L\frac{di(t)}{dt}+Ri(t)\right]=\mathcal{L}\left[EU(t)\right] \quad すなわち \quad (Ls+R)I(s)=\frac{E}{s} \tag{5.87}$$

式5.87を変形して

$$I(s)=\frac{E}{s(Ls+R)}=\frac{E}{L}\frac{1}{s(s+R/L)}=\frac{E}{R}(\frac{1}{s}-\frac{1}{s+R/L}) \tag{5.88}$$

表5.1の3（式A5.24参照）と9（$a=-R/L$）を用いて式5.88をラプラス逆変換すれば

$$i(t)=\mathcal{L}^{-1}\left[I(s)\right]=\frac{E}{R}(1-\exp(-\frac{R}{L}t)) \quad t\geq 0 \tag{5.89}$$

補章A　関　　　数

A 1　三 角 関 数

A 1 . 1　基　　本

　角の単位には2通りある．**度数法**と**弧度法**である．後述のように角は円運動と密接にかかわっており，度数法では，直角（1/4 周）を90 度（90°と記す），1 周を360°と定義する．これは人が勝手に決めた約束事であり，決めた根拠は地球の公転周期が365 日であることと関係していると言われているが，定かではない．これに対して弧度法では，円の周長を半径で割った数値を角と定義する．すなわち，円弧の長さが半径（radius）の長さに等しくなるとき，その円弧の両端と円の中心点を結ぶ2 本の半径が挟む角を単位量1 ラジアン（1rad または単に1 と記す）にとったものである．半径1 の円（**単位円**と言う）の円周の長さは2π（$\pi = 3.141592\cdots$は単位直径の円の周長であり，円周率という．）であるから，角は1 周が2π rad，直角が$\pi/2$ rad である．このように弧度法は定義の根拠が明快・合理的なので，科学や工学の世界では度数法より多用される．

　度とラジアン（rad ）の換算式は

$$1\,\text{rad} = \frac{180°}{\pi} = 57.29578\cdots° \simeq 57.3°, \quad 1° = \frac{\pi}{180°} = 0.01745329\cdots \text{rad} \simeq 0.0175\,\text{rad}$$

$$(\text{A1.1})$$

　三角関数は，元来直角三角形の辺と角の関係を表現するために下式のように定義されたものであり，これが三角関数と呼ばれるゆえんである．図 A1.1 において

$$\left.\begin{array}{lll} \text{正弦関数} \quad \sin\theta = \dfrac{a}{c} & \text{正接関数} \quad \tan\theta = \dfrac{a}{b} & \text{正割関数} \quad \sec\theta = \dfrac{c}{b} \\[2mm] \text{余弦関数} \quad \cos\theta = \dfrac{b}{c} & \text{余接関数} \quad \cot\theta = \dfrac{b}{a} & \text{余割関数} \quad \text{cosec}\,\theta = \dfrac{c}{a} \end{array}\right\} \quad (\text{A1.2})$$

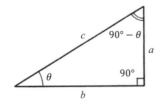

図 A1.1　直角三角形の角と辺

式 A1.2 より

$$\sec\theta = \frac{1}{\cos\theta}, \quad \operatorname{cosec}\theta = \frac{1}{\sin\theta}, \quad \cot\theta = \frac{1}{\tan\theta}, \quad \tan\theta = \frac{\sin\theta}{\cos\theta} \tag{A1.3}$$

　このように直角三角形を使った三角関数の定義は，角 θ が $0 < \theta < 90° = \pi/2\,\mathrm{rad}$ の範囲内の場合にしか適用できない．そこで，任意の角に適用できるようにこれを拡張し，単位円を用いた次の定義を採用する．これが，三角関数が**円関数**とも呼ばれるゆえんである．

　図 A1.2 の単位円において角 θ を，x 軸（右方を正とする横軸）から反時計回りを正と決めれば

$$\sin\theta = \frac{y}{1} = y, \quad \cos\theta = \frac{x}{1} = x, \quad \tan\theta = \frac{y}{x} \tag{A1.4}$$

式 A1.4 の定義を負の角（$-\theta$）に拡張して適用すれば，図 A1.2 から明らかなように

$$\sin(-\theta) = -y, \quad \cos(-\theta) = x, \quad \tan(-\theta) = \frac{-y}{x} \tag{A1.5}$$

式 A1.4 と式 A1.5 を比較すれば

$$\sin(-\theta) = -\sin\theta, \quad \cos(-\theta) = \cos\theta, \quad \tan(-\theta) = -\tan\theta \tag{A1.6}$$

式 A1.6 は，$\sin\theta$ と $\tan\theta$ が奇関数（$\theta = 0$ に関して反対称である関数），$\cos\theta$ が偶関数（$\theta = 0$ に関して対称である関数）であることを示す．図 A1.2 に示す半径 1 の単位円の方程式は

$$x^2 + y^2 = 1 \tag{A1.7}$$

式 A1.4 を式 A1.7 に代入すれば

$$\cos^2\theta + \sin^2\theta = 1 \tag{A1.8}$$

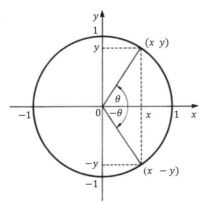

図 A1.2　半径 1 の単位円の円周上の点

　図 A1.1 において $90° - \theta$ の角について式 A1.2 の定義を適用すれば

$$\sin(90° - \theta) = \frac{b}{c} = \cos\theta, \quad \cos(90° - \theta) = \frac{a}{c} = \sin\theta, \quad \tan(90° - \theta) = \frac{b}{a} = \cot\theta \tag{A1.9}$$

　式 A1.4 のように，$\sin\theta$ は単位円の円周上の点の y 軸（上方を正とする縦軸）への投影であるから，図 A1.3 内で，θ の増加と共に $0(0°) \to 1(90°) \to 0(180°) \to -1(270°) \to 0(360°)$ と変化する．一方 $\cos\theta$ は，単位円の円周上の点の x 軸への投影であるから，図 A1.3 内で，θ の増

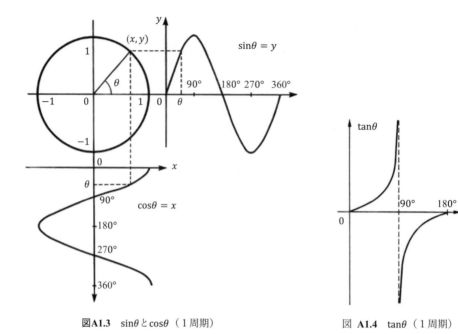

図A1.3　$\sin\theta$ と $\cos\theta$（1周期）

図 A1.4　$\tan\theta$（1周期）

加と共に，　$1(0°) \rightarrow 0(90°) \rightarrow -1(180°) \rightarrow 0(270°) \rightarrow 1(360°)$ と変化する．$\sin\theta$ と $\cos\theta$ は共に $360°$（2π rad）を1周期とする周期関数であり，上記の変化を $360°$ 毎に繰り返す．一方 $\tan\theta$ は，図 A1.4 に示すように，角 θ の増加と共に 0 から増大し，$\theta = 90°$ で正の無限大から負の無限大へと不連続に変化し，その後増大して $\theta = 180°$ で再び 0 になる．このように，$\tan\theta$ は $180°$（π rad）を1周期とする周期関数であり，上記の変化を $180°$ 毎に繰り返す．

A1.2　加法定理

　図 A1.5 において，$\overline{\text{OA}}$ は，原点 O を一端とする長さ 1 の線分であり，x 軸から反時計回りに $\theta_1 + \theta_2$ の方向を向いている．x 軸から反時計回りに θ_2 の方向に直線を描き，点 A からその直線に下した垂線の足を点 B とする．点 B から x 軸に下した垂線の足を点 C とする．一方，点 A から x 軸に下した垂線の足を点 E，線分 $\overline{\text{AE}}$ と線分 $\overline{\text{OB}}$ の交点を F，点 B から線分 $\overline{\text{AE}}$ に下した垂線の足を D とする．このとき，次の関係が成立する．

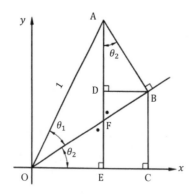

図A1.5　三角関数の加法定理の証明

$$\overline{OA} = 1, \quad \overline{AB} = \sin\theta_1, \quad \overline{OB} = \cos\theta_1 \tag{A1.10}$$

$$\overline{BC} = \overline{OB}\sin\theta_2 = \cos\theta_1 \cdot \sin\theta_2, \quad \overline{OC} = \overline{OB}\cos\theta_2 = \cos\theta_1 \cdot \cos\theta_2 \tag{A1.11}$$

三角形 OEF は直角三角形であるから，角 $\angle OFE = 90° - \theta_2$．角 $\angle AFB = \angle OFE$ であるから，$\angle AFB = 90° - \theta_2$．三角形 AFB は直角三角形であるから，$\angle BAF = 90° - \angle AFB = 90° - (90° - \theta_2) = \theta_2$．したがって式 A1.10 から，直角三角形 ABD について

$$\overline{BD} = \overline{AB}\sin\theta_2 = \sin\theta_1\sin\theta_2, \quad \overline{AD} = \overline{AB}\cos\theta_2 = \sin\theta_1\cos\theta_2 \tag{A1.12}$$

直角三角形 OAE について

$$\overline{AE} = \sin(\theta_1 + \theta_2), \quad \overline{OE} = \cos(\theta_1 + \theta_2) \tag{A1.13}$$

一方では，式 A1.11 と式 A1.12 より

$$\left.\begin{array}{l}\overline{AE} = \overline{AD} + \overline{DE} = \overline{AD} + \overline{BC} = \sin\theta_1\cos\theta_2 + \cos\theta_1\sin\theta_2 \\ \overline{OE} = \overline{OC} - \overline{CE} = \overline{OC} - \overline{BD} = \cos\theta_1\cos\theta_2 - \sin\theta_1\sin\theta_2\end{array}\right\} \tag{A1.14}$$

式 A1.13 と式 A1.14 を等置して

$$\sin(\theta_1 + \theta_2) = \sin\theta_1\cos\theta_2 + \cos\theta_1\sin\theta_2 \tag{A1.15}$$

$$\cos(\theta_1 + \theta_2) = \cos\theta_1\cos\theta_2 - \sin\theta_1\sin\theta_2 \tag{A1.16}$$

式 A1.15 と式 A1.16 において，θ_2 を $-\theta_2$ と置き代えて，式 A1.6 を用いれば

$$\sin(\theta_1 - \theta_2) = \sin\theta_1\cos(-\theta_2) + \cos\theta_1\sin(-\theta_2) = \sin\theta_1\cos\theta_2 - \cos\theta_1\sin\theta_2 \tag{A1.17}$$

$$\cos(\theta_1 - \theta_2) = \cos\theta_1\cos(-\theta_2) - \sin\theta_1\sin(-\theta_2) = \cos\theta_1\cos\theta_2 + \sin\theta_1\sin\theta_2 \tag{A1.18}$$

式 A1.15 と式 A.1.16 を和の公式，式 A1.17 と式 A1.18 を差の公式，両者を合わせて**加法定理**と言う．

式 A1.15 において，$\theta_1 = \theta_2 = \theta$ とすれば

$$\sin 2\theta = 2\sin\theta\cos\theta \tag{A1.19}$$

式 A1.16 において，$\theta_1 = \theta_2 = \theta$ とし式 A1.8 を用いれば

$$\cos 2\theta = \cos^2\theta - \sin^2\theta = 2\cos^2\theta - 1 = 1 - 2\sin^2\theta \tag{A1.20}$$

式 A1.19 と A1.20 を**倍角の公式**という．

式 A1.20 を変形して

$$\cos^2\theta = \frac{1 + \cos 2\theta}{2}, \quad \sin^2\theta = \frac{1 - \cos 2\theta}{2} \tag{A1.21}$$

式 A1.21 において，θ を $\theta/2$ に置き換えて平方根をとれば

$$\cos\frac{\theta}{2} = \pm\sqrt{\frac{1 + \cos\theta}{2}} \tag{A1.22}$$

$$\sin\frac{\theta}{2} = \pm\sqrt{\frac{1 - \cos\theta}{2}} \tag{A1.23}$$

式 A1.22 と式 A1.23 を**半角の公式**という．

式 A1.15 と式 A1.17 を加えて 2 で割れば

$$\sin\theta_1\cos\theta_2 = \frac{\sin(\theta_1+\theta_2)+\sin(\theta_1-\theta_2)}{2} \tag{A1.24}$$

式 A1.16 と式 A1.18 を加えて 2 で割れば

$$\cos\theta_1\cos\theta_2 = \frac{\cos(\theta_1+\theta_2)+\cos(\theta_1-\theta_2)}{2} \tag{A1.25}$$

式 A1.18 から式 A1.16 を引いて 2 で割れば

$$\sin\theta_1\sin\theta_2 = \frac{\cos(\theta_1-\theta_2)-\cos(\theta_1+\theta_2)}{2} \tag{A1.26}$$

式 A1.24～A1.26 を**積の公式**という.

　式A1.15 と式A1.16に $\theta_2=90°$ を代入して θ_1 を θ と置き代えれば,式A1.4の定義より $\sin90°=1$,$\cos90°=0$ であるから

$$\sin(\theta+90°)=\sin\theta\cos90°+\cos\theta\sin90°=\cos\theta \tag{A1.27}$$
$$\cos(\theta+90°)=\cos\theta\cos90°-\sin\theta\sin90°=-\sin\theta \tag{A1.28}$$

　式 A1.15 と式 A1.16 に $\theta_2=180°$ を代入して θ_1 を θ と置き代えれば,式 A1.4 の定義より $\sin180°=0$,$\cos180°=-1$ であるから

$$\sin(\theta+180°)=\sin\theta\cos180°+\cos\theta\sin180°=-\sin\theta \tag{A1.29}$$
$$\cos(\theta+180°)=\cos\theta\cos180°-\sin\theta\sin180°=-\cos\theta \tag{A1.30}$$

Ａ１．３　微分と積分

　式 A1.15 と式 A1.16 において,θ_1 を θ に,また θ_2 を $\Delta\theta$ に置き換えると

$$\left.\begin{array}{l}\sin(\theta+\Delta\theta)=\sin\theta\cos\Delta\theta+\cos\theta\sin\Delta\theta\\\cos(\theta+\Delta\theta)=\cos\theta\cos\Delta\theta-\sin\theta\sin\Delta\theta\end{array}\right\} \tag{A1.31}$$

角 θ をラジアンで表現し,$\Delta\theta$ が微小であるとする.図 A1.6 に示すように,直角三角形の 1 つの角 $\Delta\theta$ が小さいときには,斜辺の長さ c は他の 1 辺の長さ b にほぼ等しく,$\Delta\theta$ に対面する辺の長さ a は,$\Delta\theta$ を中心角とする半径 b の円の円弧の長さにほぼ等しくなる.したがって,式 A1.2 の定義より

$$\sin\Delta\theta=\frac{a}{c}\cong\Delta\theta, \qquad \cos\Delta\theta=\frac{b}{c}\cong1 \tag{A1.32}$$

式 A1.32 を式 A1.31 に代入して

$$\left.\begin{array}{l}\sin(\theta+\Delta\theta)\cong\sin\theta+\Delta\theta\cos\theta\\\cos(\theta+\Delta\theta)\cong\cos\theta-\Delta\theta\sin\theta\end{array}\right\} \tag{A1.33}$$

$\Delta\theta$ が限りなく小さくなったとき,式 A1.33 の両辺は等しくなる.

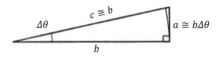

図A1.6　1 角が微小である直角三角形

$\sin\theta$ と $\cos\theta$ を角 θ で微分する．微分の定義から

$$\frac{d\sin\theta}{d\theta} = \lim_{\Delta\theta\to 0}\frac{\sin(\theta+\Delta\theta)-\sin\theta}{\Delta\theta}, \quad \frac{d\cos\theta}{d\theta} = \lim_{\Delta\theta\to 0}\frac{\cos(\theta+\Delta\theta)-\cos\theta}{\Delta\theta} \tag{A1.34}$$

式 A1.34 に式 A1.33 を代入して，

$$\frac{d\sin\theta}{d\theta} = \cos\theta, \quad \frac{d\cos\theta}{d\theta} = -\sin\theta \tag{A1.35}$$

式 A1.35 をもう一回微分すれば

$$\frac{d^2\sin\theta}{d\theta^2} = \frac{d\cos\theta}{d\theta} = -\sin\theta, \quad \frac{d^2\cos\theta}{d\theta^2} = \frac{d(-\sin\theta)}{d\theta} = -\cos\theta \tag{A1.36}$$

このように $\sin\theta$ と $\cos\theta$ は，2 回微分すれば元の関数の負値になる．

式 A1.35 の両辺を積分すれば

$$\int\cos\theta\, d\theta = \sin\theta, \quad \int\sin\theta\, d\theta = -\cos\theta \tag{A1.37}$$

$\tan\theta$ を微分する．式 A1.3，式 A4.4（積の微分：後述），式 A1.35，式 A1.8 を用いて

$$\frac{d\tan\theta}{d\theta} = \frac{d}{d\theta}\left(\frac{\sin\theta}{\cos\theta}\right) = \frac{d}{d\theta}\left(\sin\theta\times\frac{1}{\cos\theta}\right) = \frac{d\sin\theta}{d\theta}\frac{1}{\cos\theta} + \sin\theta\frac{d}{d\theta}\left(\frac{1}{\cos\theta}\right)$$
$$= 1 + \sin\theta\left(-\frac{1}{\cos^2\theta}\times\frac{d\cos\theta}{d\theta}\right) = 1 + \frac{\sin^2\theta}{\cos^2\theta} = \frac{\cos^2\theta+\sin^2\theta}{\cos^2\theta} = \frac{1}{\cos^2\theta} \tag{A1.38}$$

A 2　複素指数関数

A 2．1　複　素　数

　実世界に存在する数はすべて実数であり，それらを自乗（同じ数同士を乗じること，2 乗とも記す）すれば，必ず正の実数になる．これに対して数学では，自乗すれば負の数になる数を仮想し，実数と合せて用いている．このような数は実世界には存在しないので，これを仮想上の虚の数すなわち**虚数**と呼ぶ．

　数を用いる際には，まずその基になる単位数を定義しておく必要がある．実数の単位すなわち単位実数は，もちろん 1 である．虚数の単位数としては，自乗したら負の単位数すなわち -1 になる仮想の数を導入するのが自然であろう．これを**単位虚数**という．単位虚数は，英語 imaginary number の頭文字である i で記すこともあるが，虚数を駆使する電気の分野で電流を i と記すことが定着しているので，これと区別するために，単位虚数は一般に j と表現する．

$$j^2 = -1 \quad \text{または} \quad j = \sqrt{-1} \tag{A2.1}$$

　複素数とは，文字通り，互いに独立で無関係な複すなわち 2 つの素からなる．2 つの素は実数と虚数であり，これら 2 つを組み合せた数が複素数である．複素数を構成する 2 つの素のうち，実数を単位実数の 1 の a 倍すなわち a，虚数を単位虚数 j の b 倍すなわち jb と表現すれば，

複素数 z は

$$z = a + jb \quad (a:実部,\quad jb:虚部,\quad a と b は共に実数) \tag{A2.2}$$

実数をどのように加工しても虚数を作ることができず，その逆も然りである．

　一方，実世界（時空間）は，時間と空間という互いに独立な 2 つの素（相対性理論では両者が関連するとされているが，私達のレベルでは互いに無関係としてよい）からなっているので，実世界を数式表現する際に複素数を用いれば，1 つの事象を 1 つの数字で記述できて，大変便利である．そこで，数学を用いて実世界を表現し説明する際に，この複素数が強力な道具になっている．

　2 つの素からなる複素数を図示する場合には，実数のように 1 次元直線上の点としては表現できず，2 次元平面上の座標点として表現せざるをえない．この平面座標系を形成するために必要な 2 本の直交基準軸として，2 つの素すなわち実数と虚数を用い，実軸（右方を正とする水平軸）と虚軸（上方を正とする垂直軸）を導入する．そして，両軸の尺度になる基準単位数として，それぞれ単位実数 1 と単位虚数 j を用いる．このように決めた平面を**複素平面**と呼ぶ．式 A2.2 の複素数をこの複素平面に図示すれば，図 A2.1 のように，原点 (0 0) を始点とし点 $(a\ b)$ を終点とする 2 次元ベクトルになる．

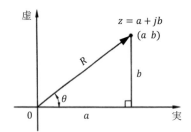

図A2.1　複素平面上における複素数

　図 A2.1 において，ベクトル z の**大きさ**（矢印の始点から終点までの長さ）を R，このベクトルと実軸のなす角（実軸の正方向を起点としそれから反時計回りを正とする）を θ とする．この角 θ を**偏角**という．複素数は，前述のように実数と虚数という 2 個の素からなる 2 次元数であるが，図 A2.1 から，大きさと偏角という 2 つの素からなる 2 次元数とみなしてもよいことが分かる．このベクトルの終点から実軸に下した垂線の長さは b であり，この垂線の足の実軸上の座標は a であるから，図 A2.1 は，図 A1.1 において a と b を互いに置き換え，また直角三角形の斜辺 c を R とおいた図に等しい．そこで，式 A1.2 の定義がそのまま適用できて

$$\cos\theta = \frac{a}{R},\ \sin\theta = \frac{b}{R},\ \tan\theta = \frac{b}{a} \tag{A2.3}$$

式 A2.3 を式 A2.2 に代入すれば

$$z = R(\cos\theta + j\sin\theta) \tag{A2.4}$$

　次に**複素数の四則演算**について述べる．複素数の四則演算は，2 つの素である実数と虚数を互いに独立な数として，別個に実行すればよい．例えば

$$z_1 = a_1 + jb_1 \ , \ \ z_2 = a_2 + jb_2 \tag{A2.5}$$

であるとき，これら両複素数の加減算は

$$z_1 \pm z_2 = (a_1 \pm a_2) + j(b_1 \pm b_2) \quad \text{（複合同順）} \tag{A2.6}$$

乗算は

$$z_1 z_2 = (a_1 + jb_1)(a_2 + jb_2) = (a_1 a_2 - b_1 b_2) + j(a_1 b_2 + a_2 b_1) \tag{A2.7}$$

除算は，分母を実数にするための操作を加えるので

$$\frac{z_1}{z_2} = \frac{a_1 + jb_1}{a_2 + jb_2} = \frac{(a_1 + jb_1)(a_2 - jb_2)}{(a_2 + jb_2)(a_2 - jb_2)} = \frac{(a_1 a_2 + b_1 b_2) + j(a_2 b_1 - a_1 b_2)}{a_2^2 + b_2^2} \tag{A2.8}$$

式 A2.8 において，分母を実数にするために用いた複素数 $a_2 - jb_2$ は，元の分母 $a_2 + jb_2$ の中の単位虚数 j を $-j$ に置き換えたものである．このように，元の複素数の中の j を $-j$ に置き換えた複素数を元の複素数の**共役複素数**という．1 個の複素数には，それに対応して必ず 1 個の共役複素数が併存する．また，共役複素数の共役複素数は元の複素数になることは，定義から明らかである．このように，複素数とその共役複素数は 1 対 1 で対応する．式 A2.2 または式 A2.4 の共役複素数を $\bar{z}$ と表示すれば

$$\bar{z} = a - jb = R(\cos\theta - j\sin\theta) \tag{A2.9}$$

共役複素数を図示することを試みる．式 A2.9 は $\bar{z} = a + j(-b)$ と表現してもよいから，$\bar{z}$ の複素平面上の座標は $(a, -b)$ である．これを図示すれば，図 A2.2 のように，共役複素数は，実軸から $-\theta$ の偏角を有するベクトルになる．そこで，式 A2.4 の定義によって

$$\bar{z} = R\{\cos\theta + j\sin(-\theta)\} \tag{A2.10}$$

式 A2.10 が式 A2.9 と同一であることは，式 A1.6 内の左式から明らかである．

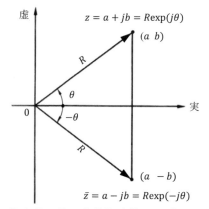

図A2.2　複素平面上の複素数と共役複素数

2 個の複素数の積の共役複素数は，式 A2.7 より

$$\overline{z_1 z_2} = (a_1 a_2 - b_1 b_2) - j(a_1 b_2 + a_2 b_1) \tag{A2.11}$$

一方，2 個の共役複素数の積は，式 A2.5 から

$$\bar{z}_1 \bar{z}_2 = (a_1 - jb_1)(a_2 - jb_2) = (a_1 a_2 - b_1 b_2) - j(a_1 b_2 + a_2 b_1) \tag{A2.12}$$

したがって

$$\overline{z_1 z_2} = \bar{z}_1 \ \bar{z}_2 \tag{A2.13}$$

式 A2.13 は，複素数の積の共役複素数は,共役複素数同士の積に等しいことを示している.

複素数とその共役複素数の加減は，式 A2.2 と式 A2.9 と式 A2.1 から

$$z + \bar{z} = 2a, \quad z - \bar{z} = 2jb \quad \text{すなわち} \quad a = \frac{z + \bar{z}}{2}, \quad b = \frac{z - \bar{z}}{2j} = j\frac{\bar{z} - z}{2} \tag{A2.14}$$

式 A2.14 は，複素数を構成する実部と虚部の係数である a と b（いずれも実数）は，複素数とその共役複素数との加減によって導かれることを示している.

複素数とその共役複素数の積は

$$z\bar{z} = (a + jb)(a - jb) = a^2 + b^2 \quad （実数） \tag{A2.15}$$

あるいは，式 A2.4，式 A2.9 および式 A1.8 より

$$z\bar{z} = R^2(\cos\theta + j\sin\theta)(\cos\theta - j\sin\theta) = R^2(\cos^2\theta + \sin^2\theta) = R^2 \tag{A2.16}$$

複素数の大きさ R は，式 A2.15 と式 A2.16 より

$$R = \sqrt{a^2 + b^2} = \sqrt{z\bar{z}} \tag{A2.17}$$

このことは，図 A2.1 の直角三角形の 3 辺の長さ（$c = R$）の関係を表すピタゴラスの定理から明らかである. このように，図 A2.1 に示すベクトルの長さ，すなわち複素数の大きさは，その複素数と共役複素数の積の平方根として計算できる. $\bar{z}$ の大きさは $\bar{z}$ とその共役複素数 z の平方根 $\sqrt{\bar{z}z}$ に等しいから，式 A2.17 から，複素数の大きさとその共役複素数の大きさは等しくなる. このことは，図 A2.2 から明らかである.

複素数の自乗を考えてみる. 式 A2.2 から

$$z^2 = (a + jb)^2 = (a^2 - b^2) + 2jab \quad （複素数） \tag{A2.18}$$

式 A2.17 と式 A2.18 から明らかなように

$$z^2 \neq R^2 \tag{A2.19}$$

このように，複素数の自乗はその大きさの自乗とは異なることに注意を要する. 例えば，$z = 0 + 1j = j$ の場合には $z^2 = -1, \quad R^2 = 1$ である.

共役複素数の自乗を考えてみる. 式 A2.9 と式 A2.18 から

$$\bar{z}^2 = (a - jb)^2 = (a^2 - b^2) - 2jab = \overline{z^2} \tag{A2.20}$$

式 A2.13 または式 A2.20 から類推できるように，任意の整数 n について

$$\bar{z}^n = \overline{z^n} \tag{A2.21}$$

A2．2　指数関数と対数関数

指数（exponent）e は，ネイピア数とも呼ばれ，次のように定義される数である.

$$e = \lim_{n \to \infty}(1 + \frac{1}{n})^n \tag{A2.22}$$

式 A2.22 の右辺を計算してみると，$n = 2$ のとき 2.25，$n = 4$ のとき 2.44, $n = 8$ のとき 2.57, $n = 128$ のとき 2.71 になり，$n \to \infty$ では

$$e \cong 2.71828\cdots \tag{A2.23}$$

指数のべき乗の中に独立変数を含む関数を**指数関数**という．独立変数を x とすれば，例えば e^x は指数関数である（本書では原則としてこれを $\exp(x)$ のように記す）．

$$y = e^x = \exp(x) \tag{A2.24}$$

　ある数が底の何乗になるかという数を，ある数の**対数**といい，log（logarithm の略）と書く．通常は 10 を底にとり，原則として底の値 10 を記さない．例えば，$\log_{10} 1000 = \log 1000 = 3$ は $1000 = 10^3$ と同意である．これに対して e を底とする対数では，原則として底 e を明記する．前者を**常用対数**，後者を**自然対数**と呼ぶ．

　式 A2.24 の両辺の自然対数をとれば

$$x = \log_e y \tag{A2.25}$$

式 A2.25 は，y を独立変数と見なしたとき，y が対数の中に含まれるので，**対数関数**という．このように，指数関数と対数関数は裏腹の関係にある．

　指数関数 $\exp(x)$ を微分することを考える．微分の定義から

$$\frac{d\exp(x)}{dx} = \lim_{h \to 0} \frac{\exp(x+h) - \exp(x)}{h} = \lim_{h \to 0} \frac{\exp(x)\exp(h) - \exp(x)}{h} = \exp(x) \lim_{h \to 0} \frac{\exp(h) - 1}{h} \tag{A2.26}$$

式 A2.26 中の h は，0 に近づく数なら何でもよいから，次のように置いてみる．

$$h = \log_e(1 + \frac{1}{n}) \quad (n \to \infty \text{ のとき } h \to \log_e 1 = 0) \tag{A2.27}$$

式 A2.27 の両辺の指数をとって変形すれば，式 A2.25 の定義から

$$\exp(h) - 1 = \frac{1}{n} \tag{A2.28}$$

$\exp(0) = 1$ であるから，h が 0 に近づけば，式 A2.28 の両辺は 0 に近づき，従って n は限りなく大きくなる．式 A2.28 と式 A2.27 を式 A2.26 に代入して変形した後に，式 A2.22 の定義を用いれば，$\log_e e = 1$ であるから

$$\frac{d\exp(x)}{dx} = \exp(x) \lim_{h \to 0} \frac{1}{nh} = \exp(x) \lim_{n \to \infty} \frac{1}{n \log_e(1 + 1/n)} = \exp(x) \lim_{n \to \infty} \frac{1}{\log_e(1 + 1/n)^n} \tag{A2.29}$$

$$= \exp(x) / \log_e (\lim_{n \to \infty}(1 + \frac{1}{n})^n) = \exp(x) / \log_e e = \exp(x)$$

式 A2.29 の両辺を積分すれば

$$\exp(x) = \int \exp(x)\, dx \tag{A3.30}$$

式 A2.29 と式 A2.30 は，指数関数 $\exp(x)$ を微分しても積分しても変化せず，元の関数になることを示す．

A2．3　テーラー展開

　一般に，独立変数 x の関数 $f(x)$ が $x = 0$ の近傍で連続であれば，次のように x の高次多項式で近似表現できることが分かっている．

$$f(x) = a_0 + a_1 x + a_2 x^2 + a_3 x^3 + a_4 x^4 + a_5 x^5 + \cdots\cdots \tag{A2.31}$$

式 A2.31 の右辺の項数を無限個とれば，両辺は厳密に等しくなる．関数 f の n 次微分 $d^n f / dx^n$ を $f^{n)}$ と表現し，式 A2.31 を次々に微分していけば

$$\left.\begin{array}{l} f^{1)}(x) = a_1 + 2a_2 x + 3a_3 x^2 + 4a_4 x^3 + 5a_5 x^4 + \cdots \\[4pt] f^{2)}(x) = (2\times1)a_2 + (3\times2)a_3 x + (4\times3)a_4 x^2 + (5\times4)a_5 x^3 + \cdots \\[4pt] f^{3)}(x) = (3\times2\times1)a_3 + (4\times3\times2)a_4 x + (5\times4\times3)a_5 x^2 + \cdots \\[4pt] f^{4)}(x) = (4\times3\times2\times1)a_4 + (5\times4\times3\times2)a_5 x + \cdots \end{array}\right\} \tag{A2.32}$$

式 A2.31 と式 A2.32 に $x = 0$ を代入すれば，両式の右辺には 1 項目だけが残る．
そこで，整数 n の階乗を

$$n \times (n-1) \times (n-2) \times \cdots\cdots \times 3 \times 2 \times 1 = n! \tag{A2.33}$$

のように表現すれば

$$a_0 = f(0),\ a_1 = f^{1)}(0),\ a_2 = \frac{f^{2)}(0)}{2!},\ a_3 = \frac{f^{3)}(0)}{3!},\ a_4 = \frac{f^{4)}(0)}{4!},\ \cdots \tag{A2.34}$$

式 A2.34 を式 A2.31 に代入すれば

$$f(x) = f(0) + f^{1)}(0)x + \frac{f^{2)}(0)}{2!}x^2 + \frac{f^{3)}(0)}{3!}x^3 + \frac{f^{4)}(0)}{4!}x^4 + \cdots \tag{A2.35}$$

式 A2.35 は，関数 $f(x)$ を $x = 0$ の周りで x の高次多項式に展開した式であり，**マクローリン展開**という．

　式 A2.35 を一般化することを考える．式 A2.31 は何も $x = 0$ の近傍だけに限ったことではなく，任意点 $x = x_0$ の近傍についても成立する．このときには，$x = x_0 + h$ とおけば，式 A2.31 に相当する表現は

$$f(x) = f(x_0 + h) = a_0 + a_1 h + a_2 h^2 + a_3 h^3 + a_4 h^4 + a_5 h^5 + \cdots\cdots \tag{A2.36}$$

上記の手順と同様に，式 A2.36 を次々と微分していく．x_0 は定数であるから，$dx = dh$，すなわち $dh/dx = 1$ である．したがって，式 A2.36 を x によって次々と微分することは，h によって次々と微分することと等しい．

　式 A2.36 を h によって次々と微分すれば，式 A2.32 の右辺の x を h と書き換えた式になる．その式に $h = 0$ すなわち $x = x_0$ を代入すれば

$$a_0 = f(x_0),\ a_1 = f^{1)}(x_0),\ a_2 = \frac{f^{2)}(x_0)}{2!},\ a_3 = \frac{f^{3)}(x_0)}{3!}, a_4 = \frac{f^{4)}(x_0)}{4!},\ \cdots \tag{A2.37}$$

式 A2.37 を式 A2.36 に代入すれば

$$f(x) = f(x_0 + h) = f(x_0) + f^{1)}(x_0)h + \frac{f^{2)}(x_0)}{2!}h^2 + \frac{f^{3)}(x_0)}{3!}h^3 + \frac{f^{4)}(x_0)}{4!}h^4 + \cdots \tag{A2.38}$$

式 A2.38 は，関数 $f(x)$ を $x = x_0$ の周りで高次多項式に展開したものであり，**テーラー展開**という．マクローリン展開は，$x_0 = 0$ のときのテーラー展開であり，通常はこれをテーラー展開と呼んでいる．

以下に，テーラー展開の例を示す．まず，指数関数 $f_e(x) = \exp(x)$ を $x = 0$ のまわりに展開する．式 A2.29 に示したように，この関数 $\exp(x)$ は何度微分しても変らないから

$$f_e(0) = f_e^{1)}(0) = f_e^{2)}(0) = f_e^{3)}(0) = \cdots\cdots = \exp(0) = 1 \tag{A2.39}$$

式 A2.39 を式 A2.35 に代入すれば

$$\exp(x) = 1 + x + \frac{x^2}{2!} + \frac{x^3}{3!} + \frac{x^4}{4!} + \cdots\cdots \tag{A2.40}$$

次に，正弦関数 $f_s(x) = \sin x$ を $x = 0$ のまわりに展開する．式 A1.35 より

$$\left.\begin{array}{l} \dfrac{d \sin x}{dx} = \cos x , \quad \dfrac{d^2 \sin x}{dx^2} = \dfrac{d \cos x}{dx} = -\sin x , \\[3mm] \dfrac{d^3 \sin x}{dx^3} = -\dfrac{d \sin x}{dx} = -\cos x , \quad \dfrac{d^4 \sin x}{dx^4} = -\dfrac{d \cos x}{dx} = \sin x , \cdots \end{array}\right\} \tag{A2.41}$$

このように，正弦関数 $\sin x$ は，4 回微分する毎に元の関数に戻る．また $\cos 0 = 1$，$\sin 0 = 0$ であるから，$f(x) = \sin x$ では

$$\left.\begin{array}{l} f_s(0) = 0 , \ f_s^{1)}(0) = 1 , \ f_s^{2)}(0) = 0 , \ f_s^{3)}(0) = -1 , \\[2mm] f_s^{4)}(0) = 0 , \ f_s^{5)}(0) = 1 , \ f_s^{6)}(0) = 0 , \ f_s^{7)}(0) = -1 , \cdots \end{array}\right\} \tag{A2.42}$$

式 A2.42 を式 A2.35 に代入すれば

$$\sin x = x - \frac{x^3}{3!} + \frac{x^5}{5!} - \frac{x^7}{7!} + \cdots \tag{A2.43}$$

次に，余弦関数 $f_c(x) = \cos x$ を $x = 0$ の周りに展開する．式 A1.35 より，$\cos x$ は $\sin x$ を 1 回微分すれば得られるから，式 2.43 を 1 回微分して

$$\cos x = 1 - \frac{x^2}{2!} + \frac{x^4}{4!} - \frac{x^6}{6!} + \cdots \tag{A2.44}$$

A2.4　複素指数関数

指数のべき乗の中に複素数を独立変数として含む関数を**複素指数関数**という．複素数を式 A2.2 のように表現すれば，複素指数関数 $\exp(z)$ は

$$\exp(z) = \exp(a + jb) = \exp(a)\exp(jb) \tag{A2.45}$$

式 A2.45 右辺のうち $\exp(a)$ はすでに説明した通常の指数関数なので，ここでは指数のべき乗が虚数である場合の複素指数関数を説明する．

複素指数関数 $f_z(x) = \exp(jx)$ を，$x = 0$ のまわりにテーラー展開する．式 A2.29 より，$\exp(jx)$ を jx で微分しても変らないから

$$\frac{d \exp(jx)}{dx} = \frac{d \exp(jx)}{d(jx)} \frac{d(jx)}{dx} = j \exp(jx) \tag{A2.46}$$

式 A2.46 からわかるように，$\exp(jx)$ を x で 1 回微分することは $\exp(jx)$ に単位虚数 j を 1 回

乗じることに等しい．また，$j^2 = -1$であるから

$$\frac{d^2 \exp(jx)}{dx^2} = j^2 \exp(jx) = -\exp(jx)，\quad \frac{d^3 \exp(jx)}{dx^3} = j^3 \exp(jx) = -j\exp(jx)，$$

$$\frac{d^4 \exp(jx)}{dx^4} = j^4 \exp(jx) = \exp(jx)，\cdots \tag{A2.47}$$

このように，関数$\exp(jx)$は，4回微分する毎に元の関数に戻る．$\exp(j0) = 1$であるから，$f_z(x) = \exp(jx)$では

$$\left.\begin{array}{l} f_z(0) = 1，\quad f_z^{1)}(0) = j，\quad f_z^{2)}(0) = -1，\quad f_z^{3)}(0) = -j，\\[4pt] f_z^{4)}(0) = 1，\quad f_z^{5)}(0) = j，\quad f_z^{6)}(0) = -1，\quad f_z^{7)}(0) = -j，\cdots \end{array}\right\} \tag{A2.48}$$

式A2.48を式A2.35に代入すれば

$$\begin{aligned} \exp(jx) &= 1 + jx - \frac{x^2}{2!} - \frac{jx^3}{3!} + \frac{x^4}{4!} + \frac{jx^5}{5!} - \frac{x^6}{6!} - \frac{jx^7}{7!} + \cdots \\[4pt] &= (1 - \frac{x^2}{2!} + \frac{x^4}{4!} - \frac{x^6}{6!} + \cdots) + j(x - \frac{x^3}{3!} + \frac{x^5}{5!} - \frac{x^7}{7!} + \cdots) \end{aligned} \tag{A2.49}$$

式A2.43と式A2.44を式A2.49に代入すれば

$$\exp(jx) = \cos x + j\sin x \tag{A2.50}$$

式A2.50のxを$-x$に置き換え，式A1.6を用いれば

$$\exp(-jx) = \cos(-x) + j\sin(-x) = \cos x - j\sin x \tag{A2.51}$$

式A2.50と式A2.51を加えて2で割れば

$$\cos x = \frac{\exp(jx) + \exp(-jx)}{2} \tag{A2.52}$$

式A2.50から式A2.51を引いて$2j$で割れば

$$\sin x = \frac{\exp(jx) - \exp(-jx)}{2j} \tag{A2.53}$$

　式A2.50〜A2.53から，複素指数関数と三角関数は，元来同じものであり相互に変換できることが分かる．オイラーが提唱したこれらの変換式を**オイラーの公式**という．このように，複素指数関数は三角関数と同様の周期関数であり，しかも単一の周波数で表現される**調和関数**である．式A2.50と式A2.51の中の変数xを偏角θに置き換えて，それぞれ式A2.4と式A2.9に代入すれば

$$z = R\exp(j\theta)，\quad \bar{z} = R\exp(-j\theta) \tag{A2.54}$$

式A2.54は，任意の複素数がその大きさRとその偏角θの複素指数関数の積で表現できることを示している．前述のように，複素数は大きさと偏角という2個の素からなる2次元数であるが，それらのうち**偏角を表現する関数が複素指数関数**$\exp(j\theta)$なのである．複素数を実数と虚数の2個の素からなる2次元数と見なしたときの表現が式A2.2であり，大きさと偏角という2個の素からなる2次元数と見なしたときの表現が式A2.54である．

式 A2.54 から，共役複素数は，図 A2.2 に示したように，大きさが元の複素数と同一，偏角が元の複素数と正負が逆の複素数であることが分かる.

複素指数関数 $\exp(j\theta)$ についてもう少し考察する．$\exp(j\theta)$ は複素数の 1 種類であるが，それが複素数の大きさと偏角のうち偏角だけを表現していることから，$\exp(j\theta)$ 自身の大きさは単位量 1 である．したがって，$\exp(j\theta)$ を実部と虚部に分けて表現すれば，複素数の表現式 A2.4 で $R=1$ と置いた式になる．同様に $\exp(j\theta)$ の共役複素数 $\exp(-j\theta)$ は，式 A2.9 で $R=1$ とおいた式になる．これらの式は，式 A2.50 と式 A2.51 で $x=\theta$ と置いたものであり

$$\exp(j\theta) = \cos\theta + j\sin\theta , \ \exp(-j\theta) = \cos\theta - j\sin\theta \tag{A2.55}$$

複素数の大きさの自乗は，式 2.16 より，それとその共役複素数の積になる．そこで式 A2.55 中の 2 式を乗じれば

$$\exp(j\theta)\exp(-j\theta) = \cos^2\theta + \sin^2\theta = 1 \tag{A2.56}$$

式 A2.56 は，式 A1.8 と同一の式である.

式 A2.55 を用いて，$\exp(j\theta)$ を複素平面上に図示すれば，図 A2.3 のように，原点を中心とする半径 1 の単位円上の点になり，その座標は $(\cos\theta \ \sin\theta)$ である.

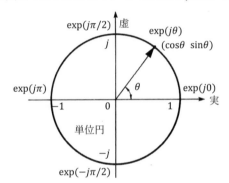

図A2.3　複素平面上の $\exp(j\theta)$

式 A2.54 の表現方法を用いれば，複素数同士の乗算と除算が簡単になる．式 A2.54 の表現方法を用いれば，複素数同士の乗算と除算が簡単になる．例えば式 A2.5 と同じ複素数を

$$z_1 = R_1\exp(j\theta_1), \ z_2 = R_2\exp(j\theta_2) \tag{A2.57}$$

とすれば，両者の乗算は

$$z_1 z_2 = R_1 R_2 \exp(j(\theta_1 + \theta_2)) \tag{A2.58}$$

のように，大きさを乗じ偏角を加えればよい．式 A2.58 は式 A2.7 より簡単である．また両者の除算は

$$\frac{z_1}{z_2} = \frac{R_1\exp(j\theta_1)}{R_2\exp(j\theta_2)} = \frac{R_1}{R_2}\exp(j(\theta_1 - \theta_2)) \tag{A2.59}$$

のように，大きさを割り，偏角を引けばよい．式 A2.59 は式 A2.8 より簡単である.

A3　三角関数の直交性

　本文の 3.1.1 項において，複数の三角関数の間に存在する**直交性**に基づく下式が成立することを述べた．

$$\int_{-T/2}^{T/2}\cos(2\pi\frac{i}{T}t)\cos(2\pi\frac{l}{T}t)\,dt = 0,\quad \int_{-T/2}^{T/2}\sin(2\pi\frac{i}{T}t)\sin(2\pi\frac{l}{T}t)\,dt = 0,$$

$$\int_{-T/2}^{T/2}\cos(2\pi\frac{i}{T}t)\sin(2\pi\frac{i}{T}t)\,dt = 0,\qquad (i \neq l) \tag{A3.1}$$

ここで，T は基本周期，i と l は整数であり，積分範囲は基本周期の 1 周期である．

　図 A3.1 に，$i=1$，$l=1,2,3$ とした，上式の 9 通りの例を示す．上式の基本周期 T に渡る積分結果（同図の積（実線）と横軸が囲む面積の代数和（正負を考慮した和））は，同図上段の a と b（$i=1, l=1$）以外はすべて 0 になっていることが一見して分かり，上式の正当性を例証している．

　なお，一般の関数間の直交性については，4.2.1 項で説明されている．

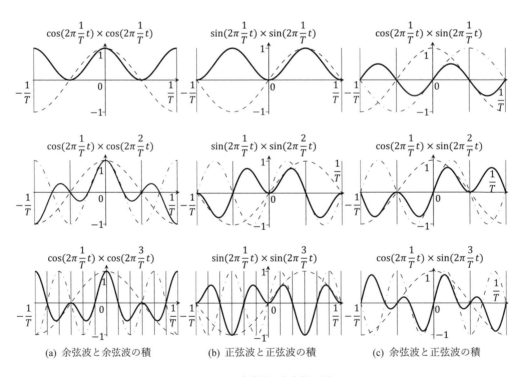

(a) 余弦波と余弦波の積　　　(b) 正弦波と正弦波の積　　　(c) 余弦波と正弦波の積

図A3.1　三角関数の直交性の例

点線（-----）と1点鎖線（·-·-·-）は原波形
実線（———）は両者の積による合成波形

A4 積の微分と積分

t を独立変数とする関数 $f(t)$ の微分は，次のように定義される．

$$\frac{d\,f(t)}{dt} = \lim_{\Delta t \to 0} \frac{f(t+\Delta t) - f(t)}{\Delta t} \tag{A4.1}$$

2個の関数 $P(t)$ と $G(t)$ を考え

$$\frac{d\,P(t)}{dt} = p(t), \quad \frac{d\,G(t)}{dt} = g(t) \tag{A4.2}$$

とする．式 A4.2 の両辺を積分すれば

$$P(t) = \int p(t)\,dt, \quad G(t) = \int g(t)\,dt \tag{A4.3}$$

関数 $P(t)$ と $G(t)$ の積を微分する．式 A4.1 の微分の定義より

$$\begin{aligned}
\frac{d(P(t)\cdot G(t))}{dt} &= \lim_{\Delta t \to 0} \frac{P(t+\Delta t)\cdot G(t+\Delta t) - P(t)\cdot G(t)}{\Delta t} \\
&= \lim_{\Delta t \to 0} \frac{P(t+\Delta t)\cdot G(t+\Delta t) - P(t)\cdot G(t+\Delta t) + P(t)\cdot G(t+\Delta t) - P(t)\cdot G(t)}{\Delta t} \\
&= \lim_{\Delta t \to 0} \left\{ \frac{P(t+\Delta t) - P(t)}{\Delta t}\cdot G(t+\Delta t) + P(t)\cdot \frac{G(t+\Delta t) - G(t)}{\Delta t} \right\} \\
&= \lim_{\Delta t \to 0} \frac{P(t+\Delta t) - P(t)}{\Delta t} \lim_{\Delta t \to 0} G(t+\Delta t) + P(t) \lim_{\Delta t \to 0} \frac{G(t+\Delta t) - G(t)}{\Delta t} \\
&= \frac{dP(t)}{dt}\cdot G(t) + P(t)\cdot \frac{dG(t)}{dt} = p(t)\cdot G(t) + P(t)\cdot g(t)
\end{aligned} \tag{A4.4}$$

式 A4.4 は，**積の微分**の実行方法を示す．

次に関数 $p(t)$ と関数 $G(t)$ の積を積分する．式 A4.4 から

$$p(t)\cdot G(t) = \frac{d(P(t)\cdot G(t))}{dt} - P(t)\cdot g(t) \tag{A4.5}$$

式 A4.5 の両辺を $a \le t \le b$ の範囲で定積分すると

$$\int_a^b p(t)\cdot G(t)\,dt = \left[P(t)\cdot G(t)\right]_a^b - \int_a^b P(t)\cdot g(t)\,dt \tag{A4.6}$$

式 A4.2 と式 A4.3 を式 A4.6 に代入して

$$\int_a^b p(t)\cdot G(t)\,dt = \left[\left(\int p(t)\,dt\right)\cdot G(t)\right]_a^b - \int_a^b \left(\int p(t)\,dt\right)\cdot \frac{dG(t)}{dt}\,dt \tag{A4.7}$$

式 A4.7 は，関数 $p(t)$ と関数 $G(t)$ の**積の積分**（**部分積分**）の実行方法を示す．すなわち部分積分は，どちらか一方（どちらでもよいが式 A4.7 では $p(t)$ としている）の積分と他方（式 A4.7 では $G(t)$ としている）の積から一方の積分と他方の微分の積の積分を引いたものになる．

A 5　いろいろな関数

本補章 A5 では，音響学を含む様々な分野の工学や物理学に広く応用されているいくつかの関数を紹介する．

A 5．1　双曲線関数

2 つの指数関数を組み合わせて作成する次の 3 個の関数を**双曲線関数**（hyperbolic function）と言う．

$$\sinh(ax) = \frac{\exp(ax) - \exp(-ax)}{2}, \cosh(ax) = \frac{\exp(ax) + \exp(-ax)}{2}, \tanh(ax) = \frac{\exp(ax) - \exp(-ax)}{\exp(ax) + \exp(-ax)}$$

$$(A5.1)$$

図 A5.1 に，$a = 1$ のときの式 A5.1 を示す．

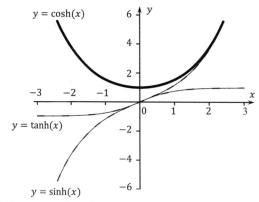

図A5.1　双曲線関数

双曲線関数には，三角関数とよく似た次の性質がある．

$$\tanh(ax) = \frac{\sinh(ax)}{\cosh(ax)}, \quad \cosh^2(ax) - \sinh^2(ax) = 1 \tag{A5.2}$$

$$\sinh(x \pm y) = \sinh(x)\cosh(y) \pm \cosh(x)\sinh(y),$$
$$\cosh(x \pm y) = \cosh(x)\cosh(y) \pm \sinh(x)\sinh(y), \quad （複合同順） \tag{A5.3}$$
$$\tanh(x \pm y) = \frac{\tanh(x) \pm \tanh(y)}{1 \pm \tanh(x)\tanh(y)}$$

$$\frac{d(\sinh(ax))}{dx} = a\cosh(ax), \quad \frac{d(\cosh(ax))}{dx} = a\sinh(ax) \tag{A5.4}$$

$$\int \sinh(ax)\,dx = \frac{1}{a}\cosh(ax) + C, \quad \int \cosh(ax)\,dx = \frac{1}{a}\sinh(ax) + C \quad （C は定数） \tag{A5.5}$$

式 A5.2〜A5.5 の性質は，式 A5.1 を用いて簡単に説明できる．

A5. 2 誤差関数

次式で定義される関数を，**ガウスの誤差関数**と言う．この関数は，ガウスが測定誤差の分布を調べていたときに導き出した関数である．

$$\mathrm{Erf}(t) = \frac{2}{\sqrt{\pi}} \int_0^t \exp(-x^2)\, dx \tag{A5.6}$$

平均値 0，分散 $(1/\sqrt{2})^2$ の正規分布は，確率密度関数

$$f(x) = \frac{1}{\sqrt{\pi}} \exp(-x^2) \tag{A5.7}$$

を持っている．測定誤差がこの分布に従うとき，式 A5.6 の誤差関数 $\mathrm{Erf}(t)$ は誤差が $-t$ と t $(t>0)$ の間にある確率を示し，その値は図 A5.2 中の太線と横軸（x 軸）と $-t<x<t$ で囲まれた部分の面積に等しい．この誤差関数において t の範囲を $-\infty<t<\infty$ に拡張すれば，図 A5.3 になる．なお，関数

$$g(x) = \exp(-ax^2) \quad (a>0) \tag{A5.8}$$

を**ガウス関数**と呼ぶこともある．このガウス関数に関しては式

$$\int_0^{+\infty} \exp(-x^2)\, dx = \frac{\sqrt{\pi}}{2} \tag{A5.9}$$

で示される無限積分の値が知られている．式 A5.9 を用いれば，図 5.3 に示すように，$t \to \pm\infty$ で $y = \mathrm{Erf}(t) = 1$ になることが分かる．

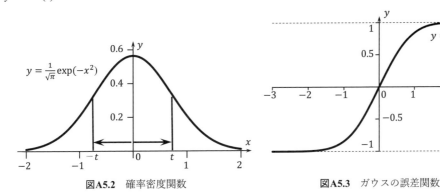

図A5.2　確率密度関数　　　　図A5.3　ガウスの誤差関数

A5. 3 ガンマ関数

次の無限積分で定義される関数を**ガンマ関数**と言う．

$$\Gamma(p) = \int_0^{+\infty} x^{p-1} \exp(-x)\, dx \quad (p>0) \tag{A5.10}$$

図 A5.4 は，4 通りの p の値（$p=0.5,\ 1,\ 2,\ 4$）における被積分項 $y = x^{p-1} \exp(-x)$ $(p>0)$ である．式 A5.10 に示すガンマ関数は，図 A5.4 の曲線と x 軸 $(0<x<+\infty)$ によって囲まれる無限領域の面積になる．$p>0$ のときにはその値は収束し，その結果を図 A5.5 に示す．

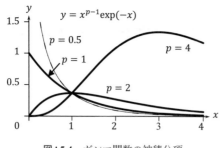

図**A5.4**　ガンマ関数の被積分項

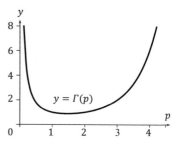

図**A5.5**　ガンマ関数

　ガンマ関数を p の初等関数（多項式・三角関数・指数関数など）で表現することはできないが，p が自然数のときや分母が 2 である分数のときにはガンマ関数の値を正確に求めることができる．しかし，その他の値を求めたいときには，積分記号のまま表示しておくか近似値に頼るしかない．

　ガンマ関数は，以下の性質を有する [15]．

（ 1 ）　$\Gamma(p+1) = p\Gamma(p) \quad (p>0)$　　　　　　　　　　　　　　　　　　　　　　　　　　(A5.11)

（証明）式 A5.10 より

$$\Gamma(p+1) = \int_0^{+\infty} x^p \exp(-x)\, dx \tag{A5.12}$$

式 A5.12 右辺の被積分項は関数 x^p と関数 $\exp(-x)$ の積からなるので，$d(x^p)/dx = px^{p-1}$，$\int \exp(-x)\,dx = -\exp(-x)$ の関係を用いて同式を部分積分する．再び式 A5.10 を用いて

$$\Gamma(p+1) = \left[x^p(-\exp(-x)) \right]_0^{+\infty} - \int_0^{+\infty} px^{p-1}(-\exp(-x))\, dx = \left[-\frac{x^p}{\exp(x)} \right]_0^{+\infty} + p\Gamma(p) \tag{A5.13}$$

$p>0$ であるから，$n \le p < n+1$ となる正の整数 n が存在する．$x>1$ では

$$\frac{x^n}{\exp(x)} \le \frac{x^p}{\exp(x)} < \frac{x^{n+1}}{\exp(x)} \tag{A5.14}$$

　ロピタルの定理の適用例 2 である後述式 A6.4 を参照すれば，$x \to \infty$ のとき式 A5.14 の不等号の両側が共に 0 に収束する．したがって同式の中央も 0 に収束し，式 A5.13 右辺第 1 項は 0 になるから，式 A5.11 が成立する．

（ 2 ）　$\Gamma(1) = 1$　　　　　　　　　　　　　　　　　　　　　　　　　　　　　　　　　　(A5.15)

（証明）式 A5.10 において $p=1$ の場合なので

$$\Gamma(1) = \int_0^{+\infty} x^0 \exp(-x)\, dx = \int_0^{+\infty} \exp(-x)\, dx = \left[-\frac{1}{\exp(x)} \right]_0^{+\infty} = 1 \tag{A5.16}$$

（ 3 ）　$\Gamma(n) = (n-1)! \quad (n = 2, 3, \cdots)$　　　　　　　　　　　　　　　　　　　　　　(A5.17)

（証明）式 A5.11 において $p = n-1$ と置けば

$$\Gamma(n) = (n-1)\Gamma(n-1) \tag{A5.18}$$

$\Gamma(n-1)$ に再び式 A5.11 を使って，これを繰り返し，最後に式 A5.15 を用いれば

$$\Gamma(n) = (n-1)\cdot(n-2)\Gamma(n-2) = (n-1)\cdot(n-2)\cdot(n-3)\Gamma(n-3) = \cdots$$
$$= (n-1)\cdot(n-2)\cdot(n-3)\cdots 2\cdot 1\cdot\Gamma(1) = (n-1)! \tag{A5.19}$$

（4）$\Gamma(\frac{1}{2}) = \sqrt{\pi}$

（証明）式 A5.10 において $p = 1/2$ と置けば

$$\Gamma(\frac{1}{2}) = \int_0^{+\infty} x^{1/2-1}\exp(-x)\,dx = \int_0^{+\infty}\frac{1}{\sqrt{x}}\exp(-x)\,dx \tag{A5.20}$$

ここで $\sqrt{x} = u$（すなわち $x = u^2$）という変数変換を行えば，$dx = 2u\,du$ であり，また $x \to +\infty$ のとき $u \to +\infty$ となるから，式 A5.9 を参照して

$$\Gamma(\frac{1}{2}) = \int_o^{+\infty}\frac{1}{u}\exp(-u^2)\cdot 2u\,du = 2\int_0^{+\infty}\exp(-u^2)\,du = \sqrt{\pi} \tag{A5.21}$$

（5）$n = 2m+1$（奇数）のとき

$$\Gamma(\frac{n}{2}) = \frac{\sqrt{\pi}}{2^m}(2m-1)(2m-3)(2m-5)\cdots 3\cdot 1 \tag{A5.22}$$

（証明）式 A5.11 と式 A5.17 と式 A5.21 を用いて

$$\Gamma(\frac{n}{2}) = \Gamma(m+\frac{1}{2}) = ((m-1)+\frac{1}{2})\Gamma((m-1)+\frac{1}{2}) = \cdots$$
$$= ((m-1)+\frac{1}{2})\cdot((m-2)+\frac{1}{2})\cdots((m-m)+\frac{1}{2})\Gamma((m-m)+\frac{1}{2}) \tag{A5.23}$$
$$= \frac{2m-1}{2}\cdot\frac{2m-3}{2}\cdots\frac{3}{2}\cdot\frac{1}{2}\Gamma(\frac{1}{2}) = \frac{\sqrt{\pi}}{2^m}\cdot(2m-1)\cdot(2m-3)\cdots 3\cdot 1$$

A5．4　ヘヴィサイドの単位関数

次式で定義される関数を**ヘヴィサイドの単位関数**と言う．

$$U(t) = \begin{cases} 0 & (t < 0) \\ 1 & (t \geq 0) \end{cases} \tag{A5.24}$$

この関数は**単位ステップ関数**とも呼ばれ，時刻 t の関数として用いられることが多いので，独立変数を t としてある．

図 A5.6 にこの関数とその利用例を示す．同図 a は式 A5.24 そのものである．同図 b は $0\ (t < a)$，$1\ (t \geq a)$ になる関数 $y = U(t-a)$ である．同図 c は $0\ (t < 0)$，$f(t)\ (t \geq 0)$ になる関数 $y = U(t)f(t)$ である．同図 d は $0\ (t < a)$，$f(t-a)\ (t \geq a)$ になる関数 $y = U(t-a)f(t-a)$ である．同図 e は $0\ (t < a, t \geq b)$，$1\ (a \leq t < b)$ になる関数 $y = U(t-a) - U(t-b)$ である．同図 f は $0\ (t < a, t \geq b)$，$f(t)\ (a \leq t < b)$ になる関数 $y = (U(t-a) - U(t-b))f(t)$ であり，離散フーリエ変換において時刻歴波形を有限時間幅で切り取る方形窓（図 3.13 参照）として使われる．

x

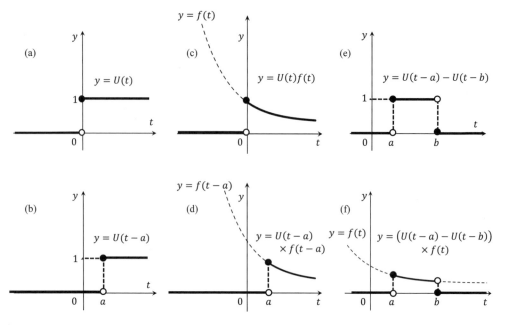

図A5.6　ヘヴィサイドの単位関数とその利用例

A5．5　ディラックの衝撃関数

次式で定義される関数を**ディラックの衝撃関数**または**デルタ関数**または**単位インパルス関数**と言う.

$$\delta(t) = \begin{cases} 0 & (t \neq 0) \\ +\infty & (t = 0) \end{cases}, \quad \int_{-\infty}^{+\infty} \delta(t)\,dt = 1 \tag{A5.25}$$

この関数は,時刻 t の関数であり,通常の関数ではなく,幅 T・高さ $1/T$ の方形時刻歴波形が囲む面積を単位量1に保持したまま $T \to 0$ とした極限として定義されるものである.この関数は,3.1.2 項(1)で説明したように,式 3.14 に示すフーリエ級数として表現できる.この関数は,フーリエ変換のみではなく応用数学全体に渡り有用性が高く,非常に有効な武器になっている.

A5．6　単位ランプ関数

次式で定義される関数を**単位ランプ関数**と言う.

$$r(t) = \begin{cases} 0 & (t < 0) \\ t & (t \geq 0) \end{cases} \quad (r(t) = tU(t)) \tag{A5.26}$$

A6　ロピタルの定理

2個の関数 $f(t)$ と $g(t)$ が共に微分可能であり，$t \to a$（a は定数であるが無限大を含む）のとき，$f(t)/g(t)$ が不定形になるならば，次式が成立する．

$$\lim_{t \to a} \frac{f(t)}{g(t)} = \lim_{t \to a} \frac{d(f(t))/dt}{d(g(t))/dt} \tag{A6.1}$$

これを**ロピタルの定理**という．

（適用例 1 ）

関数 $f(t) = \sin(t)$ と関数 $g(t) = t$ はどちらも $t \to 0$ で 0 に収束するから，$f(t)/g(t)$ は不定形になり，このままでは決定することができない．しかし，ロピタルの定理によれば

$$\lim_{t \to 0} \frac{\sin(t)}{t} = \lim_{t \to 0} \frac{d(\sin(t))/dt}{dt/dt} = \lim_{t \to 0} \frac{\cos(t)}{1} = 1 \qquad （式 A1.35 参照） \tag{A6.2}$$

（適用例 2 ）

関数 $f(x) = x^n$（n は整数）と関数 $g(x) = \exp(x)$ はどちらも $x \to +\infty$ で ∞ になり発散するから，$f(t)/g(t)$ は不定形になり，このままでは決定することができない．しかし，ロピタルの定理によれば

$$\lim_{x \to \infty} \frac{x^n}{\exp(x)} (= \lim_{x \to \infty} \frac{d(x^n)/dt}{d(\exp(x))/dt}) = \lim_{x \to \infty} \frac{nx^{n-1}}{\exp(x)} = \lim_{x \to \infty} \frac{n \cdot (n-1)x^{n-2}}{\exp(x)} \tag{A6.3}$$

式 A.6.3 の操作を繰り返せば

$$\lim_{x \to \infty} \frac{x^n}{\exp(x)} = \lim_{x \to \infty} \frac{n \cdot (n-2) \cdot (n-3) \cdots 3 \cdot 2 \cdot 1}{\exp(x)} = 0 \tag{A6.4}$$

補章B　ベクトルと行列

B 1　定　義

次のような2元1次連立方程式を考える.

$$\left.\begin{array}{l} a_{11}p_1 + a_{12}p_2 = b_1 \\ a_{21}p_1 + a_{22}p_2 = b_2 \end{array}\right\} \tag{B.1}$$

この連立方程式をまとめて表現すると

$$\begin{bmatrix} a_{11} & a_{12} \\ a_{21} & a_{22} \end{bmatrix} \begin{Bmatrix} p_1 \\ p_2 \end{Bmatrix} = \begin{Bmatrix} b_1 \\ b_2 \end{Bmatrix} \tag{B.2}$$

あるいは式 B.2 を簡略に表現して

$$[A]\{p\} = \{b\} \tag{B.3}$$

式 B.3 の $\{p\}$ と $\{b\}$ は,行方向すなわち縦方向に1列に数字を並べたものであり,**列ベクトル**という. 式 B.3 では,左辺の係数をまとめて $[A]$ と表現している. $[A]$ の中身は,式 B.2 から分かるように,行(横)と列(縦)に数字を並べたものであり,これを行列あるいは**マトリクス**という. この場合の $[A]$ は2行2列の行列である. このように行と列の数が等しい行列を**正方行列**という. また,行と列の数が異なる行列を**長方行列**という. ベクトルも行列の一種であり,列ベクトル $\{p\}$ と $\{b\}$ は2行1列の長方行列とみなすこともできる.

正方行列 $[A]$ において $a_{12} = a_{21}$ であれば,右下がり対角線に関して対称な行列すなわち**対称行列**になる. さらに $a_{12} = a_{21} = 0$ であれば,右下がり対角線上の項以外のすべての項が 0 の行列になる. このような行列を**対角行列**といい,「A」のように表現する. 対角行列においてすべての対角項が単位量1の行列を**単位行列**といい,「I」で表現する. 2行2列の単位行列は

$$\lceil I \rfloor = \begin{bmatrix} 1 & 0 \\ 0 & 1 \end{bmatrix} \tag{B.4}$$

行列の行と列を入れ換えることを**転置**という. 転置した行列を転置行列といい,右肩に T を添付して表現する. 例えば,式 B3 左辺係数行列 $[A]$ の転置行列は

$$[A]^T = \begin{bmatrix} a_{11} & a_{12} \\ a_{21} & a_{22} \end{bmatrix}^T = \begin{bmatrix} a_{11} & a_{21} \\ a_{12} & a_{22} \end{bmatrix} \tag{B.5}$$

　列ベクトルを転置すれば，行（横）方向の 1 行に数字を並べたベクトルになる．これを**行ベクトル**と言い，$\lfloor \bullet \rfloor$ のように表現する．式 B.2 左辺列ベクトル $\{p\}$ の転置ベクトルは

$$\{p\}^T = \left\{\begin{matrix} p_1 \\ p_2 \end{matrix}\right\}^T = \lfloor p_1 \quad p_2 \rfloor = \lfloor p \rfloor \tag{B.6}$$

行ベクトル $\lfloor p \rfloor$ は，1 行 2 列の長方行列とみなすことができる．

　以上は 2 次元について例を示したが，これらを一般化すれば，次のようになる．

列ベクトル（N 行 1 列）
$$\{p\}_{N\times1} = \left\{\begin{matrix} p_1 \\ p_2 \\ \vdots \\ p_N \end{matrix}\right\} \tag{B.7}$$

行ベクトル（1 行 N 列）
$$\lfloor p \rfloor_{1\times N} = \lfloor p_1 \quad p_2 \quad \cdots\cdots \quad p_N \rfloor \tag{B.8}$$

正方行列（N 行 N 列）
$$[A]_{N\times N} = \begin{bmatrix} a_{11} & a_{12} & \cdots & a_{1N} \\ a_{21} & a_{22} & \cdots & a_{2N} \\ \vdots & \vdots & \ddots & \vdots \\ a_{N1} & a_{N2} & \cdots & a_{NN} \end{bmatrix} \tag{B.9}$$

長方行列（N 行 M 列）
$$[A]_{N\times M} = \begin{bmatrix} a_{11} & a_{12} & \cdots & a_{1M} \\ a_{21} & a_{22} & \cdots & a_{2M} \\ \vdots & \vdots & \ddots & \vdots \\ a_{N1} & a_{N2} & \cdots & a_{NM} \end{bmatrix} \quad (N \neq M) \tag{B.10}$$

対角行列（N 行 N 列）　$\lceil A \rfloor_{N\times N}$（式 B.9 で $a_{ij}=0$ $(i \neq j, i=1\sim N, j=1\sim N)$） $\tag{B.11}$

単位行列（N 行 N 列）　$\lceil I \rfloor_{N\times N}$（式 B.11 で $a_{ii}=1$ $(i=1\sim N)$） $\tag{B.12}$

Ｂ２　ベクトルの演算

　2 個のベクトルの和と差は，それらを構成する各項毎の和と差になる．図 B.1 に示すように

$$\{p\} \pm \{b\} = \left\{\begin{matrix} p_1 \\ p_2 \end{matrix}\right\} \pm \left\{\begin{matrix} b_1 \\ b_2 \end{matrix}\right\} = \left\{\begin{matrix} p_1 \pm b_1 \\ p_2 \pm b_2 \end{matrix}\right\} \quad （複号同順） \tag{B.13}$$

$$\lfloor p \rfloor \pm \lfloor b \rfloor = \lfloor p_1 \quad p_2 \rfloor \pm \lfloor b_1 \quad b_2 \rfloor = \lfloor p_1 \pm b_1 \quad p_2 \pm b_2 \rfloor \quad （複合同順） \tag{B.14}$$

　2 個のベクトルの乗算のうち，列ベクトルに前から行ベクトルを乗じる形式を内積または**スカラー積**といい，結果は，前の行ベクトルの左からの数と後の列ベクトルの上からの数が等しい両項の積の総和であるスカラー量（単一の数値量）になる．例えば

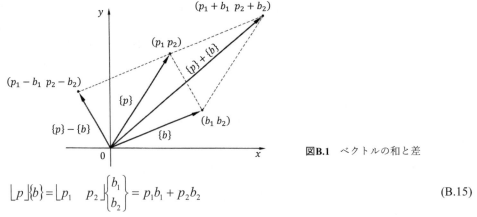

図**B.1**　ベクトルの和と差

$$\lfloor p \rfloor\{b\} = \lfloor p_1 \quad p_2 \rfloor \begin{Bmatrix} b_1 \\ b_2 \end{Bmatrix} = p_1 b_1 + p_2 b_2 \tag{B.15}$$

内積は 2 個のベクトルの次元（行または列の数）が等しい場合にのみ実行できる.

　逆に，行ベクトルに前から列ベクトルを乗じる形式の積では，前の列ベクトルの行の項と後の行ベクトルの列の項の積が，その行と列の番号の項を構成する行列になる.　例えば

$$\{p\}\lfloor b \rfloor = \begin{Bmatrix} p_1 \\ p_2 \end{Bmatrix} \lfloor b_1 \quad b_2 \rfloor = \begin{bmatrix} p_1 b_1 & p_1 b_2 \\ p_2 b_1 & p_2 b_2 \end{bmatrix} \tag{B.16}$$

　ベクトルの内積は，順序を入れ換えても変化しない.　例えば式 B.15 で

$$\lfloor p \rfloor\{b\} = \lfloor b \rfloor\{p\} \tag{B.17}$$

しかし，式 B.16 の形式の積は，2 個のベクトルの順序を入れ換えると，結果として得られる行列の行と列が入れ換わる転置行列になる.

$$\{b\}\lfloor p \rfloor = (\{p\}\lfloor b \rfloor)^T \tag{B.18}$$

　他に，3 次元空間で定義できる形式の積として，外積（ベクトル積）があるが，これについては説明を省略する.

　ベクトルの大きさは，**絶対値**または**ノルム**といい，同じベクトル同士の内積の平方根，すなわち全項の自乗和の平方根で表される.　例えば，$\{p\}$または$\lfloor p \rfloor$の大きさは$\|p\|$と記し，図 B.2 のようにベクトル$\{p\}$を斜辺とする直角三角形の 3 辺の長さの関係から

$$\|p\| = \sqrt{\lfloor p \rfloor\{p\}} = \sqrt{p_1^2 + p_2^2} \tag{B.19}$$

　大きさが 1 のベクトルを**単位ベクトル**または**正規ベクトル**という.　大きさを 1 にすることを**正規化**するという.　ベクトルを正規化するためには，それを構成する各項をベクトルの大きさで割ればよい.　例えば，ベクトル$\{p\}$の正規ベクトルを$\{p\}_{unit}$とすれば

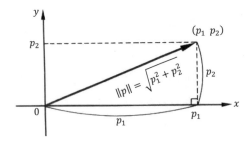

図**B.2**　ベクトルの大きさ

$$\{p\}_{unit} = \frac{\{p\}}{\|p\|} = \begin{Bmatrix} p_1/\|p\| \\ p_2/\|p\| \end{Bmatrix} = \begin{Bmatrix} p_1/\sqrt{p_1^2 + p_2^2} \\ p_2/\sqrt{p_1^2 + p_2^2} \end{Bmatrix} \tag{B.20}$$

以上の 2 次元ベクトルについての例を一般化すれば，次のようになる．

列ベクトルの和と差
$$\underset{N\times 1}{\{p\}} \pm \underset{N\times 1}{\{b\}} = \begin{Bmatrix} p_1 \\ p_2 \\ \vdots \\ p_N \end{Bmatrix} \pm \begin{Bmatrix} b_1 \\ b_2 \\ \vdots \\ b_N \end{Bmatrix} = \begin{Bmatrix} p_1 \pm b_1 \\ p_2 \pm b_2 \\ \vdots \\ p_N \pm b_N \end{Bmatrix} \quad (複合同順) \tag{B.21}$$

行ベクトルの和と差

$$\underset{1\times N}{\lfloor p \rfloor} \pm \underset{1\times N}{\lfloor b \rfloor} = \lfloor p_1 \quad p_2 \quad \cdots \quad p_N \rfloor \pm \lfloor b_1 \quad b_2 \quad \cdots \quad b_N \rfloor = \lfloor p_1 \pm b_1 \quad p_2 \pm b_2 \quad \cdots \quad p_N \pm b_N \rfloor \quad (複号同順)$$
$$\tag{B.22}$$

行ベクトル×列ベクトル（内積）

$$\underset{1\times N}{\lfloor p \rfloor} \underset{N\times 1}{\{b\}} = \lfloor p_1 \quad p_2 \quad \cdots \quad p_N \rfloor \begin{Bmatrix} b_1 \\ b_2 \\ \vdots \\ b_N \end{Bmatrix} = p_1 b_1 + p_2 b_2 + \cdots + p_N b_N = \textstyle\sum_{i=1}^{N} p_i b_i \tag{B.23}$$

列ベクトル×行ベクトル

$$\underset{N\times 1}{\{p\}} \underset{1\times N}{\lfloor b \rfloor} = \begin{Bmatrix} p_1 \\ p_2 \\ \vdots \\ p_N \end{Bmatrix} \lfloor b_1 \quad b_2 \quad \cdots \quad b_N \rfloor = \begin{bmatrix} p_1 b_1 & p_1 b_2 & \cdots & p_1 b_N \\ p_2 b_1 & p_2 b_2 & \cdots & p_2 b_N \\ \vdots & \vdots & \ddots & \vdots \\ p_N b_1 & p_N b_2 & \cdots & p_N b_N \end{bmatrix} \tag{B.24}$$

ベクトルの大きさは，式 B.19 と式 B.23 から類推できるように

$$\|p\| = \sqrt{\lfloor p \rfloor \{p\}} = \sqrt{\textstyle\sum_{i=1}^{N} p_i^2} \tag{B.25}$$

すなわち，ベクトルを構成する各要素の自乗和の平方根に等しい．

B3　ベクトルの相関と直交

　2 個のベクトルの間の関係の強さを表す方法を調べてみよう．まず考えられるのは，両者がどのくらい離れているかを知ることである．例えば 2 次元空間すなわち平面上では，2 個のベクトルの始点を同一点に置いたときの終点間の距離を測ればよい．この距離が小さければ，両者は近く強い関係にあるといえる．図 B.3 に示すベクトル $\{p\}$ と $\{b\}$ 間の距離は両者の差ベクトル $\{b\} - \{p\}$ の大きさ $\|\{b\} - \{p\}\|$ で表されるから，式 B.13 と式 B.19 を用いて

$$\|\{b\} - \{p\}\| = \sqrt{(b_1 - p_1)^2 + (b_2 - p_2)^2} \tag{B.26}$$

　距離だけでよいのだろうか．図 B.4 には 3 個のベクトル $\{v_1\}$，$\{v_2\}$，$\{v_3\}$ があり，$\{v_2\}$ と

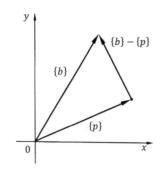

図B.3　ベクトル間の距離

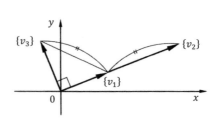

図B.4　ベクトル間の距離と相関
$$|\{v_2\} - \{v_1\}| = |\{v_3\} - \{v_1\}|$$

$\{v_3\}$ は $\{v_1\}$ から等しい距離にある. しかし, $\{v_2\}$ は $\{v_1\}$ からの角度が 0 で同方向にあり $\{v_1\}$ を

何倍かすれば作ることができるのに対し, $\{v_3\}$ は $\{v_1\}$ から直角方向にあり, $\{v_1\}$ にどのよう

な操作を加えても作ることができない. この意味で, $\{v_2\}$ と $\{v_3\}$ は $\{v_1\}$ から等距離にあるに

もかかわらず, $\{v_2\}$ は $\{v_1\}$ と極めて強い関係にあり, $\{v_3\}$ は全く無関係だといえる. このこ

とから, ベクトル間の関係の強さを距離だけで表現するのは十分ではなく, 両ベクトルが挟む

角も重要であることがわかる. 両ベクトルが挟む角 θ が $0°$ のとき最も関係が強く ($\cos 0° = 1$),

$90°$ のとき全く無関係になる ($\cos 90° = 0$) ことから, 両者の関係のもう一つの尺度を $\cos\theta$ と

するのが妥当であると思われる.

　$\cos\theta$ は, 両ベクトルの成分とどのような関係にあるのだろうか. 図 B.5 において, 2 本のベ

クトル $\{p\}^T = \lfloor p_1 \quad p_2 \rfloor$, $\{b\}^T = \lfloor b_1 \quad b_2 \rfloor$ と x 軸のなす角度をそれぞれ θ_p, θ_b とする. 両ベクトルの

大きさは, 式 B.19 より

$$\|p\| = \sqrt{p_1^2 + p_2^2}, \qquad \|b\| = \sqrt{b_1^2 + b_2^2} \tag{B.27}$$

両ベクトルがなす角度 θ は

$$\theta = \theta_b - \theta_p \tag{B.28}$$

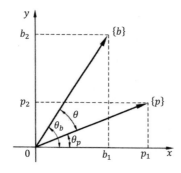

図B.5　ベクトルの成分と角度

$$\{p\} = \begin{Bmatrix} p_1 \\ p_2 \end{Bmatrix} \qquad \{b\} = \begin{Bmatrix} b_1 \\ b_2 \end{Bmatrix}$$

ベクトル $\{p\}$ と $\{b\}$ から x 軸に垂直に下した直線の長さが p_2 と b_2，それらの直線と x 軸の交点の x 座標が p_1 と b_1 であるから，三角関数の定義式 A1.2 より

$$\cos\theta_p = \frac{p_1}{\|p\|}, \ \sin\theta_p = \frac{p_2}{\|p\|}, \ \cos\theta_b = \frac{b_1}{\|b\|}, \ \sin\theta_b = \frac{b_2}{\|b\|} \tag{B.29}$$

式 A1.18（三角関数の加法定理）と式 B.28 より

$$\cos\theta = \cos(\theta_b - \theta_p) = \cos\theta_b\cos\theta_p + \sin\theta_b\sin\theta_p \tag{B.30}$$

式 B.30 に式 B.29 を代入して

$$\cos\theta = \frac{p_1 b_1 + p_2 b_2}{\|p\|\|b\|} \tag{B.31}$$

式 B.15（ベクトルの内積）を式 B.31 に代入して，$\cos\theta = \gamma$ と置けば

$$\gamma = \cos\theta = \frac{\{p\}^T\{b\}}{\|p\|\|b\|} \tag{B.32}$$

このように $\cos\theta$ は，$\{p\}$ と $\{b\}$ の内積をこれら両ベクトルの大きさの積で割った値になる.

　2 個のベクトル間の関係を別の例で考えよう．図 B.6 のように，水平方向にしか動けない円筒の中心に斜上方 θ の角の方向に大きさ $\|F\|$ の力を加えて，円筒を引っ張ってみる．力を垂直成分と水平成分に分ける．円筒は垂直方向には動けないから，力の垂直成分は作用としては無効であり，水平方向成分 $\|F\|\cos\theta$ だけが動きを生じる源となる有効成分である．円筒が水平方向に距離 $\|p\|$ だけ動くときにこの力がなす仕事は，距離に力の有効成分を乗じた量に等しいので，$\|p\|\|F\|\cos\theta$ になる．変位ベクトルを $\{p\}$，力ベクトルを $\{F\}$ とすれば，式 B.32 より，この仕事は内積 $\{p\}^T\{F\}$ に等しくなる．このように，物体に作用する力がなす仕事は，変位ベクトルと力ベクトルの内積に等しくなる．もし力を水平方向に加えれば，力全体が有効であり，仕事は最大値 $\|p\|\|F\|$ になる．また，力を垂直方向に加えれば，力全体が無効であり，仕事は 0 になる．このように，作用力の有効性の度合いを見る尺度として，$\cos\theta$ が適切である.

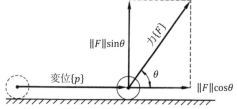

図**B.6**　力と変位

　式 B.32 で定義される $\|\gamma\|$ は，2 個のベクトル間の相互関係の強さすなわち**相関**を表現する係数であるから，相関係数と呼ぶ．$-1 \leq \cos\theta \leq 1$ であるから

$$-1 \leq \gamma \leq 1 \tag{B.33}$$

　相関係数 γ は，両ベクトルの大きさには無関係であり，両ベクトルのなす角だけに依存する量である．そして，角が 0 で両ベクトルの方向が一致するときに最大値 1 をとり，角が 90° で両ベクトルが直交するときに 0 になる．γ は，角が $90° < \theta \leq 180°$ のときには負になる．この

ときには負の相関があるという．2個のベクトルが同一の方向であるときには正の完全な相関，
直交するときには無相関，逆の方向であるときには負の完全な相関，と見なす．

2個のベクトルが互いに直交しているという性質すなわち**直交性**は，次式で表現できる．

$$\{p\}^T\{b\} = 0 \quad \text{または} \quad \gamma = \mathbf{O} \tag{B.34}$$

例えば，2次元平面内で直交座標系を形成する x 軸と y 軸は互いに直交し，これらの単位ベクトル $(1 \ 0)$ と $(0 \ 1)$ の内積は，式 B.15 から，$1 \times 0 + 0 \times 1 = 0$ である．

B4　行列の演算

2個の行列の加減は，それらを構成する各項の加減になり，両者の行と列の数が共に等しい
ときにのみ定義できる．例えば

$$[A] \pm [C] = \begin{bmatrix} a_{11} & a_{12} \\ a_{21} & a_{22} \end{bmatrix} \pm \begin{bmatrix} c_{11} & c_{12} \\ c_{21} & c_{22} \end{bmatrix} = \begin{bmatrix} a_{11} \pm c_{11} & a_{12} \pm c_{12} \\ a_{21} \pm c_{21} & a_{22} \pm c_{22} \end{bmatrix} \quad \text{（複号同順）} \tag{B.35}$$

2個の行列の乗算は，前の行列の行と後の行列の列の積和によって定義される．例えば

$$[E][F] = \begin{bmatrix} e_{11} & e_{12} \\ e_{21} & e_{22} \\ e_{31} & e_{32} \end{bmatrix} \begin{bmatrix} f_{11} & f_{12} & f_{13} & f_{14} \\ f_{21} & f_{22} & f_{23} & f_{24} \end{bmatrix} = \begin{bmatrix} e_{11}f_{11} + e_{12}f_{21} & e_{11}f_{12} + e_{12}f_{22} & e_{11}f_{13} + e_{12}f_{23} & e_{11}f_{14} + e_{12}f_{24} \\ e_{21}f_{11} + e_{22}f_{21} & e_{21}f_{12} + e_{22}f_{22} & e_{21}f_{13} + e_{22}f_{23} & e_{21}f_{14} + e_{22}f_{24} \\ e_{31}f_{11} + e_{32}f_{21} & e_{31}f_{12} + e_{32}f_{22} & e_{31}f_{13} + e_{32}f_{23} & e_{31}f_{14} + e_{32}f_{24} \end{bmatrix}$$

$$\tag{B.36}$$

行列同志の乗算は，前の行列の列数と後の行列の行数が等しいときにだけ実行できて，その
結果得られる行列は，行数が前の行列の行数と，列数が後の行列の列数と等しい．

一般に，対称行列同志の積は非対称行列になる．例えば

$$\begin{bmatrix} a_{11} & a_{12} \\ a_{12} & a_{22} \end{bmatrix} \begin{bmatrix} c_{11} & c_{12} \\ c_{12} & c_{22} \end{bmatrix} = \begin{bmatrix} a_{11}c_{11} + a_{12}c_{12} & a_{11}c_{12} + a_{12}c_{22} \\ a_{12}c_{11} + a_{22}c_{12} & a_{12}c_{12} + a_{22}c_{22} \end{bmatrix} \tag{B.37}$$

3個以上の行列の乗算は，後方の2個の乗算から始め，式 B.36 の手順に従って順に前方に向
かって実行して行く．

列ベクトルに行列を前から乗じる形の乗算は，例えば式 B.36 において，$[F]$ を1列の行列す
なわち列ベクトルに置き換えれば，この式の手順で実行できて，結果は列ベクトルになる．ま
た行ベクトルに行列を後から乗じる形の乗算は，例えば式 B.36 において，$[E]$ を1行の行列す
なわち行ベクトルに置き換えれば，この式の手順で実行できて，結果は行ベクトルになる．ベ
クトル同志の内積は，例えば式 B.36 において，$[E]$ を1行，$[F]$ を1列とおけば，この式の手順
で実行できて，結果は例えば式 B.15 に示すように，1行1列の行列であるスカラーになる．こ
のように，ベクトルと行列あるいはベクトル同志の乗算も，行列同志の乗算の特例として，式
B.36 で定義できる．

行列同志の乗算では，乗じる行列の順序を入れ換えることは一般には不可能である．例えば，
式 B.36 の順序を逆にした乗算 $[F][E]$ は，$[F]$ の列数と $[E]$ の行数が異なるので，実行できない．

前の行列の行と列の数が共に後の行列の列と行の数と等しい長方行列同志や，同じ行数の正方行列同志の乗算では，順序を入れ換えることができるが，入換えにより異なった結果を得る．例えば，2 行 4 列の行列に 4 行 2 列の行列を乗じると 2 行 2 列の行列を得るが，順序を入れ換えると 4 行 4 列の行列になる．

$$[A][C] \neq [C][A] \tag{B.38}$$

　ある行列に乗じれば結果が単位行列になるような行列を逆行列という．例えば，$[A]$ の逆行列は $[A]^{-1}$ と記し

$$[A]^{-1}[A] = [A][A]^{-1} = \ulcorner I \lrcorner \tag{B.39}$$

これは，ある数（スカラー量）にその逆数を乗じると 1（単位量）になることに対応する．行列演算では，ある行列で除する（割る）ことを，その逆行列を乗じる形で実行する．

　逆行列は，正方行列に対してしか定義できない．これは，以下のように考えれば納得できる．

　逆行列は，元の行列の逆数に相当するから，少なくとも元の行列と同じ次元，すなわち行も列も同じ数の行列でなくてはならないことは明らかである．そこで例えば，式 B.36 内の行列 $[F]$ のような 2 行 4 列の行列に，もし逆行列というものがあるとすれば，それは 2 行 4 列でなければならない．ところが，2 行 4 列の行列同志では式 B.39 が成立しないどころか，乗算自体が成り立たないのである．なぜなら，2 個の行列の乗算では，式 B.36 に示したように，前の行列の列と後の行列の行の数が等しくなければならないのに，この場合には 4 と 2 であり等しくないからである．長方行列では，逆行列が定義できない代りに，擬似逆行列という概念を用いるが，本補章では説明を省略する．

　2 個の行列の積の逆行列を個々の行列の逆行列の積に分解する際には，順序を入れ換える必要がある．

$$([A][C])^{-1} = [C]^{-1}[A]^{-1} \tag{B.40}$$

以下に，このことを証明する．まず式 A3.39 の定義から

$$([A][C])([A][C])^{-1} = \ulcorner I \lrcorner \tag{B.41}$$

行列同志の積 $[A][C]$ に後から $[C]^{-1}$ を乗じれば，$[A][C][C]^{-1}$ になるが，3 個以上の行列の乗算ではまず後の 2 個同士を乗じるので，式 B.39 の定義からこれは $[A]\ulcorner I \lrcorner = [A]$ になる．続いてこれに後ろから $[A]^{-1}$ を乗じれば，同じく式 B.39 の定義から，これは $\ulcorner I \lrcorner$ になる．この 2 つの操作は，結果的には $([A][C])$ に後から $([C]^{-1}[A]^{-1})$ を乗じたことになる．このことを式に表せば

$$([A][C])([C]^{-1}[A]^{-1}) = \ulcorner I \lrcorner \tag{B.42}$$

式 B.41 と式 B.42 を比較すれば，式 B.40 が成立することが分る．

　2 個の行列の積の転置行列を個々の行列の転置行列の積に分解する際にも，順序を入れ換える必要がある．

$$([E][F])^T = [F]^T[E]^T \tag{B.43}$$

　このことを証明するために，式 B.36 の行列について，式 B.43 の右辺を実行してみる．

$$[E]^T[F]^T = \begin{bmatrix} f_{11} & f_{21} \\ f_{12} & f_{22} \\ f_{13} & f_{23} \\ f_{14} & f_{24} \end{bmatrix} \begin{bmatrix} e_{11} & e_{21} & e_{31} \\ e_{12} & e_{22} & e_{32} \end{bmatrix} = \begin{bmatrix} f_{11}e_{11}+f_{21}e_{12} & f_{11}e_{21}+f_{21}e_{22} & f_{11}e_{31}+f_{21}e_{32} \\ f_{12}e_{11}+f_{22}e_{12} & f_{12}e_{21}+f_{22}e_{22} & f_{12}e_{31}+f_{22}e_{32} \\ f_{13}e_{11}+f_{23}e_{12} & f_{13}e_{21}+f_{23}e_{22} & f_{13}e_{31}+f_{23}e_{32} \\ f_{14}e_{11}+f_{24}e_{12} & f_{14}e_{21}+f_{24}e_{22} & f_{14}e_{31}+f_{24}e_{32} \end{bmatrix}$$

(B.44)

式 B.44 は，明らかに式 B.36 の行と列を入れ換えた転置行列になっており，式 B.43 が成立することが確かめられた．

B5　行　列　式

式 B.1 の 2 元 1 次連立方程式を実際に解いてみる．

$$\left.\begin{array}{l} a_{11}p_1+a_{12}p_2=b_1 \\ a_{21}p_1+a_{22}p_2=b_2 \end{array}\right\}$$

(B.1)

式 B.1 の上式$\times a_{22}$ から下式$\times a_{12}$ を引けば，左辺の p_2 の項が消えて

$$(a_{11}a_{22}-a_{21}a_{12})p_1 = b_1a_{22}-b_2a_{12}$$

(B.45)

ここで

$$D = a_{11}a_{22}-a_{21}a_{12}$$

(B.46)

とおけば，$D \neq 0$ のときにのみ p_1 を求めることができて

$$p_1 = \frac{b_1a_{22}-b_2a_{12}}{D}$$

(B.47)

一方，式 B.1 の下式$\times a_{11}$ から上式$\times a_{21}$ を引けば，左辺の p_1 の項が消えて

$$(a_{11}a_{22}-a_{21}a_{12})p_2 = Dp_2 = b_2a_{11}-b_1a_{21}$$

(B.48)

この式でも，$D \neq 0$ のときにのみ p_2 を求めることができて

$$p_2 = \frac{b_2a_{11}-b_1a_{21}}{D}$$

(B.49)

このように，連立方程式 B.1 が解けるための条件が，$D \neq 0$ になっている．

　同一の連立方程式を式 B.2 のように表現すれば，式 B.46 で定義される D は，式 B.3 の左辺係数行列 $[A]$ の各項だけで決まり，未知数 $\{p\}$ と右辺の条件 $\{b\}$ に無関係なスカラー量になる．この D を行列 $[A]$ の**行列式**といい，次のように表現する．

$$D = |A|$$

(B.50)

連立方程式は，係数行列の行列式が 0 の場合には解くことができないのである．

　これと同様のことは，2 元のみではなく一般の N 元連立方程式において成立する．一般の N 元連立方程式の行列式は，式 B.46 のように簡単な式では表現できず，数値解法によって求めざるをえない．

　この例のように，正方行列には必ず行列式という値が存在する．そして，その行列式が 0 で

ない場合にのみ，それを係数行列とする1次連立方程式を構成しているすべての式が互いに独立であり，連立方程式を解くことができて，解が一義的に決まる．ここで"独立である"というのは，"ある式が他のどの式にも等しくなく，かつ他のどの式同志を線形結合（定数を乗じて加減する形の結合であり1次結合ともいう）してもその式を作ることができないという事項が，連立方程式を構成するすべての式について成立する"ことを言う．

B6　固有値と固有ベクトル

B6．1　連立方程式から固有値問題へ

連立方程式 B.2（または式 B.3）を B1 項とは別の見方で考えてみよう．

$$\begin{bmatrix} a_{11} & a_{12} \\ a_{21} & a_{22} \end{bmatrix} \begin{Bmatrix} p_1 \\ p_2 \end{Bmatrix} = \begin{Bmatrix} b_1 \\ b_2 \end{Bmatrix} \quad \text{または} \quad [A]\{p\} = \{b\} \tag{B2} \tag{B3}$$

図 B.7 のように，2次元空間（平面）内に2個の座標点 $(p_1 \ p_2)$ と $(b_1 \ b_2)$ を記入する．原点からこれらの2点に向かって矢印を画き，それらの矢印をそれぞれベクトル $\{p\}$，$\{b\}$ とする．そして，この2元1次連立方程式 B.2 は，ベクトル $\{p\}$ をベクトル $\{b\}$ に変換するための変換式であり，左辺係数行列 $[A]$ はこのベクトル変換を行う変換行列である，と考える．このようにベクトルは，行列を前から乗じることによって，大きさも方向も異なる別のベクトルに変換することができる．

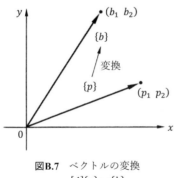

図B.7 ベクトルの変換
$[A]\{p\} = \{b\}$

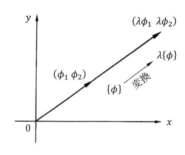

図B.8 変換が同方向になるベクトル
$[A]\{\phi\} = \lambda\{\phi\}$

さて，この行列 $[A]$ を乗じることによって，方向は同一で大きさだけが異なるベクトルに変換される，そういうベクトルはないだろうか．このようなベクトルは，この行列の構成項だけで決まる固有のベクトルであるから，これを**固有ベクトル**という．図 B.8 に示すように，固有ベクトルを $\{\phi\}^T = \lfloor \phi_1 \ \phi_2 \rfloor$ とし，行列 $[A]$ を乗じることによって変化する大きさの割合を λ とする．この λ の値は，この行列の構成項だけで決まる固有の値であるから，これを固有値という．この関係を式の形で表現するには，式 B.2 において変換前のベクトル $\{p\}$ を $\{\phi\}$，変換後のベクトル $\{b\}$ を $\lambda\{\phi\}$ と置けばよいから

$$\begin{bmatrix} a_{11} & a_{12} \\ a_{21} & a_{22} \end{bmatrix} \begin{Bmatrix} \phi_1 \\ \phi_2 \end{Bmatrix} = \lambda \begin{Bmatrix} \phi_1 \\ \phi_2 \end{Bmatrix} = \begin{bmatrix} \lambda & 0 \\ 0 & \lambda \end{bmatrix} \begin{Bmatrix} \phi_1 \\ \varphi_2 \end{Bmatrix} = \lambda \begin{bmatrix} 1 & 0 \\ 0 & 1 \end{bmatrix} \begin{Bmatrix} \phi_1 \\ \phi_2 \end{Bmatrix} \tag{B.51}$$

あるいは式 B.51 を簡単に表現して

$$[A]\{\phi\} = \lambda\{\phi\} = \lambda \ulcorner I \lrcorner \{\phi\} \tag{B.52}$$

式 B.52 の右辺には，単位行列「I」が入っている．これは，左辺がベクトルに前から行列を乗じた形になっているので，これと形を合わせただけのことである．ベクトルに前から単位行列を乗じるということは，スカラー量に単位量 1 を乗じるのと同様に，何も乗じないことと同じであるから，「I」を乗じてもかまわないのである．式 B.51 を変形すれば

$$\left(\begin{bmatrix} a_{11} & a_{12} \\ a_{21} & a_{22} \end{bmatrix} - \begin{bmatrix} \lambda & 0 \\ 0 & \lambda \end{bmatrix} \right) \begin{Bmatrix} \phi_1 \\ \phi_2 \end{Bmatrix} = \begin{Bmatrix} 0 \\ 0 \end{Bmatrix} \tag{B.53}$$

式 B.35 から，式 B.53 は

$$\begin{bmatrix} a_{11}-\lambda & a_{12} \\ a_{21} & a_{21}-\lambda \end{bmatrix} \begin{Bmatrix} \phi_1 \\ \phi_2 \end{Bmatrix} = \begin{Bmatrix} 0 \\ 0 \end{Bmatrix} \tag{B.54}$$

式 B.54 は，式 B.2 と同じ形の 2 元 1 次連立方程式であり，すでに説明したように，もし左辺の係数行列の行列式が 0 でなければ，解くことができて解が得られる．式 B.54 は右辺が 0 ベクトルであるから，その解は必ず $\phi_1 = 0$，$\phi_2 = 0$ になる．これは $\{\phi\}$ が 0 ベクトルということであり，言い換えれば，図 B.8 に示すような条件を満足するベクトルは存在しないことを意味する．そこで，0 ベクトル以外の $\{\phi\}$ が存在するためには，係数行列の行列式が 0 でなければならない．0 以外の固有ベクトル $\{\phi\}$ が存在するための条件は，係数行列の行列式が 0 であることなのである．

係数行列が 0 であることは，連立方程式 B.54 を構成する 2 個の式が同一であることを意味する．このことを簡単な例で示そう．次のように，右辺が 0 である 2 個の同一式からなる 2 元 1 次連立方程式を作ってみる．

$$\left. \begin{array}{l} 3\phi_1 + 5\phi_2 = 0 \\ 6\phi_1 + 10\phi_2 = 0 \end{array} \right\} \quad \text{すなわち} \quad \begin{bmatrix} 3 & 5 \\ 6 & 10 \end{bmatrix} \begin{Bmatrix} \phi_1 \\ \phi_2 \end{Bmatrix} = \begin{Bmatrix} 0 \\ 0 \end{Bmatrix} \tag{B.55}$$

この式の左辺係数行列の行列式は，式 B.46 の定義から

$$D = \begin{vmatrix} 3 & 5 \\ 6 & 10 \end{vmatrix} = 3 \times 10 - 6 \times 5 = 0 \tag{B.56}$$

式 B.56 の例からわかるように，2 次元行列の行列式は，右下り斜めの項の積から左下り斜めの項の積を引くことによって計算できる．この場合には，係数行列の行列式 D が 0 であり実質の式の数は 1 個であるから，2 個の未知数を有する 2 元連立方程式 B.55 は解くことができない．しかし，完全に解くことができないのではなく，解が一義的には決まらないのであり，2 個の未知数のうち 1 個を与えれば他の 1 個が得られる．例えば式 B.56 では

$$\phi_2 = -0.6\phi_1 \tag{B.57}$$

を満足する任意の値が解になる．

別の例として，3元1次連立方程式を構成する3個の式のうち1個が独立でない場合を示す．

$$\left.\begin{array}{l} \phi_1 + \phi_2 + \phi_3 = 0 \\ 2\phi_1 + 3\phi_2 - \phi_3 = 0 \\ 4\phi_1 + 5\phi_2 + \phi_3 = 0 \end{array}\right\} \quad \text{すなわち} \quad \begin{bmatrix} 1 & 1 & 1 \\ 2 & 3 & -1 \\ 4 & 5 & 1 \end{bmatrix} \begin{Bmatrix} \phi_1 \\ \phi_2 \\ \phi_3 \end{Bmatrix} = \begin{Bmatrix} 0 \\ 0 \\ 0 \end{Bmatrix} \tag{B.58}$$

連立方程式 B.58 の下段の式は，上段の式を2倍して中段の式を加えることによって作ったものであり，これら3式は互いに独立ではなく，式 B.58 は実質的には互いに独立な2個の式からなる．この式の左辺係数行列の行列式は，次のようになる．

$$D = \begin{vmatrix} 1 & 1 & 1 \\ 2 & 3 & -1 \\ 4 & 5 & 1 \end{vmatrix} = 1 \times 3 \times 1 + 1 \times (-1) \times 4 + 1 \times 2 \times 5 - 1 \times 3 \times 4 - 1 \times 2 \times 1 - 1 \times (-1) \times 5 = 0$$

$$\tag{B.59}$$

このように，2次元行列の場合と同様に3次元行列の行列式も，右下がり斜めの項の積（3通り）の和から左下がり斜めの項の積（3通り）を引くことによって計算できる（4次元以上ではこのように簡単には計算できない）．このように行列式が0であるから，この3元連立方程式の解は一義的には決まらず

$$\phi_2 = -0.75\phi_1 , \quad \phi_3 = -0.25\phi_1 \tag{B.60}$$

を満足する任意の値が解になる．

以上のように，連立方程式を構成するすべての式が独立ではないときの解は，比が決まるだけで絶対値は決まらない．解ベクトルの方向は決まるが大きさは決まらないのである．

B6．2　固有値問題とは

右辺が0ベクトルである連立方程式 B.54 が0ベクトル$\{\theta\} = \{0\}$以外の解を有するためには，左辺係数行列の行列式が0でなければならないことは，上記の例から理解できたと思う．式 B.54 に関するこの条件を式 B.46 の定義に従って示せば

$$(a_{11} - \lambda)(a_{22} - \lambda) - a_{12}a_{21} = 0 \tag{B.61}$$

すなわち

$$\lambda^2 - (a_{11} + a_{22})\lambda + a_{11}a_{22} - a_{12}a_{21} = 0 \tag{B.62}$$

これはλに関する2次方程式であり，その解は

$$\lambda = \frac{(a_{11} + a_{22}) \pm \sqrt{(a_{11} + a_{22})^2 - 4(a_{11}a_{22} - a_{12}a_{21})}}{2} \tag{B.63}$$

λが式 B.63 の値をとるときには，式 B.54 の係数行列式が0となる．そして，式 B.54 を構成する2個の式は互いに独立ではなくなり，同一の式になる．以下にこのことを確認する．式 B.54 を通常の連立方程式の形に表現すれば

$$\left.\begin{array}{l} (a_{11} - \lambda)\phi_1 + a_{12}\phi_2 = 0 \\ a_{21}\phi_1 + (a_{22} - \lambda)\phi_2 = 0 \end{array}\right\} \tag{B.64}$$

すなわち

$$\frac{\phi_2}{\phi_1}=\frac{\lambda-a_{11}}{a_{12}}, \quad \frac{\phi_2}{\phi_1}=\frac{a_{21}}{\lambda-a_{22}} \tag{B.65}$$

式 B.65 を構成する 2 個の式が同一であるためには，式 B.61 が成立すればよい．すなわち，係数行列の行列式が 0 であればよいのである．

ここで改めて

$$\frac{\phi_2}{\phi_1}=\alpha \tag{B.66}$$

とおく．この比 α の値は，式 B.63 を式 B.65 中の左右 2 式のうちどちらか（どちらでも同一の結果を得る）に代入すれば求めることができる．このように，ϕ_1 と ϕ_2 は一義的には決まらず，両者の比 α が決まるだけである．すでに述べたように，このことは，図 B.8 に示した変換条件を満足するベクトル $\{\phi\}$ は，大きさが決まらず方向だけが決まることを意味している．ここで注意すべきことは，ベクトル $\{\phi\}$ 自体の大きさは決まらないが，それに前から行列 $[A]$ 乗ずることによる大きさの変化率 λ は，式 B.63 のように決まった値をとることである．式 B.63 は，この変化率 λ が 2 通り存在することを示している．そこで，λ のうち大きい方を λ_1，小さい方を λ_2 と書く．そして，これら 2 通りの λ の値に応じて，2 通りのベクトル $\{\phi\}$ が式 B.65 から決まる（比すなわち方向のみ）ので，これらを改めて次のように，λ_1 に対応する比を α_1，ベクトルを $\{\phi_1\}$ と記し，また λ_2 に対応する比を α_2，ベクトルを $\{\phi_2\}$ と記す．

$$\{\phi_1\}=\begin{Bmatrix}\phi_{11}\\\phi_{12}\end{Bmatrix}=\begin{Bmatrix}1\\\alpha_1\end{Bmatrix}, \quad \{\phi_2\}=\begin{Bmatrix}\phi_{12}\\\phi_{22}\end{Bmatrix}=\begin{Bmatrix}1\\\alpha_2\end{Bmatrix} \tag{B.67}$$

これらの大きさは決まらず任意に変えてよいから，これらを式 B.20 に従って正規化すれば

$$\{\phi_1\}=\begin{Bmatrix}1/\sqrt{1+\alpha_1^2}\\\alpha_1/\sqrt{1+\alpha_1^2}\end{Bmatrix}, \quad \{\phi_2\}=\begin{Bmatrix}1/\sqrt{1+\alpha_2^2}\\\alpha_2/\sqrt{1+\alpha_2^2}\end{Bmatrix} \tag{B.68}$$

以上の説明から，2 行 2 列の正方行列は，それを前から乗じることによって大きさだけを変え方向は変えないベクトル（方向のみ）を 2 通り有し，それぞれにベクトルの方向に対して決まった大きさの変化値を各々1 個有することが分った．これらは，その行列に固有のベクトルと値であるから，**固有ベクトル**および**固有値**という．

このことは，2 行 2 列の行列だけではなく一般の正方行列に関しても成立し，N 行 N 列の正方行列は，行列の次元と同じ数である N 通りの固有ベクトルと固有値の組を有する．そして，式 B.51 または式 B.52 は，行列が与えられたときその固有ベクトルと固有値を求める式であり，**固有値問題**という．

B6．3　一般固有値問題とは

ベクトルに行列を前から乗じると，一般には大きさも方向も異なる別のベクトルに変換され

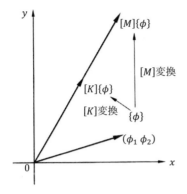

図B.9 2個の行列$[M]$と$[K]$の変換が
同方向になるベクトル$\{\phi\}$
λ：両ベクトル間の大きさの比
$[M]\{\phi\}=\lambda[K]\{\phi\}$

ることは，すでに説明した．

互いに無関係な2個の正方対称行列$[M]$，$[K]$があるとき，それらを同じベクトルに乗じて変換したら，一般には方向も大きさも互いに無関係な2個のベクトルに変換される．ところが，この変換の後にも2個のベクトルは方向が同じになり大きさだけが異なってくる，そういう性質を有するベクトルを$\{\phi\}$とし，変換後の両ベクトルの大きさの比をλとする．このことは図B.9のように図示でき，これを数式で表現すれば

$$[M]\{\phi\} = \lambda[K]\{\phi\} \tag{B.69}$$

このような2次元ベクトルを$\{\phi\} = \lfloor \phi_1 \quad \phi_2 \rfloor$とし，式B.69を2次元について記せば

$$\begin{bmatrix} M_{11} & M_{12} \\ M_{12} & M_{22} \end{bmatrix}\begin{Bmatrix} \phi_1 \\ \phi_2 \end{Bmatrix} = \lambda \begin{bmatrix} K_{11} & K_{12} \\ K_{12} & K_{22} \end{bmatrix}\begin{Bmatrix} \phi_1 \\ \phi_2 \end{Bmatrix} \tag{B.70}$$

式B.69は，固有値問題B.52右辺の単位行列「I」を一般の行列に置き代えて一般化した形式になっているので，これを**一般固有値問題**という．

固有値問題と一般固有値問題の関係について述べる．

対称行列$[K]$を，対角項を含む右上の三角形部分が0でなく，それ以外の左下の三角形部分が0である三角行列$[U]$とその転置行列の積の形に分解する．

$$[K] = [U]^T[U] \tag{B.71}$$

2次元の場合には，式B.71は

$$\begin{bmatrix} K_{11} & K_{12} \\ K_{12} & K_{22} \end{bmatrix} = \begin{bmatrix} u_{11} & 0 \\ u_{12} & u_{22} \end{bmatrix}\begin{bmatrix} u_{11} & u_{12} \\ 0 & u_{22} \end{bmatrix} = \begin{bmatrix} u_{11}^2 & u_{11}u_{12} \\ u_{11}u_{12} & u_{12}^2 + u_{22}^2 \end{bmatrix} \tag{B.72}$$

式B.72を項別に書き直せば

$$K_{11} = u_{11}^2 , \quad K_{12} = u_{11}u_{12} , \quad K_{22} = u_{12}^2 + u_{22}^2 \tag{B.73}$$

$K_{11} > 0$でかつ$K_{11}K_{22} - K_{12}^2 > 0$という条件を満足すれば，式B.73は解けて

$$u_{11} = \sqrt{K_{11}} , \quad u_{12} = K_{12}/\sqrt{K_{11}} , \quad u_{22} = \sqrt{(K_{11}K_{22} - K_{12}^2)/K_{11}} \tag{B.74}$$

行列に対する式B.71のような分解を**コレスキー分解**という．一般に次の条件を満足するN行の正方対称行列は，上記と同じやり方でコレスキー分解することが可能である．この行列の左上から右下に向かって1行目からr行目まで取り出した部分正方対称行列の行列式の値を

D_r とすれば，その条件とは

$$D_r > 0 \quad (r = 1 \sim N) \tag{B.75}$$

式 B.73 を解く際に与えた条件のうちで，K_{11} は，式 B.72 左辺の行列 $[K]$ のうち左上の 1 行目だけをとり出した 1 行 1 列の行列の行列式 D_1 である．また $K_{11}K_{22} - K_{12}^2$ は，対称行列 $[K]$ の行列式 D_2 であることは，式 B.46 から分かる．$K_{11} > 0$，$K_{11}K_{22} - K_{12}^2 > 0$ という条件は，$N = 2$ のときの式 B.75 なのである．

式 B.71 によって求めた三角行列を一般固有値問題である式 B.69 を満足するベクトル $\{\phi\}$ に前から乗じることによって求めたベクトルを，$\{\psi\}$ とする．

$$[U]\{\phi\} = \{\psi\} \tag{B.76}$$

式 B.76 に前から逆行列 $[U]^{-1}$ を乗じると，$[U]^{-1}[U] = \ulcorner I \lrcorner$ だから

$$\{\phi\} = [U]^{-1}\{\psi\} \tag{B.77}$$

式 B.69 に式 B.71 と式 B.77 を代入すれば

$$[M][U]^{-1}\{\psi\} = \lambda[U]^T[U][U]^{-1}\{\psi\} = \lambda[U]^T\{\psi\} \tag{B.78}$$

式 B.78 に前から $[U]^{-1T}$ を乗じれば

$$[U]^{-1T}[M][U]^{-1}\{\psi\} = \lambda[U]^{-1T}[U]^T\{\psi\} = \lambda \ulcorner I \lrcorner \{\psi\} \tag{B.79}$$

ここで

$$[U]^{-1T}[M][U]^{-1} = [B] \tag{B.80}$$

とおく．行列 $[M]$ が対称であるから行列 $[B]$ も対称である．式 B.80 を式 A3.79 に代入して

$$[B]\{\psi\} = \lambda \ulcorner I \lrcorner \{\psi\} \tag{B.81}$$

式 B.81 は，式 B.52 と同様の通常の固有値問題である．このように一般固有値問題は通常の固有値問題と本質的に同一であり，前者は後者に直して解くことができる．すなわち，行列 $[K]$ をコレスキー分解して三角行列 $[U]$ を求め，式 B.80 から行列 $[B]$ を求め，式 B.81 を解いて $\{\psi\}$ と固有値 λ を求め，式 B.77 を用いて固有ベクトル $\{\phi\}$ を求めればよい．

補章C　音響学の萌芽と進展

　音は，古代の昔から興味の対象になってきた．例えばギリシャ時代のピタゴラスは，弦の張り具合を一定に保ったまま，元の長さの 1/2，2/3，3/4 などの分数にすると，元の長さの音と心地よく響き合うという事実を明らかにしている．しかし古代の人は音の正体を，空気中を伝わる波動と言う物理現象とは理解しておらず，音の世界は他の様々な科学分野と同様に哲学であると見なしていた．しかし同時に，音を音声・音楽・振動・警報などの伝送手段として様々に利用していた．このことは現在と同様に音を，情報を運び伝える手段・媒体と見なしていたことになり，興味深い．

　中世のヨーロッパは，神が世界のすべてを支配していると考えられていた．そして神を権威づける教会は，宗教の支配を離れた科学の存在を許さず，科学者にとって暗黒の時代であった．デカルト（Rene Descartes: 1596-1650）は，「運動は最初に神が世界に与えた後は減りも増えもしない」と言う保存命題を形而上学的に語り，これを動的宇宙論とした．

　教会の支配に従いこのことを容認しながら神が与えた運動の様相を知ろうとすることから，科学の研究が始まった．

　ガリレイ（Galileo Galilei: 1564-1642）は，経験的事実（または実験）と数理的推論を組み合わせて自然現象を明らかにするという近代科学の方法を発見し確立した．例えばガリレイは，実験に基づいて単振子の等時性を明らかにした．音の根幹が媒体の振動であることを考えるとき，音響学の原点はガリレイにある，と言っても過言ではない．メルセンス（Marin Mersenne: 1588-1684）は，長さ l の単振子の周期 $T = 2\pi\sqrt{l/g}$ を決定し，音速が音の強度によらず一定であることを発見した．トリチェリ（Evangelista Torricelli: 1608-1647）は，水銀柱を用いて真空の存在を示し，これにより逆に空気と言う媒体の存在を明らかにした．パスカル（Blaise Pascal: 1623-1662）は，空気の重さを測定し，大気圧という概念を示した．ボイル（Robert Boyle: 1627-1691）は，音が空気を伝わるものであることを証明した．ホイヘンス（Christiaan Huygens: 1626-1695）は，波動の伝搬を説明するホイヘンスの原理を提唱した．

　フック（Robert Hooke: 1635-1703）は，弾性と言う媒体の力学的性質を発見し，「ばねの伸びと力は比例する」というフックの法則を提唱した．ニュートン（Isaac Newton: 1643-1727）は，物体に質量の概念を与え，ニュートンの3法則（慣性の法則・運動の法則・力の作用反作用の法則）を提唱した．これらは近代力学の出発点となり，それまでは哲学であった音響学も自然科学の一部として発展することになった．

　ベルヌーイ（Daniel Bernoulli: 1700-1782）は，流体力学を創生し弦の振動解析を先駆した．オイラー（Leonhard Euler: 1707-1783）は，流体力学とニュートンの法則を定式化した．ダランベール（Jean le Rond D'Alembert: 1717-1783）は，弦を伝搬する波動の一般解を与えた．ラグランジュ（Joseph Louis Lagrange: 1736-1813）は，解析力学を創設した．フーリエ（Jean Baptiste Joseph Fourier: 1768-1830）は，フーリエ変換を創生した．ハミルトン（Sir William Rowan Hamilton: 1805-1865）は，解析力学による一般振動体の運動法則を導出した．ヘルムホルツ（Herman Ludwig Ferdinand von Helmholtz: 1821-1894）は，聴覚科学と音声科学の開祖となった．レイリー（Lord Rayleigh: 1842-1919）は，古典的な物理音響学を完成させた．ベル（Alexander Graham Bell: 1847-1922）は，電話機を発明した．ヘルツ（Heinrich Rudolf Hertz: 1857-1894）は，電磁波の波動伝搬を始めて唱え無線通信の発明・進展に道を拓いた．

参　考　文　献

1)　長松昭男：モード解析入門：コロナ社，1993

2)　長松昌男，長松昭男：実用モード解析入門：コロナ社，2018

3)　長松昭男：機械の力学：朝倉書店，2007

4)　長松昌男，長松昭男：複合領域シミュレーションのための電気・機械系の力学：コロナ
社，2013

5)　長松昌男：次世代ものづくりのための電気・機械一体モデル：共立出版

6)　坂本真一，蘆原郁：「音響学」を学ぶ前に読む本：コロナ社，2016

7)　青木直史：ゼロからはじめる音響学：講談社，2014

8)　鈴木陽一ほか：音響学入門：コロナ社，2011

9)　東山三樹夫：音の物理：コロナ社，2010

10)　平原達也ほか：音と人間：コロナ社，2013

11)　金井浩：音・振動のスペクトル解析：コロナ社，1999

12)　山崎芳男ほか：音・音場のデジタル処理：コロナ社，2002

13)　浅野太：音のアレイ信号処理：コロナ社，2011

14)　E.G.ウイリアムズ(吉川茂ほか訳)：フーリエ音響学：Springer，2005

15)　石村園子：やさしく学べるラプラス変換・フーリエ変換：共立出版，2009

16)　城戸健一：デジタルフーリエ解析（I）：コロナ社，2007

17)　城戸健一：デジタルフーリエ解析（II）：コロナ社，2007

18)　城戸健一：基礎音響学：コロナ社，1990

19)　泉英明：理工学のためのラプラス変換・フーリエ解析：数理工学社，2018

20)　三上直樹：フーリエ変換とラプラス変換：工学社，2013

21)　寺田文行：フーリエ解析・ラプラス変換：サイエンス社，1998

22)　足立修一：信号・システム理論の基礎：コロナ社，2014

23)　早坂寿雄：音の歴史：コロナ社，1989

24)　E.G.ウイリアムズ著，吉川茂・西城健司訳：フーリエ音響学：シュプリンガーフェアラ
ーク東京，2005

25)　長松昭男，長松昌男：原点から学ぶ力学の考え方：コロナ社，2021

索　　　引

────監修者略歴────

1986 年　早稲田大学卒業
1986 年　商社系国産モード解析システムを開発する会社に勤務
1990 年　キャテック株式会社に勤務して振動騒音解析システム全般の開発に従事
　　　　　現在に至る

フーリエ音響学入門
Introduction to Fourier Acoustics　　　　　　　　　　　　　　ⓒ CATEC Inc. 2022

2022 年 6 月 20 日　初版第 1 刷発行

検印省略

監 修 者　　天　津　成　美
　　　　　　　あま　つど　なる　み
著　　者　　西　留　千　晶
　　　　　　　にし　どめ　ち　あき
　　　　　　　中　野　武　史
　　　　　　　なか　の　たけ　ふみ
　　　　　　　角　田　鎮　男
　　　　　　　すみ　だ　しず　お
　　　　　　　岩　原　光　男
　　　　　　　いわ　はら　みつ　お
　　　　　　　長　松　昌　男
　　　　　　　なが　まつ　まさ　お
　　　　　　　長　松　昭　男
　　　　　　　なが　まつ　あき　お

発 行 者　　キャテック株式会社
印 刷 所　　壮光舎印刷株式会社
製 本 所　　株式会社 グリーン

112-0011　東京都文京区千石 4-46-10
発 売 元　株式会社 コ ロ ナ 社
CORONA PUBLISHING CO., LTD.
Tokyo Japan
振替00140-8-14844・電話(03)3941-3131(代)
ホームページ　https://www.coronasha.co.jp

ISBN 978-4-339-08229-6　C3055　Printed in Japan

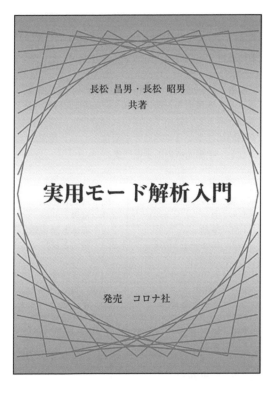

978-4-339-08225-8
A5 判 512 頁
本体価格 5,500 円（定価は本体価格+税）

　本書では，初心者でも抵抗なくモード解析の世界に入って市販の装置を正しく使い，信頼性のあるデータが取れるようになることを目指す。そしてデータの中から現象を読み取り，それを製品の開発，改良，問題対策などに役立てることができるようにする。

〔主要目次〕

978-4-339-08227-2
B5 判　398 頁
本体価格 5,000 円（定価は本体価格+税）

　1993 年発行以来大好評の上記『モード解析入門』の続編。本書も初心者を対象にして，物理現象を数式に頼らずにとらえることを目指す。多様なニーズに対応できることを念頭に，より実用性を重視して執筆・編集した。

〔主要目次〕

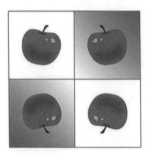

原点から学ぶ 力学の考え方

長松昭男・長松昌男【共著】

発売 コロナ社

ISBN978-4-339-08228-9
A5 判　120 頁
本体価格 1,800 円（定価は本体価格+税）

　筋の通ったわかりやすい力学書はないだろうか？このような思いから本書は著されている。本書は，力学書であるにもかかわらず複雑な数式や難解な文章をまったく含まず，文系の学生や理工学の初心者が読んでも容易に理解できる平易な内容になっている。そして，力学を構成する数学・原理・法則の発見に至る時代背景・動機・相互関連を詳しく述べ，在来の古典力学を再整理することを試みた。

〔主要目次〕
1. 対称性とエネルギー
2. 始点からの力学
3. 力学エネルギー
4. 原点からの力学
補章　粘性

参考文献
索　引
人名索引

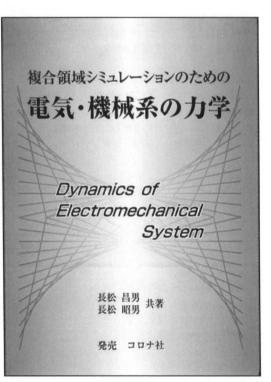

複合領域シミュレーションのための 電気・機械系の力学

Dynamics of Electromechanical System

長松 昌男
長松 昭男 共著

発売 コロナ社

978-4-339-08226-5
B5 判　360 頁
本体価格 3,400 円（定価は本体価格+税）

　本書は「力と運動」，「電気と磁気」の 2 編で構成される。機械力学と電磁気学をそれぞれ詳細に解説したうえで，随所でたがいに関連付け，両分野を同時に初歩から学ぶことを可能とした。従来にはない，学際領域の工学専門書。

〔主要目次〕
第1編　力と運動
1.1　力
1.2　運動
1.3　ニュートンの法則
1.4　エネルギーと運動量
1.5　質点と質点系の力学
1.6　剛体の力学
1.7　振動
1.8　力学の改革
1.9　解析力学

第2編　電気と磁気
2.1　電界
2.2　導体と誘電体
2.3　電流と抵抗
2.4　磁界
2.5　電磁誘導
2.6　電気回路
2.7　電磁波
2.8　電磁気学のまとめ

参考文献
索　引